计算机数学

康海刚　邓　洁　桂改花　编

机　械　工　业　出　版　社

本教材是根据计算机相关专业对数学课程的需求而编写的，以“数学知识+专业技术应用”为编写思路，在内容选取上遵循“应用导向，必需够用”的原则，主要介绍了算法基础、向量与矩阵、线性方程组、特征值与特征向量、图与网络分析、概率论基础等内容。节后配有练习题。

本教材可作为职业院校计算机相关专业的教学用书，也可供工科相关技术人员参考。

图书在版编目（CIP）数据

计算机数学/康海刚，邓洁，桂改花编．—北京：机械工业出版社，2019.9（2023.12重印）

ISBN 978-7-111-63450-8

Ⅰ.①计… Ⅱ.①康… ②邓… ③桂… Ⅲ.①电子计算机-数学基础-高等职业教育-教材 Ⅳ.①TP301.6

中国版本图书馆CIP数据核字（2019）第178927号

机械工业出版社（北京市百万庄大街22号 邮政编码100037）

策划编辑：侯宪国 责任编辑：侯宪国

责任校对：肖 琳 封面设计：张 静

责任印制：郜 敏

北京富资园科技发展有限公司印刷

2023年12月第1版第4次印刷

184mm×260mm·13.5印张·331千字

标准书号：ISBN 978-7-111-63450-8

定价：39.80元

电话服务 网络服务

客服电话：010-88361066 机 工 官 网：www.cmpbook.com

010-88379833 机 工 官 博：weibo.com/cmp1952

010-68326294 金 书 网：www.golden-book.com

封底无防伪标均为盗版 机工教育服务网：www.cmpedu.com

Preface

前　言

随着互联网技术的迅猛发展，大数据、云计算、人工智能的时代已经来临，这将带来思维、商业和管理模式上的巨大变革。职业教育人才的培养模式、内容与途径也将受到深刻影响。目前，计算机相关专业与时俱进，调整人才培养方案，把“具有本专业必需的数学知识和逻辑思维能力”列为通用的核心技能，作为学生今后从事专业工作应具备的基本能力。可见，数学的基础性、工具性地位被广泛认可，数学在训练思维，提供模型算法上有着无可替代的作用。实践表明，数学方法训练，尤其是数学建模训练对学生在专业技能大赛中取得好成绩，对学生在专业项目班级学习有着极大的促进作用。这是各专业在新增专业课，加大专业课学时而不得不压缩基础课程学时的情况下，仍给数学保留合适学时的重要原因。

本教材在体现数学的应用性，能与专业衔接，对专业课程学习有用的同时，在方法论上也进行了提升，让学生有学习的获得感。编者学习总结并使用了国内外许多学者编写的计算机数学、离散数学、程序员数学、算法等教材，经过多年的教学思考和实践，结合历年培训学生参加全国大学生数学建模竞赛的经验，确定了“数学知识 + 专业技术应用”的编写思路，紧贴计算机软件、计算机网络、大数据技术与应用、人工智能开发与应用、云计算技术与应用等专业对数学知识、算法训练的需要，把数学课程作为学生学习数据结构、程序设计、数据库、游戏开发、网络设计、数据分析等专业课程的前导课程，使学生不仅能学习掌握基础的数学知识，而且真正认识到计算机技术的实现依赖数学提供的方法和模型。

本教材考虑了计算机相关专业的特点，从算法基础进入，然后以工程技术中不可缺少的数学工具——向量、矩阵、线性方程组为主线，介绍了计算机图形变换技术的矩阵方法、马尔可夫链、最短路径的算法、最小连接算法，还对 Google 网站排名算法中的矩阵和线性方程组运算做了较为详细的推演，最后介绍了概率论基础，让学生认识到从信息论到机器学习，从模式识别到数据分析和挖掘，概率论的原理、思想、方法发挥着重要作用。

本书由康海刚、邓洁、桂改花编写。康海刚制定了本书的编写提纲，编写了第 6 章，提供了大部分例题；第 1 至第 5 章主要由邓洁编写；桂改花负责全书练习题和每章拓展阅读的编写，并多次对书稿进行校对。

由于编者水平有限，书中难免有错误，敬请广大读者批评指正！

编　者

Contents

目　录

第3章 线性方程组

第4章 特征值与特征向量

第5章 图与网络分析

第6章 概率论基础

第1章 算法基础

本章介绍算法基本概念、算法基本逻辑结构、算法举例和算法的复杂度。
1.1 节介绍什么是算法、算法的特性、算法的基本逻辑结构、算法的表示。
1.2 节介绍最大公约数求法、求模与求余和进位制算法。
1.3 节介绍指数爆炸问题、秦九韶算法和算法复杂度。

电子计算机自 1946 年 2 月 15 日在美国宾夕法尼亚大学诞生以来，更新换代非常迅速，现代计算机系统的功能越来越强大，应用领域越来越深入、广泛，计算机、手机已成为人们日常活动中必不可少的工具。我们知道，计算机解决任何问题都是靠程序驱动完成的。指挥计算机进行操作的一连串指令序列称为程序。计算机的基本原理是存储程序和程序控制，计算机程序可描述为程序 = 算法 + 数据。算法是什么呢？简单说，算法 = 逻辑 + 控制。计算机技术发展日新月异，但基本功能与原理并没有发生变化，其最基本的功能是执行二进制数算术运算和逻辑运算。本章将学习有关算法的基础知识。

1.1 算法初步

1.1.1 什么是算法

算法（Algorism）一词最早出现在 12 世纪，是用于表示十进制算术运算的规则。18 世纪，算法 Algorism 演变为 Algorithm，算法概念有了更广的含义。任何含义明确的计算步骤都可称为算法，或者说算法是合乎逻辑、简捷的一系列步骤。现在算法通常指可以用计算机来解决某一类问题的程序或步骤。

例 1.1 求 $1\times2\times3\times4\times5$。

分析：一般做法如下。

步骤 1：先求 1×2，得到结果 2。

步骤 2：将步骤 1 得到的乘积 2 再乘以 3，得到结果 6。

步骤 3：将 6 再乘以 4，得 24。

步骤 4：将 24 再乘以 5，得 120。

如果要求 $1\times2\times\cdots\times1000$，则要写 999 个步骤，按这种方式在计算机上实现就太烦琐低效了。我们做一些改进，可以设两个变量：一个变量代表被乘数，另一个变量代表乘数。不另设变量存放乘积结果，而直接将每一步骤的乘积放在被乘数变量中。设 p 为被乘数，i 为乘数。用循环算法来求结果，算法步骤如下。

步骤 1：使 $p=1$。

步骤 2：使 $i=2$。

步骤 3：使 $p\times i$，乘积仍放在变量 p 中，可表示为 $p=p\times i$。

步骤 4：使 i 的值加 1，表示为 $i=i+1$。

步骤 5：如果 i 不大于 1000，返回重新执行步骤 3 以及其后的步骤 4；否则，算法结束。最后得到 p 的值就是 1000！的值。

$p=1$，$i=2$ 是输入，最后的 p 值是输出。算法过程从 1×2 开始，步骤 3 到步骤 5 组成一个循环，循环中每次都执行 $p\times i$，把乘积结果赋予 p，使 $i=i+1$，乘数 i 超过 1000 时结束。所以每一步的操作都是确定的，结果是正确的，经过 998 次结束，所以算法步骤是有限的、有效的，用这种方法表示的算法具有通用性、灵活性。

1.1.2 算法的特性

问题不同，解决的思路以及采取的方法与步骤就有针对性，所以对应的算法也各不相同。但各种算法都有如下共同之处：首先计算机要有操作对象，通过输入，给予计算机问题所涉及的对象；其次要能得到运行结果，即有输出。在输入与输出之间是具体的方法和步骤，这些方法和步骤必须是确定的、正确的、有限的、有效的、通用的。因而，运行于计算机的各种算法有如下特征。

（1）输入　算法从一个指定集合得到输入值，可以有 0 个、1 个或多个值，由赋值语句或输入语句实现。

（2）输出　对每个输入值，算法都要从指定的集合中产生输出值，输出值就是问题的解，可以有 1 个或多个输出值，由输出语句实现。

（3）确定性　算法的步骤必须准确定义，不能产生歧义。

（4）正确性　对每一次输入值，算法都应产生正确的输出值。

（5）有限性　对任何输入，算法都应在有限步骤之后产生输出。

（6）有效性　算法每一步必须能够准确地执行，并在有限时间内完成。

（7）通用性　算法不只是用于特定的输入值，应该可以用于满足条件的所有问题。

1.1.3 算法的基本逻辑结构

算法控制着各条指令的运行次序，规定语句的逻辑结构。算法包含三种基本逻辑结构：顺序结构、条件结构和循环结构。任何由计算机程序处理的问题都可以表示为基本结构或基本结构的组合。

1. 顺序结构

顺序结构是指按顺序执行完一步后再执行下一步的执行结构。顺序结构在程序框图中的体现是用流程线将程序框自上而下地连接起来，并按顺序执行算法步骤，如图 1-1 所示。

2. 条件结构

条件结构（也称选择结构、分支结构）在程序框图中用判断框来表示，判断框内写条件，两个出口分别对应着条件满足和条件不满足时所执行的不同指令，如图 1-2 所示。

3. 循环结构

在一些算法中，会出现从某处开始，按照一定条件，反复执行某一步骤，这就是循环结构。反复执行的步骤称为循环体。循环结构有三个要素：循环变量、循环体和循环终止条件。循环结构必然包含条件结构，循环结构在程序框图中利用判断框来表示，判断框内写条件，两个出口分别对应着条件成立和条件不成立时所执行的不同指令，其中一个要指向循环体，然后再从循环体回到判断框的入口处。循环结构有两种类型：当型和直到型。当型结构指当条件满足时，反复执行循环体，不满足则停止。直到型结构指在执行了一次循环体之后，对控制循环条件进行判断，当条件不满足时继续执行循环体，直到满足为止，如图 1-3 所示。

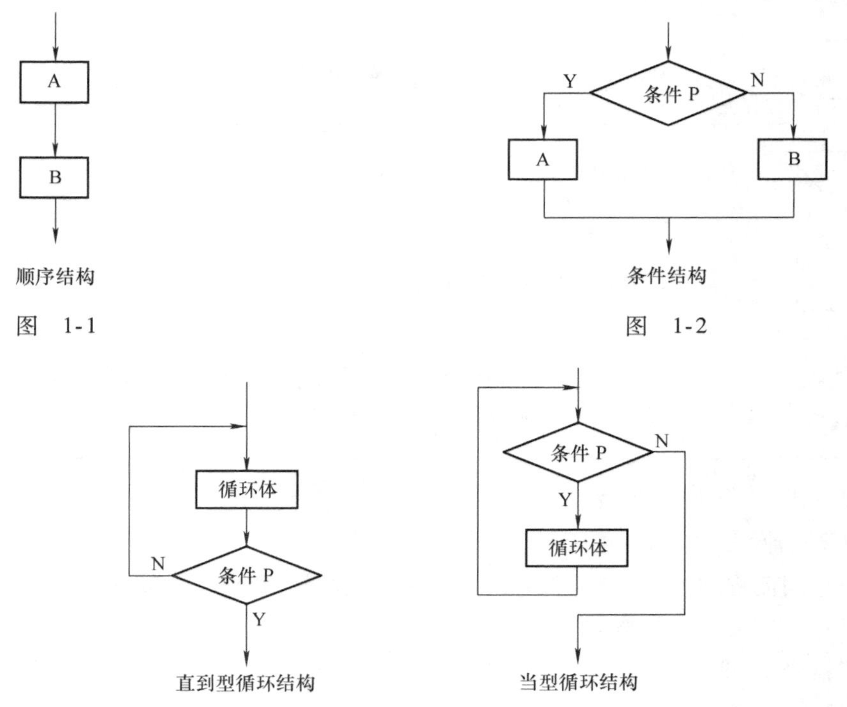

图 1-1

图 1-2

图 1-3

1.1.4 算法的表示

算法可以用自然语言、程序框图、N－S 图、伪代码（Pseudocode）、计算机语言（Computer Language）表示。

1. 自然语言

自然语言就是人们日常使用的语言。用自然语言表示能通俗易懂，但文字冗长，容易出现“歧义性”，描述包含分支和循环的算法时也很不方便。因此，除了很简单的问题外，一般不用自然语言描述算法。

例 1.2 设计一个算法，判断 7 是否为素数。

分析：只能被自身和 1 整除的正整数称为素数。

步骤 1：用 2 除 7，得到余数 1，因为余数不为 0，所以 2 不能整除 7。

步骤 2：用 3 除 7，得到余数 1，因为余数不为 0，所以 3 不能整除 7。

步骤 3：用 4 除 7，得到余数 3，因为余数不为 0，所以 4 不能整除 7。

步骤 4：用 5 除 7，得到余数 2，因为余数不为 0，所以 5 不能整除 7。

步骤 5：用 6 除 7，得到余数 1，因为余数不为 0，所以 6 不能整除 7。

因为 7 只能被自身和 1 整除，所以 7 是素数。

2. 程序框图

程序框图又叫流程图，是由一些规定的图形、流程线和文字说明来直观描述算法的图形。程序框及其说明见表 1-1。

表 1-1 程序框及其说明

程序框	名称	功能
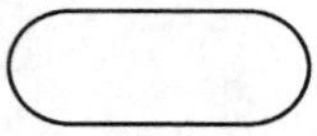 （圆角矩形）	起止框	表示一个算法的起始和结束
 （平行四边形）	输入、输出框	表示一个算法的输入和输出的信息
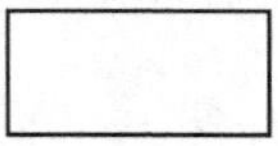 （矩形）	执行框	赋值、计算
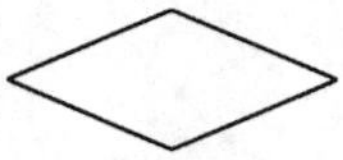 （菱形）	判断框	判断某一条件是否成立，成立时在出口处标明“是”或“Y”；不成立时标明“否”或“N”

例 1.3 求 5！的算法流程图

5！的算法流程图如图 1-4 所示。

例 1.4 用流程图表示“判断整数 n（$n>2$）是否为素数”的算法。

步骤 1：给定大于 2 的整数 n。

步骤 2：令 $i=2$。

步骤 3：用 i 除 n，得到余数 r。

步骤 4：判断“$r=0$”是否成立。若是，则 n 不是素数，结束算法；否则，将 i 的值增加1，即 $i=i+1$。

步骤5：判断“$i>(n-1)$”或“$i>\sqrt{n}$”是否成立。若是，则 n 是素数，结束算法；否则，返回步骤2。流程图如图1-5所示。

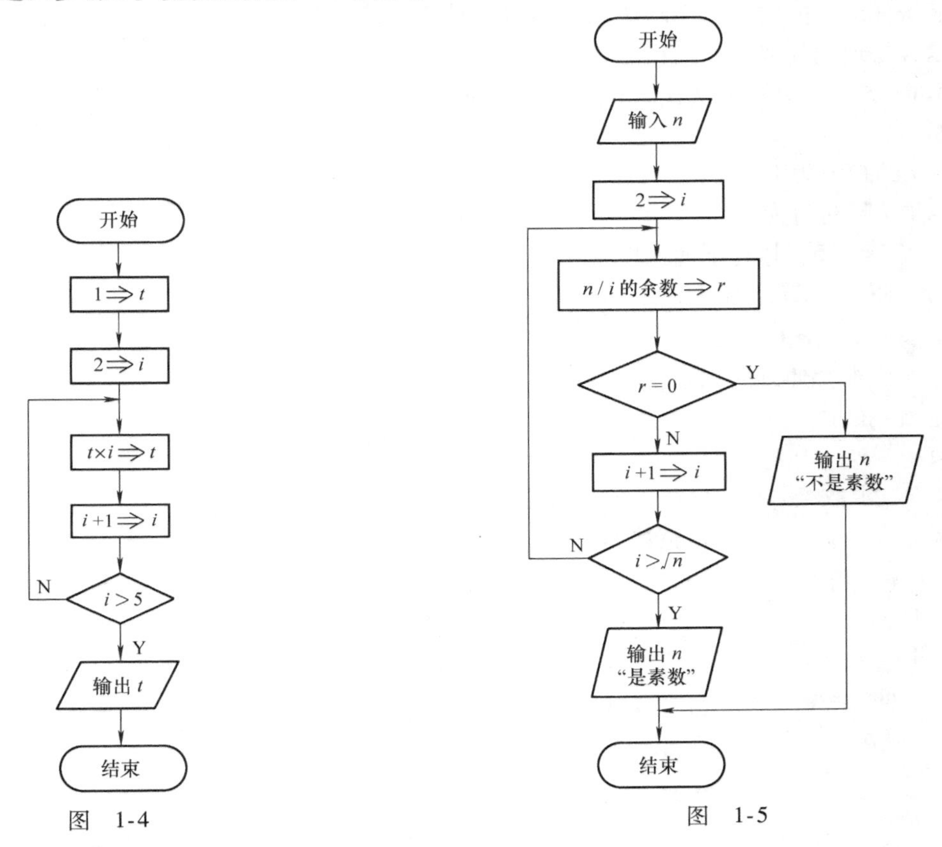

图 1-4

图 1-5

3. N－S图

流程图由一些具有特定意义的图形、流程线及简要的文字说明构成，它能清晰、明确地表示程序的运行过程。因为在使用过程中发现流程线不是必需的，人们设计了一种新的流程图，它把整个程序写在一个大框内，这个大框图由若干个小的基本框图构成，这种流程图简称N－S图。N－S图是无线的流程图，又称盒图，在1973年由美国两位学者I. Nassi和B. Shneiderman提出。

三种基本逻辑结构的N－S图如图1-6所示。

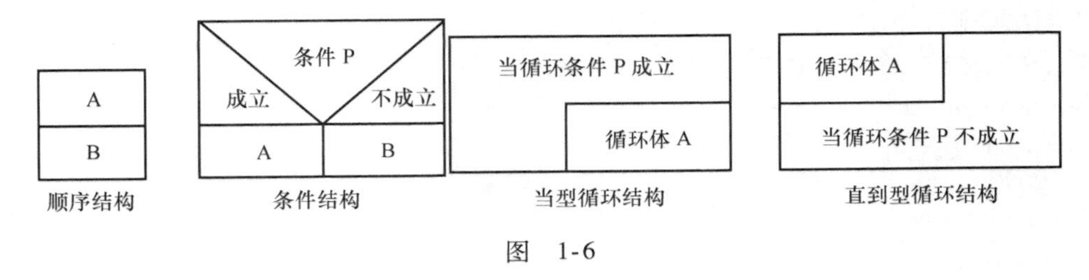

图 1-6

例1.5 图1-7为求数组a_1，a_2，…，a_n的最大值算法的N－S图。

4. 伪代码

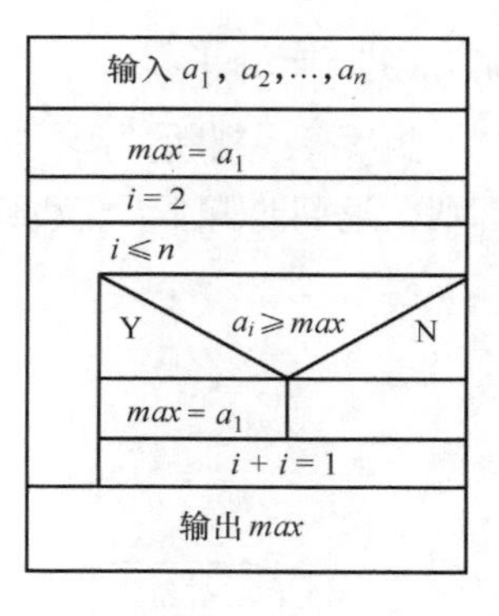

图 1-7

伪代码是一种介于自然语言与编程语言之间的算法描述语言，便于理解，并不依赖于语言，它用来表示程序执行过程，而不一定能编译运行的代码。使用伪代码的目的是为了使被描述的算法可以容易地用任何一种编程语言编程。

例 1.6 求 5！算法的伪代码表示。

开始
  取 t 的初值为 1
    取 i 的初值为 2
    当 $i<=5$，执行下面操作：
      使 $t=t\times i$
      使 $i=i+1$
       {循环体到此结束}
  输出 t 的值
结束

例 1.7 求数组a_1，a_2，…，a_n最大值算法的伪代码表示。

max（a_1，a_2，…，a_n，整数 n）
  $max \Leftarrow a_1$
for 2 to n
  if $a_i > max$
    max$\Leftarrow a_i$
  end if
end for
输出 max

5. 计算机语言

计算机语言的种类非常多，总的来说可以分成机器语言、汇编语言和高级语言三大类。

计算机所能识别的语言只有机器语言，即由 0 和 1 构成的代码。但通常人们编程时，并不采用机器语言，因为它非常难于记忆和识别。汇编语言的实质和机器语言是相同的，都是直接对硬件操作，只不过指令采用了英文缩写的标识符，更容易识别和记忆。高级语言是目前绝大多数编程者的选择，它并不是特指某一种具体的语言，而是包括了很多编程语言，如目前流行的 Python、C、C + +、C#、Java、R、JavaScript、Go、Assembly 等，这些语言都有自己的语法规则，命令格式也不尽相同。

例 1.8 求 5！算法的 C 语言程序。

```
#include <stdio.h>
void main ( )
{
  int i, t;
  t=1;
  i=2;
  while (i<=5)
```

```
    {t = t* i;
        i = i + 1;
     }
printf ("% d \n", t);
  }
```

例 1.9 求数组 x 中最大值的 Matlab 语言程序。

```
x = input ('x =');
n = length (x);
max = x (1);
for i = 2: n
if x (i) > = max
max = x (i);
end
end
fprintf ('max = % d \n', max)
```

练习 1.1

1. 判断

1）算法的三种基本逻辑结构流程图都只有一个入口、一个出口。（　　）

2）循环结构有选择性和重复性，选择结构具有选择性但不重复。（　　）

2. 填空

1）算法的基本逻辑结构有（　　　　）。

2）表示算法的图有（　　　　）。

3）求 10！的算法里循环结构的三个要素有（　　　　）。

4）表达交换 a、b 值的语句是（　　　　）。

3. 用自然语言描述“判断 35 是否为素数的算法”。

4. 已知华氏温度和摄氏温度的转换公式是：摄氏温度 =（华氏温度 - 32）$\times \frac{5}{9}$。设计一个将华氏温度转换成摄氏温度的算法，并画出其流程图或 N - S 图。

5. 设计一个算法，求 $1 + 2 + 4 + \cdots + 2^{49}$，并画出其流程图或 N - S 图。

1.2 算法举例

1.2.1 最大公约数求法——辗转相除法

辗转相除法是公元前 300 年左右由古希腊数学家欧几里得首先提出的，因而又称为欧几里得算法。

能整除两个整数 a、b 的最大整数，称为这两个整数的**最大公约数**，记作 gcd (a, b)。

1. 算法基础

定理 1 令 $a = bq + r$（被除数 a、除数 b、商 q、余数 r 都是整数），则 $\gcd(a, b) = \gcd(b, r)$。

例 1.10 观察用辗转相除法求 8251 和 6105 的最大公约数的过程。

步骤 1：用两数中较大的数除以较小的数，求得商和余数，$8251 = 6105 \times 1 + 2146$。

根据定理 1，8251 和 6105 的公约数就是 6105 和 2146 的公约数，求 8251 和 6105 的最大公约数，就是求 6105 和 2146 的公约数。

步骤 2：对 6105 和 2146 重复第一步的做法，即 $6105 = 2146 \times 2 + 1813$。

同理 6105 和 2146 的最大公约数也是 2146 和 1813 的最大公约数。

以此类推，直到余数等于 0 时结束。完整的过程如下：

$2146 = 1813 \times 1 + 333$

$1813 = 333 \times 5 + 148$

$333 = 148 \times 2 + 37$

$148 = 37 \times 4 + 0$

显然 37 是 148 和 37 的最大公约数，也就是 8251 和 6105 的最大公约数。

辗转相除法实质上是把求两个较大整数的最大公约数转化为求两个较小整数的最大公约数。辗转相除法是一个反复执行直到余数等于 0 停止的步骤，这实际上是一个循环结构。

2. 辗转相除法求最大公约数算法的步骤

第一步：给定两个正整数 m、n。

第二步：计算 m 除以 n 所得到余数 r。

第三步：使 $m = n$，$n = r$。

第四步：若 $r = 0$，则 m、n 的最大公约数等于 m；否则返回第二步。

辗转相除法算法的流程图、伪代码如图 1-8 所示。

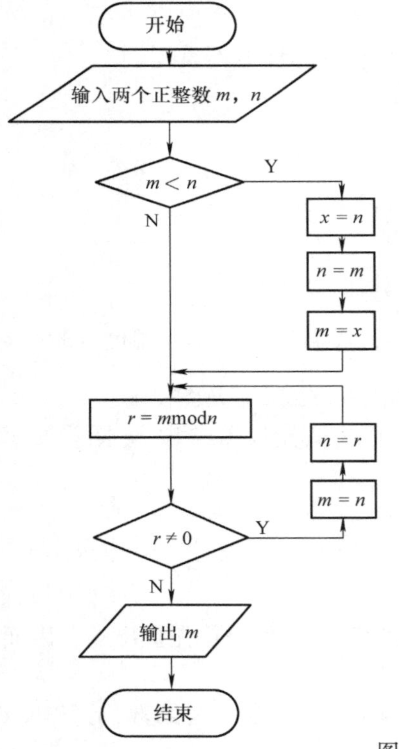


```
INPUT m, n
IF m < n THEN
      x = n
      n = m
      m = x
END IF
r = m MOD n
WHILE r < >0
m = n
n = r
r = m MOD n
WEND
PRINT n
```

图 1-8

1.2.2 最大公约数求法——更相减损术

算理 可半者半之，不可半者，副置分母、子之数，以少减多，更相减损，求其等也，以等数约之。

第一步：任意给定两个正整数，判断它们是否都是偶数。若是，则用 2 约简；若不是，则执行第二步。

第二步：以较大的数减较小的数，接着把所得的差与较小的数比较，并以大数减小数。继续这个操作，直到所得的减数和差相等为止，则这个等数就是所求的最大公约数。

例 1.11　用更相减损术求 98 与 63 的最大公约数。

解　由于 63 不是偶数，将 98 和 63 以大数减小数，并辗转相减。

即

$98-63=35$

$63-35=28$

$35-28=7$

$28-7=21$

$21-7=14$

$14-7=7$

所以，98 与 63 的最大公约数是 7。

辗转相除法与更相减损术，二者算理相似，有异曲同工之妙。

1）都是求最大公约数的方法，计算上辗转相除法以除法为主，更相减损术以减法为主；计算次数上辗转相除法计算次数相对较少，特别当两个数字大小区别较大时，计算次数的区别较明显。

2）从结果体现形式来看，辗转相除法体现结果以相除余数为 0 而得到，而更相减损术则以减数与差相等而得到（差为 0 时）。

1.2.3　求模与求余

“模”是 mod 的音译，mod 的含义为求余。模运算在数论和程序编程设计中有着广泛的应用，任何计算机高级语言都内置了求模函数。

1. 带余除法

令 a 为整数，b 为正整数，若存在唯一整数 q 和 r（$0\leq r<b$），使得 $a=bq+r$，称 a 为被除数，b 为除数，q 为商，r 为 a 除以 b 的余数。

a 与 b 的模记作 $a\bmod b$，或 mod（a，b）。

a 除以 b 的余数和 a 与 b 的模一致吗？

例 1.12　观察下列求模（mod）与求余数（rem）的 Matlab 程序运行结果：

```
>>mod(7,4)
ans =3
>>mod(-7,4)
ans =1
>>mod(7,-4)
ans = -1
>>mod(-7,-4)
ans = -3
```

```
>>rem(7,4)
ans =3
>>rem(-7,4)
ans =  -3
>>rem(7,-4)
ans = 3
>>rem(-7,-4)
ans =  -3
```

从程序运行结果可以看出，求模运算和求余运算并不完全一致。

2. 求模运算与求余数运算的区别。

对于整数 a，b 来说，求模运算或者求余运算的步骤都是：

1）求整数商：$q = a/b$。

2）计算模或者余数：$r = a - q \times b$。

但是求模运算和求余运算在第一步不同：求余运算在计算 q 的值时，向 0 方向舍入［采用 fix（）函数］；而求模运算在计算 q 的值时，向无穷小方向舍入［采用 floor（）函数］。

当被除数 a 和除数 b 符号一致时，求模运算和求余运算所得商的值一致，因此结果一致。但是当 a、b 符号不一致的时候，结果就不一样了。具体来说，求模运算结果的符号和 b 一致，求余运算结果的符号和 a 一致。

因此，例 1.12 中求模和求余运算式为

求模运算	求余运算
$3 = 7 - 1 \times 4$	$3 = 7 - 1 \times 4$
$1 = -7 - (-2) \times 4$	$-3 = -7 - (-1) \times 4$
$-1 = 7 - (-2) \times (-4)$	$3 = 7 - (-1) \times (-4)$
$-3 = -7 - 1 \times (-4)$	$-3 = -7 - 1 \times (-4)$

不同的语言环境中，求模运算符（如 C 语言、Python 采用%）及含义的规定不一定相同。

1.2.4 进位制算法

问题 1：我们常见的数字都是十进制的，但是并不是生活中的每一种数字都是十进制的。比如时间和角度的单位用六十进制，电子计算机用的是二进制。那么什么是进位制？不同的进位制之间又有什么联系呢？

进位制是人们为了计数和运算的方便而约定的一种计数系统。约定满二进一，就是二进制；满十进一，就是十进制；满十六进一，就是十六进制等。

“满几进一”，就是几进制。几进制的基数就是几，可使用数字、符号的个数称为基数。基数都是大于 1 的整数。

例如，二进制可使用的数字有 0 和 1，基数是 2。

十进制可使用的数字有 0，1，2，…，8，9 共十个数字，基数是 10。

十六进制可使用的数字或符号有 0 ~ 9 等 10 个数字以及 A ~ F 等 6 个字母（规定字母 A ~ F 对应 10 ~ 15），十六进制的基数是 16。

为了区分不同的进位制，常在数字的右下角标明基数。

例如，$1110010_{(2)}$ 表示二进制数，$342_{(5)}$ 表示 5 进制数，十进制数一般不标注基数。

问题 2：十进制数 3721 中的 3 表示 3 个千，7 表示 7 个百，2 表示 2 个十，1 表示 1 个一，从而它可以写成下面的形式：

$$3721 = 3 \times 10^3 + 7 \times 10^2 + 2 \times 10 + 1 \times 10^0$$

想一想：二进制数 $1011_{(2)}$ 可以类似地写成什么形式？

$$1011_{(2)} = 1 \times 2^3 + 0 \times 2^2 + 1 \times 2^1 + 1 \times 2^0$$

同理

$$3421_{(5)} = 3 \times 5^3 + 4 \times 5^2 + 2 \times 5^1 + 1 \times 5^0$$

$$C7A16_{(16)} = 12 \times 16^4 + 7 \times 16^3 + 10 \times 16^2 + 1 \times 16^1 + 6 \times 16^0$$

一般地，若 k 是一个大于1的整数，那么以 k 为基数的 k 进制数可以表示为一串数字连写在一起的形式：$a_n a_{n-1} \cdots a_1 a_{0(k)}$（$0 < a_n < k$，$0 \leqslant a_{n-1}, \cdots, a_1, a_0 < k$）。

需满足：

1）第一个数字 a_n 不能等于0。

2）每一个数字 $a_n, a_{n-1}, \cdots, a_1, a_0$ 都需小于 k。

k 进制的数也可以表示成不同位上数字与基数 k 的幂的乘积之和的形式，即

$$a_n a_{n-1} \cdots a_1 a_{0(k)} = a_n \times k^n + a_{n-1} \times k^{n-1} + \cdots + a_1 \times k^1 + a_0 \times k^0$$

问题3：二进制只用0和1两个数字，这正好与电路的通和断两种状态相对应，因此计算机内部都使用二进制。计算机在进行数的运算时，先把接收到的数转化成二进制数进行运算，再把运算结果转化为十进制数输出。那么二进制数与十进制数之间是如何转化的呢？

例1.13 把二进制数 $110011_{(2)}$ 化为十进制数。

分析：先把二进制数写成不同位上数字与2的幂的乘积之和的形式，再按照十进制数的运算规则计算出结果。

解 $110011_{(2)} = 1 \times 2^5 + 1 \times 2^4 + 0 \times 2^3 + 0 \times 2^2 + 1 \times 2^1 + 1 \times 2^0 = 1 \times 32 + 1 \times 16 + 1 \times 2 + 1 = 51$

问题4：你会把三进制数 $10221_{(3)}$ 化为十进制数吗？

解 $10221_{(3)} = 1 \times 3^4 + 0 \times 3^3 + 2 \times 3^2 + 2 \times 3^1 + 1 \times 3^0 = 81 + 18 + 6 + 1 = 106$

一般地，k 进制数转化为十进制数的方法是：先把 k 进制的数表示成不同位上数字与基数 k 的幂的乘积之和的形式，即

$$a_n a_{n-1} \cdots a_1 a_{0(k)} = a_n \times k^n + a_{n-1} \times k^{n-1} + \cdots + a_1 \times k^1 + a_0 \times k^0$$

再按照十进制数的运算规则计算出结果。

例1.14 设计一个算法，把 k 进制数 a（共有 n 位）化为十进制数 b。

解 算法步骤如下：

步骤1：输入 a、k、n 的值。

步骤2：i 的值初始化为1，将 b 的值初始化为0。

步骤3：令 $b = b + a_{i-1} \cdot k^{i-1}$，$i = i + 1$。

步骤4：判断 $i > n$ 是否成立，若是，则执行步骤5，若否，返回步骤3。

步骤5：输出 b 的值。

程序流程图、伪代码如图1-9所示。

例1.15 把89化为二进制的数。

分析：把89化为二进制的数，需将89先写成如下形式：

$$89 = a_n \times 2^n + a_{n-1} \times 2^{n-1} + \cdots + a_1 \times 2^1 + a_0 \times 2^0$$

则有

$$89 = 64 + 16 + 8 + 1 = 1 \times 2^6 + 0 \times 2^5 + 1 \times 2^4 + 1 \times 2^3 + 0 \times 2^2 + 0 \times 2^1 + 1 \times 2^0 = 1011001_{(2)}$$

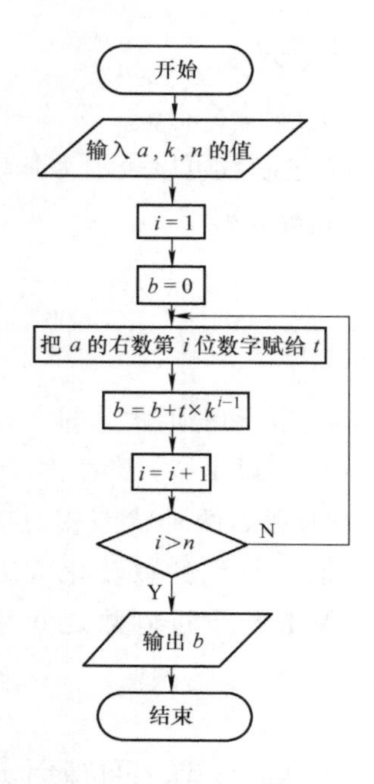


```
INPUT a,k,n
i=1
b=0
t=a MOD 10
Do
b=b+t*k^(i-1)
a=a/10
t=a MOD 10
i=i+1
Loop until i>n
PRINT b
```

图 1-9

但如果数太大，我们是无法这样凑出来的，怎么办？

用除 2 取余法——可以用 2 连续去除 89 或所得商，一直到商为 0 为止，然后取出余数，即

$89=44\times2+1$，$44=22\times2+0$，$22=11\times2+0$，$11=5\times2+1$，$5=2\times2+1$，$2=1\times2+0$，$1=0\times2+1$

所以

$$
\begin{aligned}
89&=44\times2+1\\
&=(22\times2+0)\times2+1\\
&=((11\times2+0)\times2+0)\times2+1\\
&=(((5\times2+1)\times2+0)\times2+0)\times2+1\\
&=((((2\times2+1)\times2+1)\times2+0)\times2+0)\times2+1\\
&=(((((1\times2)+0)\times2+1)\times2+1)\times2+0)\times2+0)\times2+1\\
&=1\times2^6+0\times2^5+1\times2^4+1\times2^3+0\times2^2+0\times2^1+1\times2^0=1011001_{(2)}
\end{aligned}
$$

可以用下面的除法算式表示除 2 取余法：

除数	被除数	余数
2	89	
2	44	1
2	22	0
2	11	0
2	5	1
2	2	1
2	1	0
	0	1

把算式中各步所得的余数从下到上排列，得到 $89=1011001_{(2)}$。

这种方法也可以推广为把十进制数化为 k 进制数的算法，称为除 k 取余法。

例 1.16 把 89 化为五进制的数。

解 以 5 作为除数，相应的除法算式为：

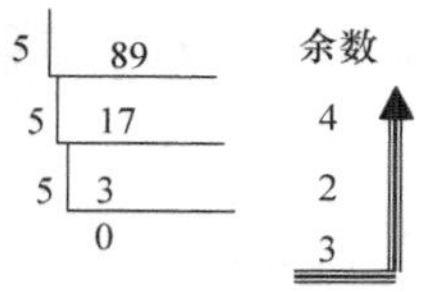

除数	被除数/商	余数
5	89	
5	17	4
5	3	2
	0	3

所以

$$89 = 324_{(5)}$$

问题 5：你会把三进制数 $10221_{(3)}$ 化为二进制数吗？

解 第一步：先把三进制数化为十进制数，即

$$10221_{(3)} = 1 \times 3^4 + 0 \times 3^3 + 2 \times 3^2 + 2 \times 3^1 + 1 \times 3^0 = 81 + 18 + 6 + 1 = 106$$

第二步：再把十进制数化为二进制数，即

$$106 = 1101010_{(2)}$$

所以

$$10221_{(3)} = 106 = 1101010_{(2)}$$

例 1.17 设计一个程序，实现“除 k 取余法”（$k \in \mathbf{N}$，$2 \leqslant k \leqslant 9$）。

步骤 1：输入十进制正整数 a 和转化后的数的基数 k。

步骤 2：求出 a 除以 k 所得的商 q 和余数 r。

步骤 3：把得到的余数依次从右到左排列。

步骤 4：若 $q \neq 0$，则 $a = q$，返回步骤 2；否则，输出全部余数 r 排列得到的 k 进制数。

程序图和伪代码如图 1-10 所示。

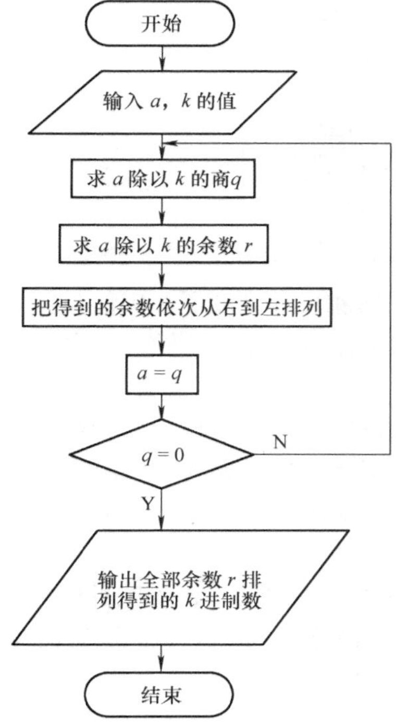


```
INPUT
"a, k ="; a, k
b =0
i =0
DO
q = a/k
r = a MOD k
b = b + r * k^i
i = i + 1
a = q
LOOPuntilq = 0
PRINT b
```

图 1-10

练习 1.2

1. 画出求最大公约数的更相减损术算法流程图或 N－S 图。
2. 说出下列带余除法中的被除数、除数、商、余数或模。

(1) $21 = 2 \times 10 + 1$

(2) $32 = (-6) \times (-5) + 2$

(3) $-45 = 7 \times (-7) + 4$ (4) $-26 = 6 \times (-4) - 2$

3. 求下列各组整数的模或余数：18 与 5，－18 与 5，49 与－4，－49 与－4。
4. 画出判断一个正整数是奇数或偶数算法的流程图或 N－S 图。
5. 将十进制数 2019 化为二进制数、三进制数、五进制数和十六进制数。
6. 将$100110_{(2)}$、$102201_{(3)}$、$123456_{(8)}$、$10FA67_{(16)}$化为十进制数。

1.3 算法的复杂度

1.3.1 指数爆炸问题

引例：假设有一张厚度为 1mm 的非常柔软的纸，对折多少次后厚度就超过了喜马拉雅山的高度 8844.43m？请你猜一猜。

计算如下：

对折次数	厚度/mm	对折次数	厚度/m	对折次数	厚度/m
1	2	11	2.048	21	2097.152
2	4	12	4.096	22	4194.304
3	8	13	8.192	23	8388.608
4	16	14	16.348	24	16777.216
5	32	15	32.768		
6	64	16	65.536		
7	128	17	131.072		
8	256	18	262.144		
9	512	19	524.288		
10	1024	20	1048.576		

对折 24 次就达到 16777.216m，远远超过喜马拉雅山的高度了。仅仅反复对折，就很快得到了非常巨大的数字。我们把这种急速增长的情况称为“指数爆炸”。之所以称为指数爆炸是因为折纸厚度为2^n，n 是折纸次数。

有倍数变化的地方，就有指数爆炸（也称指数式增长）。一旦发生指数爆炸，就完全不能像预想的那样“通过有限几步就解决问题了”，因为人们需要在有限时间，并且是尽可能“短时间”内解决问题。如果虽然步骤有限，但是完成的时间要花费几十年，这种“解决问题”对人类来说就没有意义了。

因此，需要判断一个算法的好或坏，比较算法的运行时间，即算法的时间复杂度（time complexity）。常用大 $\boldsymbol{O}$ 表示法，大 $\boldsymbol{O}$ 表示法指出了最糟糕的情况下的运行时间。我们将在 1.3.3 节具体介绍。

例 1.18 二分查找。

假如心里随便想了一个 1～100 的数字 73，请以最少的次数猜到所选定的这个数字。你每猜一次，我会说大了、小了或者对了。

你会从哪里开始呢？从50开始。我说小了，你就可排除1～50一半的数字，接下来你猜50～100中间的数75，我说大了。接着，你猜50与75中间的数63，我说小了。以此类推，经过5步就猜到73这个数字。这就是**二分查找**。二分查找每次都排除了一半的数字，不论心里想的是1～100哪一个数字，在7步之内都能猜到。

在包含n个元素的列表中进行二分查找，一般需要执行$\log_2 n$次操作，二分查找运行的时间记为$\boldsymbol{O}(\log_2 n)$。$\log_2 100$大约等于7，所以7步之内能找出100个元素中指定的那个元素。

例1.19　简单查找。

如果从1开始依次往上猜，直到猜对为止，这叫**简单查找**，得猜73次才能猜到数字73，如果想的是最大值100，就得猜100次了。简单查找一般最多要执行n次操作，把简单查找需要的时间记为$\boldsymbol{O}(n)$，其中n为查找范围内包含的元素个数。

显然，二分查找的效率比简单查找高得多。二分查找是使用了指数爆炸的方法。在大量数据中进行查找时，二分查找会发挥巨大威力。

利用$\log_2 n$计算操作次数，$n=500$，$\log_2 500\approx 9$，仅9次就可在500个数据中找到目标数据。$n=1000000$，$\log_2 1000000\approx 11$，判断11次就能在100万个数据中找到目标数据。

判断30次就能在10亿个数据中找到目标数据。

例1.20　利用指数爆炸加密。

在信息传输过程中，为保护信息的安全性，对编制的信息用密钥先做加密处理后再进行传输，使得信息即使被截获，对方看到的却是一堆乱码。只有知道密钥的人才能将密文还原为原文（解密），如图1-11所示。

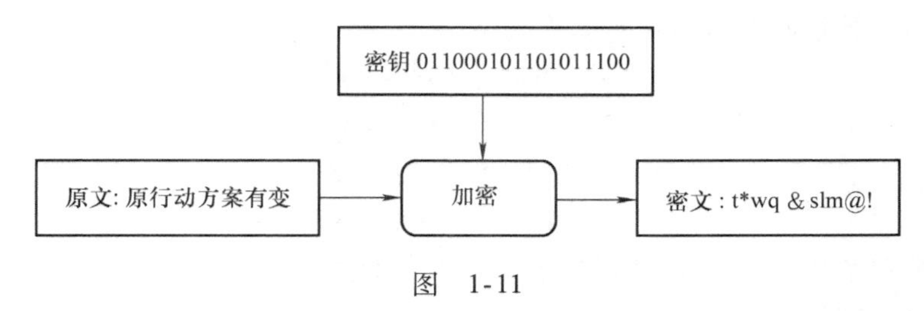

图　1-11

在不知道密钥的情况下，如果加密算法没有任何弱点（如明显的规律性），那就只能一个不漏地去试密钥。就像一大串钥匙中不知哪一把钥匙能打开门上的锁，就只能一把一把地试开了。这种密码破译法称为**暴力破解法**（brute－force attack）。

若密钥采用的是一段字节流（如3个字长，4个字长，…，n个字长），被用作密钥的字节流长度越长，暴力破解就越费时。

3个字长的密钥是所列8种情况之一：000、001、010、011、100、101、110、111，最多试8次就能试出密钥破解密文。

4个字长的密钥，最多试16次就能破解密文。以此类推，5位密钥，最多试32次可破解。6位密钥，最多试64次可破解。7位密钥，最多试128次可破解。使用字长较短的密钥，找到密钥破解密码似乎并不太困难。但注意，密钥的字节长度每增加1位，试解次数就翻倍，这里就包含了指数爆炸。例如，20位字节长度的密钥总数是1048576，现在常用的密钥字节长度都在 128 位以上，2^{128}是一个巨大的数字。因此，只要使用足够位数的密钥，在现实时间内就破解不了密码。密码不易破译，才有安全保密的功能。

1.3.2 秦九韶算法

问题 1：设计求多项式 $f(x)=2x^5-5x^4-4x^3+3x^2-6x+7$ 当 $x=5$ 时的值的算法，并写出程序。

程序如下：

```
x = 5
f = 2 * x^5 - 5 * x^4 - 4 * x^3 + 3 * x^2 - 6 * x + 7
PRINT f
END
```

上述算法一共做了 15 次乘法运算，5 次加法运算。优点是简单易懂，缺点是不通用，不能解决任意多项式求值问题，而且计算效率不高。

问题 2：有没有更高效的算法？

分析：计算 x 的幂时，可以利用前面的计算结果，以减少计算量，即先计算x^2，然后依次计算：$x^2\cdot x$，$(x^2\cdot x)\cdot x$，$((x^2\cdot x)\cdot x)\cdot x$。

计算上述多项式的值，一共需要 9 次乘法运算，5 次加法运算。

第二种做法与第一种做法相比，乘法的运算次数减少了，因而能提高运算效率。而且对于计算机来说，做一次乘法所需的运算时间比做一次加法要长得多，因此第二种做法能更快地得到结果。

问题 3：能否探索更好的算法，来解决任意多项式的求值问题？

利用多重括号重新调整多项式的运算次序：

$$\begin{aligned} f(x) &= 2x^5-5x^4-4x^3+3x^2-6x+7 \\ &= (2x^4-5x^3-4x^2+3x-6)x+7 \\ &= (((2x^2-5x-4)x+3)x-6)x+7 \\ &= ((((2x-5)x-4)x+3)x-6)x+7 \end{aligned}$$

令最高次数项系数为$v_0=2$，从最内层括号开始计算，由内而外逐层计算括号内一次多项式，运算结果分别为

$$\begin{aligned} v_1 &= v_0x-5=2\times5-5=5 \\ v_2 &= v_1x-4=5\times5-4=21 \\ v_3 &= v_2x+3=21\times5+3=108 \\ v_4 &= v_3x-6=108\times5-6=534 \\ v_5 &= v_4x+7=534\times5+7=2677 \end{aligned}$$

每一步都化为计算一个一次多项式，其中一次项系数为上一步的一次多项式的值。

一般，对于一个 n 次多项式：

$$f(x)=a_nx^n+a_{n-1}x^{n-1}+a_{n-2}x^{n-2}+\cdots+a_1x+a_0$$

可以改写成如下形式：

$$f(x)=((\cdots(a_nx+a_{n-1})x+a_{n-2})x+\cdots+a_1)x+a_0$$

求多项式的值时，首先计算最内层括号里一次多项式的值，即

$$v_1 = a_n x + a_{n-1}$$

然后由内向外逐层计算一次多项式的值，即

$$v_2 = v_1 x + a_{n-2},\ v_3 = v_2 x + a_{n-3},\ \cdots,\ v_n = v_{n-1} x + a_0$$

这样，求一个 n 次多项式 $f(x)$ 的值就转化为求 n 个一次多项式的值。这种算法称为秦九韶算法。

通过这种转化，把运算的次数由至多 $n(n+1)/2$ 次乘法运算和 n 次加法运算，减少为 n 次乘法运算和 n 次加法运算，n 的值很大时就可大大提高运算效率。

观察上述秦九韶算法中的 n 个一次式：

$$v_1 = a_n x + a_{n-1},\ v_2 = v_1 x + a_{n-2},\ v_3 = v_2 x + a_{n-3},\ \cdots,\ v_n = v_{n-1} x + a_0$$

可见v_k的计算要用到v_{k-1}的值。若令$v_0 = a_n$，秦九韶算法的关系式为

$$\begin{cases} v_0 = a_n \\ v_k = v_{k-1} x + a_{n-k}(k = 1, 2, \cdots, n) \end{cases}$$

这是一个在秦九韶算法中反复执行的步骤，因此可用循环结构来实现。

算法步骤如下：

第一步：输入多项式次数 n、最高次项的系数a_n和 x 的值。

第二步：将 v 的值初始化为a_n，将 i 的值初始化为 $n-1$。

第三步：输入 i 次项的系数a_i。

第四步：$v = vx + a_i$，$i = i - 1$。

第五步：判断 i 是否大于或等于 0，若是，则返回第三步；否则，输出多项式的值 v，如图 1-12 所示。

伪代码程序框图

```
INPUT "n = ";n
INPUT "a[n] = ";a
INPUT "x = ";x
v = a
i = n - 1
WHILE i > =0
INPUT "a[i] = "; a
v = v * x + a
i = i - 1
WEND
PRINT v
END
```

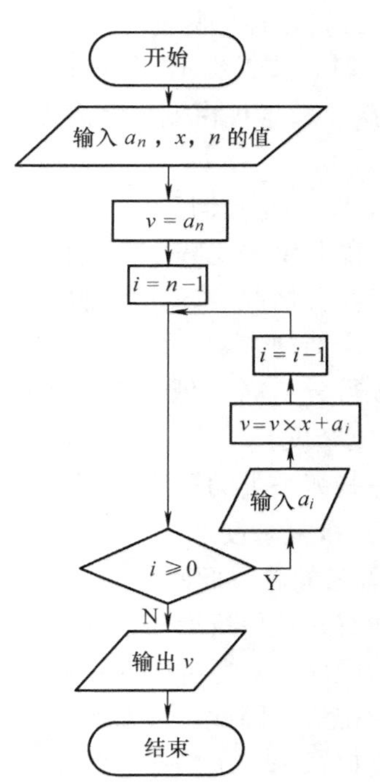

图　1-12

1.3.3 算法复杂度的评价

- 一个好的算法必须具备三个特点：正确性、可维护性和效率。

显然，如果一个算法不能解决问题，它就没什么用。如果它不能产生正确的答案，它就没有什么意义。算法难以维护，在程序中使用它是危险的。效率肯定是重要的，实际中大多数开发人员在提高效率上花费了大量精力。

- 一个算法的评价主要从时间复杂度和空间复杂度来考虑。

算法的时间复杂度反映了程序执行时间随输入规模增长而增长的量级；空间复杂度是指算法在计算机内执行时所需存储空间的度量。如果一个算法产生正确的结果并且易于实现和调试，但是用了 10 年时间才完成或者需要的内存超过了计算机的容量，那么它仍然没有什么用。

- 大 $\boldsymbol{O}$ 表示法（big O notation）。

大 $\boldsymbol{O}$ 表示法指出了最糟糕的情况下的运行时间。时间复杂度并不是表示一个程序解决问题需要花多少时间，而是当问题规模扩大后，程序需要的时间长度增长得有多快。

下面是以从快到慢的顺序列出的一些常见的大 $\boldsymbol{O}$ 运行时间：

$\boldsymbol{O}(1)$，也称常数时间。

$\boldsymbol{O}(\log n)$，也称对数时间，这样的算法包括二分查找。

$\boldsymbol{O}(n)$，也称线性时间，这样的算法包括简单查找。

$\boldsymbol{O}(n * \log n)$，这样的算法包括快速排序。

$\boldsymbol{O}(n^2)$，这样的算法包括选择排序。

$\boldsymbol{O}(n!)$，这样的算法包括旅行商问题的解决方案

例 1.21 要找出 10 个数中的最大值，需要比较 9 次，当数目增加到 100 个时，就需要比较 99 次。数据规模变得有多大，花的时间也跟着变得有多长，这个程序的时间复杂度就是 $O(n)$。

例 1.22 选择排序。

某个少儿钢琴比赛中，按出场顺序依次记录小选手的比赛成绩，然后再按得分高低排名，确定获奖情况。该如何排序呢？一种方法是遍历整个得分列表，找出最高分，把该选手添加到一个新列表中。再次这么做，找出得分第二高的选手，放入新列表。继续这样做，就可得到按得分从高到低的有序列表，这就是**选择排序**。所需的总时间为 $\boldsymbol{O}(n \times n)$，即 $\boldsymbol{O}(n^2)$ 的复杂度。

有一些穷举类的算法，n 增加时所需时间长度呈指数级上涨，如暴力破解密码的时间就是 $\boldsymbol{O}(2^n)$ 级复杂度。

- 著名的旅行商问题。

假如有一位旅行商要前往 5 个城市，同时确保旅程最短。为此，可考虑他去这些城市的各种可能顺序。对每种顺序，计算总旅程，再挑选出旅程最短的路线。5 个城市有 $5! = 120$ 种不同的排法。因此，涉及 5 个城市时，解决这个问题需要执行 120 次操作。涉及 6 个城市时，需要执行 720 次操作。涉及 7 个城市时需要执行 5040 次操作。涉及 n 个城市时，需要执行 $n!$ 次操作才能得出结果。每增加 1 个城市，需要执行的操作次数增加得非常快，就属于 $\boldsymbol{O}(n!)$ 复杂度。

对于 $O(1)$、$O(\log n)$、$O(n*\log n)$、$O(n^2)$ 等，我们把它叫作多项式时间级的复杂度，因为它的规模 n 出现在底数的位置；对于 $O(a^n)$ 和 $O(n!)$ 型复杂度，它是**非多项式时间级**的。在解决一个问题时，选择的算法通常都需要是多项式级的复杂度，非多项式级的复杂度需要的时间太多，计算机往往不能承受，除非数据规模非常小。

- P 问题和 NP 问题。

算法的问题，有时以运行在某一类假想的计算机上是否有相似的运行时间（或空间）为标准进行分类。两种最常见的假想计算机就是确定型计算机（图灵机）和不确定型计算机。在确定型计算机上给定一组输入，运行结果是完全可以预见的。不确定型允许在同一时间有多个状态。

P 问题，即可以在多项式时间内被一台确定型计算机解决的问题。这些问题可以被一些时间复杂度为 $O(n^p)$ 的算法解决。简单地说就是算起来很快的问题。

NP 问题，即可以在多项式时间内被一台不确定型计算机解决的问题。这些问题可以被一些时间复杂度为 $O(n^p)$ 的算法猜出解并验证解为正确。简单地说就是算起来不一定快，但对于任何答案我们都可以快速地验证这个答案对不对的问题。判断哈密尔顿（Hamilton）回路就属于 NP 问题。(5.4 节介绍 Hamilton 回路)

- 不可解问题。

人们会想到一个问题：会不会所有的问题都可以找到复杂度为多项式级的算法呢？很遗憾，答案是否定的。有些问题甚至根本不可能找到一个正确的算法，不能用程序来解决，称之为“**不可解问题**”（Undecidable Decision Problem）。没有人能写出解决不可解问题的程序，它就是这么“牛”。

练习 1.3

1. 用“暴力破解法”破译密码的时间复杂度是（　　）。

A. $O(2^n)$　　B. $O(n^2)$　　C. $O(\log n)$　　D. $O(n!)$

2. 采用选择排序法对某演讲比赛的 n 位选手的得分排名，所需的时间为（　　）。

A. $O(2^n)$　　B. $O(n^2)$　　C. $O(\log n)$　　D. $O(n!)$

3. 旅行爱好者打算游历 6 个国家，同时使行程最短。他需计算可能方案的个数，即算法的复杂度为（　　）。

A. $O(2^n)$　　B. $O(n^2)$　　C. $O(\log n)$　　D. $O(n!)$

4. 2018 年在莫斯科进行了世界杯足球赛，有 32 支球队进入世界杯比赛。假如某人错过了看世界杯，于是问朋友冠军是哪支球队，但朋友却让他猜，每猜一次收取一元才告诉他是否猜对，那么他需要付多少钱才能知道谁是冠军？(二分查找、简单查找)

5. 若要计算一个 20 次多项式的值，采用逐项乘积与求和的简单算法、秦九韶算法各需要进行多少次乘法运算和加法运算？

拓展阅读一

图灵简介

阿兰·图灵（Alan Turing，1912—1954）这个名字无论在计算机领域、数学领域、人工智能领域，还是在哲学、逻辑学等领域，都可谓“掷地有声”。图灵（见图 1-13）是计算机逻辑的奠基者，许多人工智能的重要方法也源自这位伟大的科学家。

1912年6月23日，图灵出生于英国伦敦。

1931—1934年，图灵在英国剑桥大学国王学院学习。

1932—1935年，图灵主要研究量子力学、概率论和逻辑学。

1935年，年仅23岁的图灵被选为剑桥大学国王学院院士。

1936年，图灵主要研究可计算理论，并提出“图灵机”的构想。

1936—1938年，图灵主要在美国普林斯顿大学做博士研究，涉及逻辑学、代数和数论等领域。在计算机基础理论中有著名的“图灵机”和“图灵测试”。这些理论简洁概括了图灵伟大贡献的一部分：他是第一个提出利用某种机器实现逻辑代码的执行，以模拟人类的各种计算和逻辑思维过程的科学家。

图 1-13

图灵的一生充满未解之谜，他就像上天派往下界的神祇，匆匆而来，又匆匆而去，为人间留下了智慧，留下了深邃的思想，后人必须为之思索几十年甚至几百年。

许多文献甚至提出，图灵不仅是“人工智能之父”，也是“计算机之父”。曾担任冯·诺依曼助手的美国学者弗兰克尔这样写道：“许多人都推举冯·诺依曼为‘计算机之父’，然而我确信他本人从来不会促成这个错误。或许，他可以被恰当地称为助产士，但是他曾向我，并且我肯定他也曾向别人坚决强调：如果不考虑巴贝奇、阿达和其他人早先提出的有关概念，计算机的基本概念属于图灵。”

正是冯·诺依曼本人亲手把“计算机之父”的桂冠转戴在图灵头上。直到现在，计算机界仍有个一年一度的“图灵奖”，由美国计算机学会颁发给世界上最优秀的计算机科学家，像科学界的诺贝尔奖那样，图灵奖是计算机领域的最高荣誉。阿兰·图灵以其独特的洞察力提出了大量有价值的理论思想，这些理论思想似乎都成为计算机发展史不断追逐的目标，其正确性不断地被以后的发展所证明。

图灵出生于英国伦敦，孩提时代性格活泼、好动。3岁那年，他进行了在科学实验方面的首次尝试——把玩具木头人的胳膊掰下来种植到花园里，想让它们长成更多的木头人。8岁时，图灵尝试着写了一部科学著作，书名为《关于一种显微镜》。这个小孩虽然连单词都拼错了许多，但毕竟写得还像那么回事。在书的开头和结尾，图灵都用同一句话“首先你必须知道光是直的”前后呼应，但中间的内容很短，可谓短得破了科学著作的纪录。

1931年，图灵考入英国剑桥国王学院。大学毕业后留校任教，不到一年，他就发表了几篇很有分量的数学论文，被选为国王学院最年轻的研究员，年仅22岁。1937年，伦敦权威的数学杂志又收到图灵的一篇论文——《论可计算数及其在判定问题中的应用》，作为阐明现代计算机原理的开山之作，这篇论文被永远载入计算机的发展史册。该文原本是为了解决一个基础性的数学问题：是否只要给人以足够的时间演算，数学函数都能够通过有限次机械步骤求得解答？传统数学家当然只会想到用公式推导证明它是否成立，可是图灵独辟蹊径地想出了一台冥冥之中的机器。

图灵想象的机器说起来很简单：该计算机使用一条无限长度的纸带，纸带被划分成许多方格：有的方格被画上斜线，代表“1”；有的没有画任何线条，代表“0”。该计算机有一个读写头部件，可以从带子上读出信息，也可以往空方格里写下信息。该计算机仅有的功能是：把纸带向右移动一格，然后把“1”变成“0”，或者相反把“0”变成“1”。

图灵设计的“理想计算机”被后人称为“图灵机”，它实际上是一种不考虑硬件状态的计算机逻辑结构。图灵还提出可以设计出另一种“万能图灵机”，用来模拟其他任何一台“图灵机”工作，从而首创了通用计算机的原始模型。图灵甚至还想到把程序和数据都储存在纸带上，比冯·诺依曼更早提出了“储存程序”的概念。

阿兰·图灵对计算机科学的贡献也并非停留在“纸上谈兵”。在第二次世界大战期间，图灵应征入伍，在战时英国情报中心“布雷契莱庄园”（Bletchiy）从事破译德军密码的工作，与战友们一起制作了第一台密码破译机。在图灵理论指导下，这个“庄园”后来还研制出破译密码的专用电子管计算机“巨人”（Colossus），在盟军诺曼底登陆等战役中立下了丰功伟绩。Colossus 虽然是用马达和金属做的，与现在的数字式计算机根本不是一回事，但它是迈向现代计算机重要的一步。

此后图灵在国家物理学实验室（NPL）工作，并继续为数字式计算机努力，在那里他发明了自动计算机（Automatic Computing Engine，ACE），在这一时期他开始探索计算机与自然的关系。他的一篇名为《智能机》的文章于1969年发表，这时便开始有了人工智能的雏形。

图灵相信机器可以模拟人的智力，他也深知让人们接受这一想法的困难，今天仍然有许多人认为人的大脑是不可能用机器模仿的。而图灵认为，这样的机器一定是存在的。图灵经常和其他科学家发生争论，争论的问题就是机器实现人类智能的问题，在今天我们看来这没有什么，但是在当时这可不太容易被人接受。他经常问他的同事，你们能不能找到一个计算机不能回答的问题。当时计算机处理多选问题已经可以了，可是对于文章的处理还不可能，但今天的发展证明了图灵的远见，今天的计算机已经可以读写一些简单的文章了。图灵相信如果模拟人类大脑的思维就可以做出一台可以思考的机器，他于1950年写文章提出了著名的“图灵测试”。该测试是让人类考官通过键盘向一个人和一个机器发问，这个考官不知道他现在问的是人还是机器。如果在经过一定时间的提问以后，这位人类考官不能确定谁是人谁是机器，那这个机器就有智力了。这个测试在我们想来十分简单，可是伟大的思想就源于这种简单的事物之中。现在已经有软件可以通过“图灵测试”的测试，软件这个人类智慧的机器反映应该可以解决一些人类智力的问题。在完成ACE之前，图灵离开了NPL，并在曼彻斯特大学开发曼彻斯特自动计算机（Manchester Automatic Digital Machine，MADAM）。他相信在2000年前一定可以制造出可以模拟人类智力的机器。图灵开始创立算法，并使用MADAM继续他的工作。

图灵对生物也十分感兴趣，他希望了解生物的各个器官为什么是这个样子而不是那个样子，他不相信达尔文的进化论，他觉得生物的发展与进化没什么关系。对于生物学，他也用钟爱的数学进行研究，这对他进行计算机的研究有促进作用。图灵把生物的变化也看作一种程序，也就是“图灵机”的基本概念，即按程序进行。这位伟大的计算机先驱于1954年6月7日去世，他终生未娶。

图灵英年早逝。在他42年的人生历程中，体现出的创造力是非凡的，他是天才的数学家和计算机理论专家。他24岁提出“图灵机”理论，31岁参与Colossus的研制，33岁设想仿真系统，35岁提出自动程序设计概念，38岁设计“图灵测试”。这一朵朵灵感的浪花无不体现出他在计算机发展史上的预见性。阿兰·图灵本人，被人们推崇为“人工智能之父”，在计算机业飞速变化的历史中永远占有一席之地。他的惊世才华和盛年夭折，也给他的个人生活涂上了谜一样的传奇色彩。

拓展阅读二

约翰·冯·诺依曼的生平与他对计算机学科的贡献

约翰·冯·诺依曼（John Von Neumann，1903—1957），美籍匈牙利人，1903 年 12 月 28 日生于匈牙利的布达佩斯。他的父亲是一位银行家，家境富裕，十分注意对孩子的教育。冯·诺依曼（见图 1-14）从小聪颖过人，兴趣广泛，读书过目不忘。据说他 6 岁时就能用古希腊语同父亲闲谈，一生掌握了七种语言，最擅长德语，可以在用德语思考种种设想时，又能以阅读的速度将设想译成英语。对读过的书籍和论文，他能很快一句不差地将内容复述出来，而且若干年之后，仍可如此。1911—1921 年，冯·诺依曼在布达佩斯的卢瑟伦中学读书期间，就崭露头角而深受老师的器重。在费克特老师的特别指导下，他们合作发表了第一篇数学论文，此时冯·诺依曼还不到 18 岁。1921—1923 年，冯·诺依曼在苏黎世大学学习。他很快又在 1926 年以优异的成绩获得了布达佩斯大学数学博士学位，此时冯·诺依曼年仅 23 岁。1927—1929 年，冯·诺依曼相继在柏林大学和汉堡大学担任数学讲师。1930 年，他接受了普林斯顿大学客座教授的职位，西渡美国。1931 年，他成为美国普林斯顿大学的第一批终身教授，那时，他还不到 30 岁。1933 年，冯·诺依曼转到该校的高级研究所，成为最初的六位教授之一，并在那里工作了一生。冯·诺依曼是普林斯顿大学、宾夕法尼亚大学、哈佛大学、伊斯坦堡大学、马里兰大学、哥伦比亚大学和慕尼黑高等技术学院等校的荣誉博士。他是美国国家科学院、秘鲁国立自然科学院和意大利国立林且学院等院的院士。1951—1953 年，冯·诺依曼任美国数学会主席，1954 年任美国原子能委员会委员。

图 1-14

1954 年夏，冯·诺依曼被发现患有癌症，1957 年 2 月 8 日，他在华盛顿去世，终年 54 岁。

早在洛斯·阿拉莫斯，冯·诺依曼就明显看到，即使对一些理论物理的研究只是为了得到定性的结果，单靠解析研究也已显得不够，必须辅之以数值计算。然而进行手工计算或使用台式计算机所需花费的时间是令人难以容忍的，于是冯·诺依曼劲头十足地开始从事电子计算机和计算方法的研究。

1944—1945 年，冯·诺依曼形成了现今所用的将一组数学过程转变为计算机指令语言的基本方法，当时的电子计算机缺少灵活性、普适性。冯·诺依曼在机器中固定的、普适的线路系统，以及“流图”概念、“代码”概念等关键性基础理论与方法方面做出了重大贡献。

计算机工程的发展也应大大归功于冯·诺依曼。计算机的逻辑图式，现代计算机中存储、速度、基本指令的选取以及线路之间相互作用的设计，都深深受到冯·诺依曼思想的影响。他不仅参与了电子管计算机 ENIAC 的研制，并且在普林斯顿高等研究院亲自督造了一台计算机（见图 1-15）。稍前，冯·诺依曼还和摩尔小组一起，写出了以“关于 EDVAC 的报告草案”为题的总结报告，这篇长达101页的报告轰动了数学界。由此导致一向专搞理论研究的普林斯顿高等研究院也批准让冯·诺依曼建造计算机，其依据就是这份报告。

图 1-15

计算速度超过人工计算速度千万倍的电子计算机，不仅极大地推动了数值分析的进展，而且在数学分析的基本方面，激发了崭新的方法。其中，由冯·诺依曼等制订的使用随机数处理确定性数学问题的蒙特·卡罗方法的蓬勃发展，就是突出的实例。

19世纪，有关数学物理原理的精确数学表述，在现代物理中十分缺乏。基本粒子研究中出现的纷繁、复杂的结构，令人眼花缭乱，很快找到数学综合理论的希望还很渺茫。单从综合角度看，且不提在处理某些偏微分方程时所遇到的分析困难，仅仅想获得精确解的希望也不大。所有这些都迫使人们去寻求能借助电子计算机来处理的新的数学模式。冯·诺依曼为此贡献了许多天才的方法——它们大多分载在各种实验报告中，从求解偏微分方程的数值近似解，到长期天气数值预报，一直到最终达到控制气候等。

在冯·诺依曼生命的最后几年，他的思想仍很活跃，他综合早年对逻辑研究的成果和关于计算机的工作，把眼界扩展到了一般自动机理论。他以特有的胆识求解最为复杂的问题：怎样使用不可靠元件去设计可靠的自动机，以及建造自己能再生产的自动机。从中，他意识到计算机和人脑机制的某些类似，这方面的研究反映在他的西列曼演讲中。冯·诺依曼逝世后，有人将这些研究以《计算机和人脑》的名字整理成书，出版了单行本。尽管这是未完成的著作，但是他对人脑和计算机系统的精确分析和比较后所得到的一些定量成果，仍不失其重要的学术价值。

第2章 向量与矩阵

本章介绍向量、矩阵的基本概念、基本运算以及在二维图形变换中的矩阵方法。

2.1 节介绍向量的基本概念、基本运算和向量空间。

2.2 节介绍矩阵的基本概念、特殊矩阵、基本运算。

2.3 节介绍二阶行列式、三阶行列式、n 阶行列式、克莱姆法则和行列式运算律。

2.4 节介绍逆矩阵概念、方阵可逆的充要条件、伴随矩阵法、逆矩阵性质和逆矩阵的初步应用。

2.5 节介绍图形坐标表示与向量表示、基本变换、齐次坐标变换、组合变换和逆变换。

线性代数是一门应用性很强而且理论非常抽象的数学学科。计算机图形学、计算机辅助设计、密码学、网络技术、经济学等无不以线性代数为基础。随着计算机软硬件的创新，计算机性能的不断提升，计算机并行处理和大规模计算迅猛发展，使计算机技术和线性代数紧密联系在一起。对于理工类专业，线性代数比其他的大学数学课程具有更大的应用价值。本章将介绍线性代数中的三个数学工具：向量、矩阵、行列式及其应用。

2.1 向量

2.1.1 向量基本概念

物理量有矢量和标量，数学上分别称为向量和数量，如位移、速度、力等为矢量（向量)，距离、时间、功等为标量（数量)。这种既有大小又有方向的量称为向量（Vector)，只有大小没有方向的量称为数量。

当我们需要把几个数值放在一起，作为一个整体来处理时，就有了向量。几何直观上，向量是有大小和方向的有向线段，好似一支箭。有向线段的长度表示向量的大小，箭头的指向表示向量的方向，如图 2-1 所示。

向量 $\boldsymbol{AB}$ 的长度（模）记作 $|\boldsymbol{AB}|$，长度为 0 的向量叫**零向量**（Zero Vector)，长度为 1 的向量叫**单位向量**（unit vector)。方向相同或相反的向量叫作**平行向量**。为方便起见，书写时用$\vec{a}$、$\vec{b}$的形式表示向量。印刷用小写粗体字母 $\boldsymbol{a}$、$\boldsymbol{b}$ 的形式表示向量。

在线性代数中，n 个数$a_1,a_2,\cdots,a_n$组成的有序数组 $\boldsymbol{a}=(a_1,a_2,\cdots,a_i,\cdots,a_n)$，称为一个 n 维向量，其中a_i称为第 i 个分量。n 维向量写成一行，就是行向量（Row Vector)；n 维向量写成一列，就是列向量（Column Vector)。数组中包含的“数”的个数，称为向量的维数。

例如，(3，4) 为二维行向量，[2，8，5，-3] 为四维行向量，$\begin{pmatrix}-1\\2\\0\end{pmatrix}$为三维列向量。

一般情况下，提到向量，默认为列向量。但由于列向量写起来比较占位置，因此使用下面的写法：

$$\boldsymbol{a}^{\mathrm{T}}=(a_1,a_2,\cdots,a_n)^{\mathrm{T}}=\begin{pmatrix}a_1\\a_2\\\vdots\\a_n\end{pmatrix}$$

其中，T 为转置 Transpose 的首个字母。

$$(1,2,5,-3)^{\mathrm{T}}=\begin{pmatrix}1\\2\\5\\-3\end{pmatrix},\ (1,0,0)^{\mathrm{T}}=\begin{pmatrix}1\\0\\0\end{pmatrix},\ 而\begin{pmatrix}2\\4\\7\end{pmatrix}^{\mathrm{T}}=(2,4,7),\ \begin{pmatrix}0\\0\\0\\0\end{pmatrix}^{\mathrm{T}}=(0,0,0,0)$$

2.1.2　向量的大小

线性代数中，n 维向量$\boldsymbol{v}=[v_1,v_2,\cdots,v_n]$的大小用向量两边加双竖线表示，$n$ 维向量大小的计算公式如下：

$$\|\boldsymbol{v}\|=\sqrt{v_1^2+v_2^2+\cdots+v_n^2}$$

对二维向量$\boldsymbol{v}=[v_x,v_y]$，$\|\boldsymbol{v}\|=\sqrt{v_x^2+v_y^2}$ 的几何意义是以向量为斜边的直角三角形，直角边长度分别为 v_x，v_y 的绝对值，如图 2-2 所示。

注意

几何上的向量，即 $n=2$，3，是 n 维向量的特殊情形，当 $n>3$ 时，n 维向量就没有直观的几何意义了。

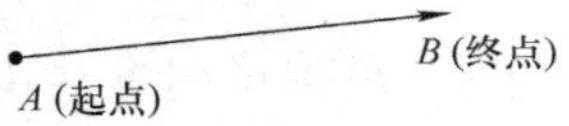

图 2-1 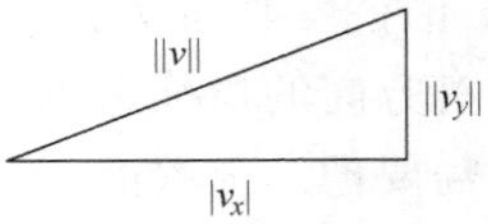　　图 2-2

2.1.3 向量基本运算

向量基本运算有向量的加法、减法、数乘向量、向量标准化、向量投影、向量的数量积、向量的向量积。

1. 向量的加法

两个向量相加，将对应分量相加即可，如：

$$\begin{pmatrix} a_1 \\ a_2 \\ \vdots \\ a_n \end{pmatrix} + \begin{pmatrix} b_1 \\ b_2 \\ \vdots \\ b_n \end{pmatrix} = \begin{pmatrix} a_1 + b_1 \\ a_2 + b_2 \\ \vdots \\ a_n + b_n \end{pmatrix}$$

向量加法的几何解释是：

三角形法则：将向量 $\boldsymbol{a}$ 的尾与向量 $\boldsymbol{b}$ 的首连接，以 $\boldsymbol{a}$ 的首为起点、$\boldsymbol{b}$ 的尾为终点的有向线段为 $\boldsymbol{a}+\boldsymbol{b}$（见图 2-3）

平行四边形法则：以向量 $\boldsymbol{a}$、$\boldsymbol{b}$ 为邻边作平行四边形，同一起点的对角线的有向线段就是 $\boldsymbol{a}+\boldsymbol{b}$（见图 2-4）。

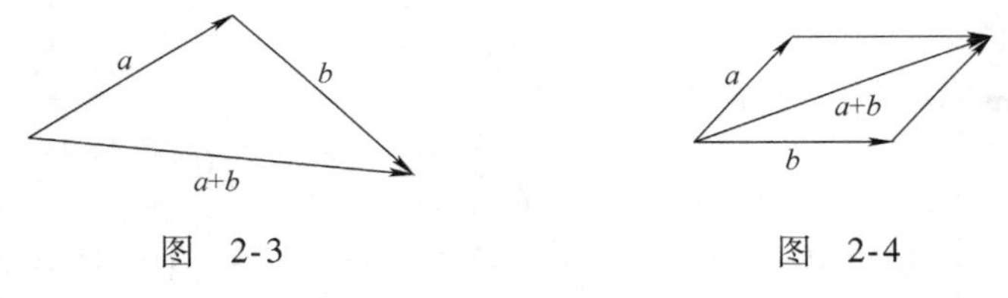

图 2-3　　图 2-4

2. 向量的减法

两个向量相减，将对应分量相减即可，如：

$$\begin{pmatrix} a_1 \\ a_2 \\ \vdots \\ a_n \end{pmatrix} - \begin{pmatrix} b_1 \\ b_2 \\ \vdots \\ b_n \end{pmatrix} = \begin{pmatrix} a_1 - b_1 \\ a_2 - b_2 \\ \vdots \\ a_n - b_n \end{pmatrix}$$

向量减法的几何意义也可用三角形法则解释，以向量 $\boldsymbol{a}$、$\boldsymbol{b}$ 为邻边作三角形，从 $\boldsymbol{b}$ 的尾指向 $\boldsymbol{a}$ 的尾的有向线段，就是 $\boldsymbol{a}-\boldsymbol{b}$（见图 2-5）。

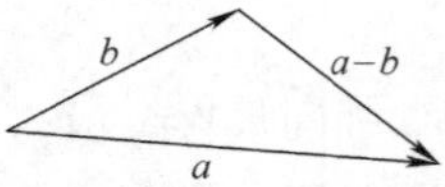

图 2-5

两点间的距离公式定义距离为两点间线段的长度，点 $\boldsymbol{a}$ 与点 $\boldsymbol{b}$ 的距离表示为 $\|\boldsymbol{b}-\boldsymbol{a}\|$。三维中的点 $\boldsymbol{a}(a_x, a_y, a_z)$，点 $\boldsymbol{b}(b_x, b_y, b_z)$，$\boldsymbol{a}$、$\boldsymbol{b}$ 的距离为

$$\|\boldsymbol{b}-\boldsymbol{a}\| = \sqrt{(b_x-a_x)^2+(b_y-a_y)^2+(b_z-a_z)^2}$$

二维中的点 $\boldsymbol{a}(a_x, a_y)$、点 $\boldsymbol{b}(b_x, b_y)$ 距离公式更简单：

$$\|\boldsymbol{b}-\boldsymbol{a}\| = \sqrt{(b_x-a_x)^2+(b_y-a_y)^2}$$

3. 数乘以向量

数乘以向量，将向量的每个分量与数相乘即可，如：

$$k\begin{pmatrix} a_1 \\ a_2 \\ \vdots \\ a_n \end{pmatrix} = \begin{pmatrix} ka_1 \\ ka_2 \\ \vdots \\ ka_n \end{pmatrix}$$

数不能和向量相加。

数 k 乘以向量 $\boldsymbol{a}$ 的几何意义是将向量 $\boldsymbol{a}$ 的长度缩小或放大了 k 倍，方向与 $\boldsymbol{a}$ 相同（$k>0$）或相反（$k<0$）（见图 2-6）

4. 向量标准化

单位向量经常被称为标准化向量。所以，非零向量标准化就是将该向量长度变为 1，将向量除以它的模即可，公式如下：

$$\boldsymbol{a}_{\text{norm}} = \frac{\boldsymbol{a}}{\|\boldsymbol{a}\|}, \boldsymbol{a} \neq 0$$

5. 向量投影

设非零向量 $\boldsymbol{a}$、$\boldsymbol{b}$，它们的夹角为 θ，从 $\boldsymbol{b}$ 的终点作 $\boldsymbol{a}$ 的垂线，$\boldsymbol{d}$ 就是 $\boldsymbol{b}$ 在 $\boldsymbol{a}$ 上的投影（见图 2-7），向量 $\boldsymbol{d}$ 的长度为 $\|\boldsymbol{b}\|\cos\theta$，$\boldsymbol{d}$ 与 $\boldsymbol{a}$ 的方向相同。

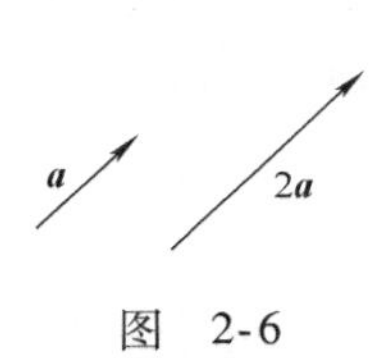

图 2-6

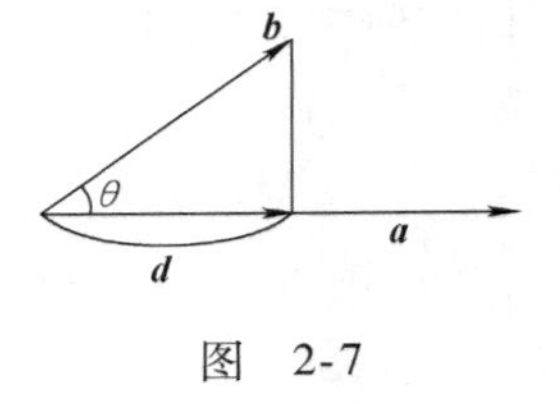

图 2-7

把 $\boldsymbol{a}$ 标准化，$\boldsymbol{a}_{\text{norm}} = \frac{\boldsymbol{a}}{\|\boldsymbol{a}\|}$，那么向量 $\boldsymbol{d}$ 的方向与 $\boldsymbol{a}_{\text{norm}}$ 相同，长度是 $\boldsymbol{a}_{\text{norm}}$ 的 $\|\boldsymbol{d}\|$ 倍，所以，$\boldsymbol{d} = \frac{\boldsymbol{a}}{\|\boldsymbol{a}\|}\|\boldsymbol{d}\| = \boldsymbol{a}_{\text{norm}}\|\boldsymbol{b}\|\cos\theta$。

6. 向量的数量积

向量的数量积也叫作向量的点积或内积，记作 $\boldsymbol{a}\cdot\boldsymbol{b}$ 或 $[\boldsymbol{a},\boldsymbol{b}]$，向量点积就是将对应分量相乘再相加，如

$$\begin{pmatrix} a_1 \\ a_2 \\ \vdots \\ a_n \end{pmatrix} \cdot \begin{pmatrix} b_1 \\ b_2 \\ \vdots \\ b_n \end{pmatrix} = a_1b_1 + a_2b_2 + \cdots + a_nb_n$$

向量点积的几何意义是：$\boldsymbol{a}\cdot\boldsymbol{b}$ 等于 $\boldsymbol{a}$ 的长度与 $\boldsymbol{b}$ 在 $\boldsymbol{a}$ 方向上投影向量的长度 $\|\boldsymbol{b}\|\cos\theta$ 的乘积，即 $\boldsymbol{a}\cdot\boldsymbol{b}=\|\boldsymbol{a}\|\times\|\boldsymbol{b}\|\times\cos\theta$，$\theta$ 为向量 $\boldsymbol{a}$、$\boldsymbol{b}$ 的夹角。

由此可计算两向量夹角：$\cos\theta=\dfrac{\boldsymbol{a}\cdot\boldsymbol{b}}{\|\boldsymbol{a}\|\times\|\boldsymbol{b}\|}$，$\theta=\arccos\left(\dfrac{\boldsymbol{a}\cdot\boldsymbol{b}}{\|\boldsymbol{a}\|\times\|\boldsymbol{b}\|}\right)$。

当 $\theta=\dfrac{\pi}{2}$，即 $\boldsymbol{a}\cdot\boldsymbol{b}=\mathbf{0}$ 时，称向量 $\boldsymbol{a}$ 与向量 $\boldsymbol{b}$ 正交。显然，零向量与任何向量正交。

7. 向量的向量积

向量的向量积也叫作向量的叉积或外积，记作 $\boldsymbol{a}\times\boldsymbol{b}$，向量积仍是一个向量。

若向量 $\boldsymbol{a}$、$\boldsymbol{b}$ 不共线，$\boldsymbol{a}$ 与 $\boldsymbol{b}$ 的夹角为 θ，$\boldsymbol{a}\times\boldsymbol{b}$ 是一个向量，其模是 $\|\boldsymbol{a}\times\boldsymbol{b}\|=\|\boldsymbol{a}\|\times\|\boldsymbol{b}\|\times\sin\theta$，向量 $\boldsymbol{c}=\boldsymbol{a}\times\boldsymbol{b}$ 的方向为垂直于向量 $\boldsymbol{a}$ 和向量 $\boldsymbol{b}$，且 $\boldsymbol{a}$、$\boldsymbol{b}$ 和 $\boldsymbol{a}\times\boldsymbol{b}$ 指向依次如空间直角坐标系的 x 轴、y 轴、z 轴正向那样构成一个右手系（见图2-8）。

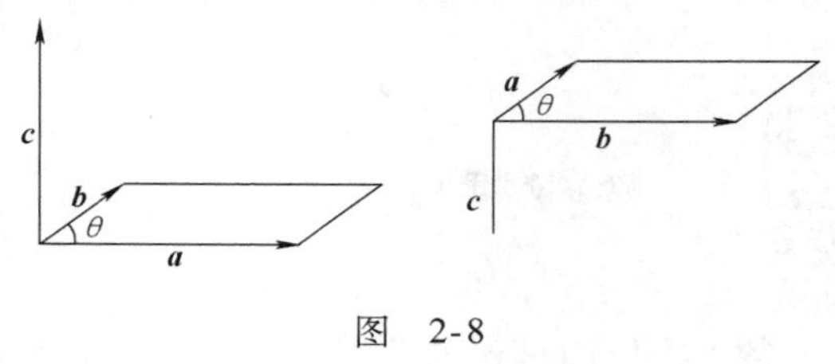

图 2-8

若 $\boldsymbol{a}$、$\boldsymbol{b}$ 共线，则 $\boldsymbol{a}\times\boldsymbol{b}=\mathbf{0}$。

向量积的几何意义：$\|\boldsymbol{a}\times\boldsymbol{b}\|$ 是以 $\boldsymbol{a}$、$\boldsymbol{b}$ 为邻边的平行四边形的面积，$\|\boldsymbol{a}\times\boldsymbol{b}\|=\|\boldsymbol{a}\|\times\|\boldsymbol{b}\|\times\sin\theta$，其中 θ 为 $\boldsymbol{a}$、$\boldsymbol{b}$ 的夹角。

若向量 $\boldsymbol{a}=\begin{pmatrix}a_1\\a_2\\a_3\end{pmatrix}$，$\boldsymbol{b}=\begin{pmatrix}b_1\\b_2\\b_3\end{pmatrix}$，定义 $\boldsymbol{a}\times\boldsymbol{b}=\begin{pmatrix}a_1\\a_2\\a_3\end{pmatrix}\times\begin{pmatrix}b_1\\b_2\\b_3\end{pmatrix}=\begin{pmatrix}a_2b_3-a_3b_2\\a_3b_1-a_1b_3\\a_1b_2-a_2b_1\end{pmatrix}$

2.1.4 向量空间

空间解析几何中，“空间”通常作为点的集合，称为点空间。因为空间的点 $P(x,y,z)$ 与三维向量 $\boldsymbol{a}=(x,y,z)^{\mathrm{T}}$ 有一一对应关系，故又把三维向量的全体所组成的集合 $\boldsymbol{R}^3=\{\boldsymbol{a}=(x,y,z)^{\mathrm{T}}\mid x,y,z\in\mathbf{R}\}$ 称为三维向量空间。

一般地，n 维向量的全体所组成的集合 $\boldsymbol{V}=\boldsymbol{R}^n=\{\boldsymbol{x}=[x_1,x_2,\cdots,x_n]^{\mathrm{T}}\mid x_1,x_2,\cdots,x_n\in\mathbf{R}\}$，并且 $\boldsymbol{V}$ 中的任意向量作加法和数乘运算后得到的新向量仍在 $\boldsymbol{V}$ 中，即 $\boldsymbol{V}$ 对向量加法和数乘运算封闭，那么称集合 $\boldsymbol{V}$ 为向量空间。

一维向量空间 $\boldsymbol{R}^1$ 的几何意义是数轴上以坐标原点为起点的有向线段的全体，二维向量空间 $\boldsymbol{R}^2$ 的几何意义是平面内以坐标原点为起点的有向线段的全体，三维向量空间 $\boldsymbol{R}^3$ 的几何意义是空间中以坐标原点为起点的有向线段的全体。$n>3$ 时，$\boldsymbol{R}^n$ 没有直观的几何意义。

练习 2.1

1. 下列向量等式是否成立。

（1）$\boldsymbol{a}+(\boldsymbol{b}+\boldsymbol{c})=\boldsymbol{b}+(\boldsymbol{a}+\boldsymbol{c})$　（2）$k(\boldsymbol{a}+\boldsymbol{b})=k\boldsymbol{a}+k\boldsymbol{b}$　（3）$\|\boldsymbol{a}\|^2=\boldsymbol{a}^2$

（4）$\|\boldsymbol{a}+\boldsymbol{b}\|^2=\|\boldsymbol{a}\|^2+\|\boldsymbol{b}\|^2$　（5）$\boldsymbol{a}\cdot\boldsymbol{b}=\boldsymbol{b}\cdot\boldsymbol{a}$

2. 判断下列向量是否为单位向量，并把非单位向量标准化。

（1）$\boldsymbol{a}=[1,0,0]$　（2）$\boldsymbol{b}=[\sin\theta,-\cos\theta]$　（3）$\boldsymbol{c}=[-2,1,1,0]$

3. 设有三维向量 $\boldsymbol{a}=(2,3,1)^{\mathrm{T}}$，$\boldsymbol{b}=(-1,0,4)^{\mathrm{T}}$，计算：$\|\boldsymbol{a}-2\boldsymbol{b}\|$，$\boldsymbol{a}\cdot\boldsymbol{b}$，$\|\boldsymbol{a}\times\boldsymbol{b}\|$。

2.2　矩阵

2.2.1　矩阵概念

在线性代数中，由 $m \times n$ 个数排成 m 行 n 列的矩形数字块，称为 m 行 n 列矩阵，简称 $m \times n$矩阵。

$$\begin{pmatrix} a_{11} & a_{12} & \cdots & a_{1n} \\ a_{21} & a_{22} & \cdots & a_{2n} \\ \vdots & \vdots & & \vdots \\ a_{m1} & a_{m2} & \cdots & a_{mn} \end{pmatrix}$$

常用大写黑体字母 $\boldsymbol{A}$、$\boldsymbol{B}$ 记矩阵，a_{ij}为矩阵 $\boldsymbol{A}$ 的第 i 行 j 列元素，如 a_{23}是第 2 行第 3 列元素。一个矩阵也可以用它的元素简记，$\boldsymbol{A}=(a_{ij})_{m \times n}$。

◆ 若矩阵的行数与列数相同，则称为方阵 $\boldsymbol{A}$，记为 $\boldsymbol{A}_n$。

◆ 若两个矩阵具有相同的行数与相同的列数，称这两个矩阵为**同型矩阵**。

◆ 若 $\boldsymbol{A}=(a_{ij})$ 和 $\boldsymbol{B}=(b_{ij})$ 是同型矩阵，且对应的元素相等，即$a_{ij}=b_{ij}$，则称矩阵 $\boldsymbol{A}$ 和矩阵 $\boldsymbol{B}$ 相等，记作 $\boldsymbol{A}=\boldsymbol{B}$。

对程序员而言，矩阵就是二维数组（二维的“二”来自矩阵的行、列），向量是一维数组。

2.2.2　几个特殊的矩阵

对于 m 行 n 列矩阵：

◆ 当 $m=1$ 时，$\boldsymbol{A}=[a_{11},a_{12},\cdots,a_{1n}]$，称为**行矩阵（或行向量）**。

◆ 当 $n=1$ 时，$\boldsymbol{A}=\begin{pmatrix} a_{11} \\ a_{21} \\ \vdots \\ a_{m1} \end{pmatrix}$，称为**列矩阵（或列向量）**。

◆ 所有元素 $\boldsymbol{a}_{ij}$都为 0 的矩阵，称为**零矩阵**，记作 $\boldsymbol{O}_{mn}$或 $\boldsymbol{O}$。

方阵的对角线元素是方阵中行号和列号相同的元素 a_{ii}，其他位置上的元素称为非对角线元素，即

$$\boldsymbol{A}=\begin{pmatrix} \boldsymbol{a}_{11} & \boldsymbol{a}_{12} & \cdots & \boldsymbol{a}_{1n} \\ \boldsymbol{a}_{21} & \boldsymbol{a}_{22} & \cdots & \boldsymbol{a}_{2n} \\ \vdots & \vdots & \ddots & \vdots \\ \boldsymbol{a}_{n1} & \boldsymbol{a}_{n2} & \cdots & \boldsymbol{a}_{nn} \end{pmatrix}$$

◆ 主对角线上的元素为 1，其余元素均为 0 的 n 阶方阵，称为**单位矩阵**，记作 $\boldsymbol{E}_n$、$\boldsymbol{E}$ 或 $\boldsymbol{I}_n$、$\boldsymbol{I}$，如三阶单位阵，$\boldsymbol{E}_3=\begin{pmatrix} 1 & 0 & 0 \\ 0 & 1 & 0 \\ 0 & 0 & 1 \end{pmatrix}$。

◆ 三角矩阵。三角矩阵是一种特殊的方阵，因其非零元素的排列呈三角形而得名。三

角矩阵分上三角矩阵和下三角矩阵两种。

主对角线下方的各元素均为0的方阵，称为**上三角矩阵**。形如

$$\begin{pmatrix} a_{11} & a_{12} & \cdots & a_{1n} \\ 0 & a_{22} & \cdots & a_{2n} \\ \vdots & \vdots & & \vdots \\ 0 & 0 & \cdots & a_{nn} \end{pmatrix}$$

主对角线上方的各元素均为零的方阵，称为**下三角矩阵**。形如

$$\begin{pmatrix} a_{11} & 0 & \cdots & 0 \\ a_{21} & a_{22} & \cdots & 0 \\ \vdots & \vdots & & \vdots \\ a_{n1} & a_{n2} & \cdots & a_{nn} \end{pmatrix}$$

主对角线以外的元素全为0的方阵，称为**对角矩阵**，记作：$\boldsymbol{A}=\mathrm{diag}(\lambda_1,\lambda_2,\cdots,\lambda_n)$。形如

$$\begin{pmatrix} \lambda_1 & 0 & \cdots & 0 \\ 0 & \lambda_2 & \cdots & 0 \\ \vdots & \vdots & & \vdots \\ 0 & 0 & \cdots & \lambda_n \end{pmatrix}$$

如果一个矩阵中有许多相同元素或零元素，并且这些相同元素在矩阵中的分布有一定规律，那么这样的矩阵可视为特殊矩阵。计算机进行数据压缩存储时，为节约计算机存储空间，多个值相同的元素只分配一个存储空间，对零元素不分配存储空间。三角矩阵是最常用的一种特殊矩阵。三角矩阵中的重复元素可共享一个存储空间，其余的元素正好有：$1+2+3+\cdots+n=\dfrac{n(n+1)}{2}$个。因此,三角矩阵可压缩存储到$\dfrac{n(n+1)}{2}+1$维向量中。

2.2.3 矩阵基本运算

矩阵的基本运算可以认为是矩阵之间一些最基本的关系，包括矩阵的加法、减法，矩阵与数的乘法，矩阵与矩阵的乘法，方阵的幂、转置，方阵的行列式和逆矩阵。

1. 矩阵的加法

设有两个矩阵 $\boldsymbol{A}=(a_{ij})_{m\times n}$，$\boldsymbol{B}=(b_{ij})_{m\times n}$，那么矩阵 $\boldsymbol{A}$ 与 $\boldsymbol{B}$ 的和记作 $\boldsymbol{A}+\boldsymbol{B}$。

规定

$$\boldsymbol{A}+\boldsymbol{B}=\begin{pmatrix} a_{11}+b_{11} & a_{12}+b_{12} & \cdots & a_{1n}+b_{1n} \\ a_{21}+b_{21} & a_{22}+b_{22} & \cdots & a_{2n}+b_{2n} \\ \vdots & \vdots & & \vdots \\ a_{m1}+b_{m1} & a_{m2}+b_{m2} & \cdots & a_{mn}+b_{mn} \end{pmatrix}=(a_{ij}+b_{ij})_{m\times n}$$

2. 矩阵的减法

根据矩阵加法定义，矩阵减法运算定义为两个同型矩阵相同位置元素相减，即

$$A-B=\begin{pmatrix} a_{11}-b_{11} & a_{12}-b_{12} & \cdots & a_{1n}-b_{1n} \\ a_{21}-b_{21} & a_{22}-b_{22} & \cdots & a_{2n}-b_{2n} \\ \vdots & \vdots & & \vdots \\ a_{m1}-b_{m1} & a_{m2}-b_{m2} & \cdots & a_{mn}-b_{mn} \end{pmatrix}=(a_{ij}-b_{ij})_{m\times n}$$

只有当两个矩阵同型时才能进行矩阵加减法运算。

3. 矩阵与数的乘法

数 k（标量）与矩阵 $\boldsymbol{A}$ 的乘积记作 $k\boldsymbol{A}$ 或 $\boldsymbol{A}k$，规定：

$$k\boldsymbol{A}=\boldsymbol{A}k=\begin{pmatrix} ka_{11} & ka_{12} & \cdots & ka_{1n} \\ ka_{21} & ka_{22} & \cdots & ka_{2n} \\ \vdots & \vdots & & \vdots \\ ka_{m1} & ka_{m2} & \cdots & ka_{mn} \end{pmatrix}$$

4. 矩阵与向量的乘法

我们先来算算生活中的小算术。王女士分别在三个超市购买了三种食品，矩阵 $\boldsymbol{A}$ 表示三种食品的单价，向量 $\boldsymbol{b}$ 表示她购买的三种食品的数量，

$$\begin{matrix} & f_1 & f_2 & f_3 & \\ \boldsymbol{A}= & \left(\begin{matrix} 17 \\ 16.4 \\ 18 \end{matrix}\right. & \begin{matrix} 8.5 \\ 7.8 \\ 9.3 \end{matrix} & \left.\begin{matrix} 9.8 \\ 8.7 \\ 11 \end{matrix}\right) & \begin{matrix} S_1 \\ S_2 \\ S_3 \end{matrix} \end{matrix},\quad \boldsymbol{b}=\begin{pmatrix} 1.5 \\ 2 \\ 3 \end{pmatrix}\begin{matrix} f_1 \\ f_2 \\ f_3 \end{matrix}$$

王女士在三家超市各消费了多少呢？显然是

$$\boldsymbol{Ab}=\begin{pmatrix} 17 & 8.5 & 9.8 \\ 16.4 & 7.8 & 8.7 \\ 18 & 9.3 & 11 \end{pmatrix}\begin{pmatrix} 1.5 \\ 2 \\ 3 \end{pmatrix}=\begin{pmatrix} 17\times1.5+8.5\times2+9.8\times3 \\ 16.4\times1.5+7.8\times2+8.7\times3 \\ 18\times1.5+9.3\times2+11\times3 \end{pmatrix}=\begin{pmatrix} 71.9 \\ 66.3 \\ 78.6 \end{pmatrix}\begin{matrix} S_1 \\ S_2 \\ S_3 \end{matrix}$$

一般地，对于 $m\times n$ 矩阵和 n 维向量的乘积为

$$\begin{pmatrix} a_{11} & a_{12} & \cdots & a_{1n} \\ a_{21} & a_{22} & \cdots & a_{2n} \\ \vdots & \vdots & & \vdots \\ a_{m1} & a_{m2} & \cdots & a_{mn} \end{pmatrix}\begin{pmatrix} x_1 \\ x_2 \\ \vdots \\ x_n \end{pmatrix}=\begin{pmatrix} a_{11}x_1+a_{12}x_2+\cdots+a_{1n}x_n \\ a_{21}x_1+a_{22}x_2+\cdots+a_{2n}x_n \\ \vdots \\ a_{m1}x_1+a_{m2}x_2+\cdots+a_{mn}x_n \end{pmatrix}$$

上式表明，将一个 n 维向量右乘 $m\times n$ 矩阵 $\boldsymbol{A}$，得到了一个 m 维向量，记作 $\boldsymbol{y}=\boldsymbol{Ax}$。

对比函数关系式 $y=f(x)$，在 $\boldsymbol{y}=\boldsymbol{Ax}$ 中，矩阵 $\boldsymbol{A}$ 的作用类似函数定义中的对应法则 f，即映射。也就是说，指定了矩阵 $\boldsymbol{A}$，就确定了从一个向量到另一个向量的映射。从这个意义上说，矩阵就是映射。

例 2.1　计算　（1）$\begin{pmatrix} 2 & -1 & 5 \\ 1 & 3 & -4 \end{pmatrix}\begin{pmatrix} 0 \\ 2 \\ 3 \end{pmatrix}$　　（2）$\begin{pmatrix} 2 & 1 \\ -3 & 4 \\ 5 & -6 \end{pmatrix}\begin{pmatrix} -5 \\ 7 \end{pmatrix}$

解 (1) $\begin{pmatrix}2 & -1 & 5\\1 & 3 & -4\end{pmatrix}\begin{pmatrix}0\\2\\3\end{pmatrix}=\begin{pmatrix}2\times0+(-1)\times2+5\times3\\1\times0+3\times2+(-4)\times3\end{pmatrix}=\begin{pmatrix}13\\-6\end{pmatrix}$

(2) $\begin{pmatrix}2 & 1\\-3 & 4\\5 & 6\end{pmatrix}\begin{pmatrix}-5\\7\end{pmatrix}=\begin{pmatrix}2\times(-5)+1\times7\\(-3)\times(-5)+4\times7\\5\times(-5)+6\times7\end{pmatrix}=\begin{pmatrix}-3\\43\\17\end{pmatrix}$

1. 矩阵与向量相乘就是将矩阵的每一行（行向量）分别与该向量进行向量的数量积运算，乘积结果仍是向量。但并非任意矩阵与向量都能相乘。矩阵的列数（宽度）要与“输入”向量的维数相同，矩阵的行数（高度）就是“输出”向量的维数。

2. $\boldsymbol{y}=\boldsymbol{A}\boldsymbol{x}$ 表明，矩阵的含义不仅仅是数的阵列，它还有一个非常重要的功能——表示映射。矩阵就是映射。

例 2.2 已知矩阵 $\boldsymbol{A}=\begin{pmatrix}2 & 3 & -1\\1 & -2 & 4\\-3 & 1 & 2\end{pmatrix}$，向量 $\boldsymbol{X}=\begin{pmatrix}x\\y\\z\end{pmatrix}$，求 $\boldsymbol{AX}$。

解 $\boldsymbol{AX}=\begin{pmatrix}2 & 3 & -1\\1 & -2 & 4\\-3 & 1 & 2\end{pmatrix}\begin{pmatrix}x\\y\\z\end{pmatrix}=\begin{pmatrix}2x+3y-z\\x-2y+4z\\-3x+y+2z\end{pmatrix}$

设向量 $\boldsymbol{b}=\begin{pmatrix}1\\-2\\4\end{pmatrix}$，若 $\boldsymbol{AX}=\boldsymbol{b}$，根据矩阵相等的定义，那么$\begin{cases}2x+3y-z=1\\x-2y+4z=-2\\-3x+y+2z=4\end{cases}$。

$\boldsymbol{AX}=\boldsymbol{b}$ 称为三元一次方程组$\begin{cases}2x+3y-z=1\\x-2y+4z=-2\\-3x+y+2z=4\end{cases}$的**矩阵方程**，$\boldsymbol{A}$ 称为方程组的系数矩阵，$\boldsymbol{X}$ 称为未知数向量，$\boldsymbol{b}$ 称为常数项向量。

如二元线性方程组$\begin{cases}x+3y=2\\-4x+y=5\end{cases}$的矩阵方程为$\begin{pmatrix}1 & 3\\-4 & 1\end{pmatrix}\begin{pmatrix}x\\y\end{pmatrix}=\begin{pmatrix}2\\5\end{pmatrix}$。

三元线性方程组$\begin{cases}x+2y-3z=1\\5x-4y+2z=-3\\4x-y+z=6\end{cases}$的矩阵方程为$\begin{pmatrix}1 & 2 & -3\\5 & -4 & 2\\4 & -1 & 1\end{pmatrix}\begin{pmatrix}x\\y\\z\end{pmatrix}=\begin{pmatrix}1\\-3\\6\end{pmatrix}$。

一般地，n 元线性方程组$\begin{cases}a_{11}x_1+a_{12}x_2+\cdots+a_{1n}x_n=b_1\\a_{21}x_1+a_{22}x_2+\cdots+a_{2n}x_n=b_2\\\qquad\vdots\\a_{m1}x_1+a_{m2}x_2+\cdots+a_{mn}x_n=b_m\end{cases}$的矩阵方程为 $\boldsymbol{AX}=\boldsymbol{b}$，系数矩阵 $\boldsymbol{A}$，常数项向量 $\boldsymbol{b}$，未知数向量 $\boldsymbol{X}$ 分别如下：

$$A=\begin{pmatrix}a_{11}&a_{12}&\cdots&a_{1n}\\a_{21}&a_{22}&\cdots&a_{2n}\\\vdots&\vdots&&\vdots\\a_{m1}&a_{m2}&\cdots&a_{mn}\end{pmatrix},\ b=\begin{pmatrix}b_1\\b_2\\\vdots\\b_m\end{pmatrix},\ X=\begin{pmatrix}x_1\\x_2\\\vdots\\x_n\end{pmatrix}$$

例 2.3　n 个变量$x_1,x_2,\cdots,x_n$与 m 个变量$y_1,y_2,\cdots,y_m$之间的关系式为

$$\begin{cases}y_1=a_{11}x_1+a_{12}x_2+\cdots a_{1n}x_n\\y_2=a_{21}x_1+a_{22}x_2+\cdots a_{2n}x_n\\\quad\vdots\\y_m=a_{m1}x_1+a_{m2}x_2+\cdots a_{mn}x_n\end{cases}\tag{2-1}$$

表示一个从变量$x_1,x_2,\cdots,x_n$到变量$y_1,y_2,\cdots,y_m$的线性变换，其中a_{ij}为常数，a_{ij}构成的矩阵$A=(a_{ij})_{m\times n}$称为线性变换的系数矩阵。

显然，给定一个线性变换，可以确定它的系数矩阵。反过来，如果给出一个矩阵作为线性变换的系数矩阵，线性变换也就确定了。在这个意义上说，线性变换与矩阵之间存在一一对应关系。

线性变换式（2-1）用矩阵形式可表示为

$$\begin{pmatrix}y_1\\y_2\\\vdots\\y_m\end{pmatrix}=\begin{pmatrix}a_{11}&a_{12}&\cdots&a_{1n}\\a_{21}&a_{22}&\cdots&a_{2n}\\\vdots&\vdots&&\vdots\\a_{m1}&a_{m2}&\cdots&a_{mn}\end{pmatrix}\begin{pmatrix}x_1\\x_2\\\vdots\\x_n\end{pmatrix}$$

如矩阵$\begin{pmatrix}1&0\\0&0\end{pmatrix}$对应的线性变换为$\begin{cases}x'=x\\y'=0\end{cases}$。

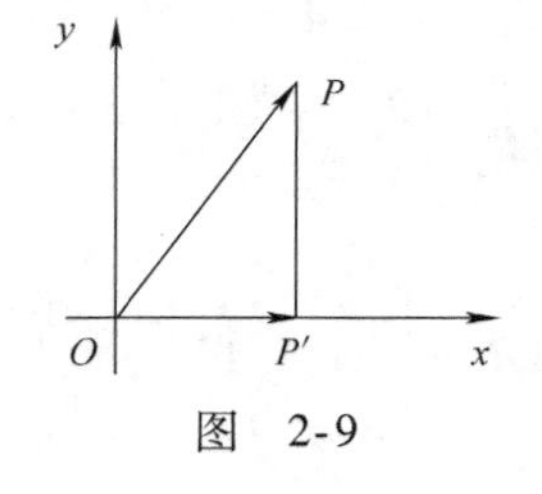

图　2-9

其几何意义是把向量$\overrightarrow{OP}=\begin{pmatrix}x\\y\end{pmatrix}$变换为向量$\overrightarrow{OP'}=\begin{pmatrix}x'\\y'\end{pmatrix}=\begin{pmatrix}x\\0\end{pmatrix}$。由于向量$\overrightarrow{OP'}$是向量$\overrightarrow{OP}$在 x 轴上的投影向量，如图 2-9 所示，因此矩阵$\begin{pmatrix}1&0\\0&0\end{pmatrix}$确定了一个投影变换。

5. 矩阵与矩阵的乘法

设矩阵 $A=(a_{ij})_{m\times s}=\begin{pmatrix}a_{11}&a_{12}&\cdots&a_{1s}\\a_{21}&a_{22}&\cdots&a_{2s}\\\vdots&\vdots&&\vdots\\a_{m1}&a_{m2}&\cdots&a_{ms}\end{pmatrix}$，$B=(b_{ij})_{s\times n}=\begin{pmatrix}b_{11}&b_{12}&\cdots&b_{1n}\\b_{21}&b_{22}&\cdots&b_{2n}\\\vdots&\vdots&&\vdots\\b_{s1}&b_{s2}&\cdots&b_{sn}\end{pmatrix}$。

矩阵 A 与矩阵 B 的乘积记作 AB，读作 A 左乘 B。规定

$$AB=(c_{ij})_{m\times n}=\begin{pmatrix}c_{11}&c_{12}&\cdots&c_{1n}\\c_{21}&c_{22}&\cdots&c_{2n}\\\vdots&\vdots&&\vdots\\c_{m1}&c_{m2}&\cdots&c_{mn}\end{pmatrix}$$

其中，$c_{ij} = a_{i1}b_{1j} + a_{i2}b_{2j} + \cdots + a_{is}b_{sj} = \sum_{k=1}^{s} a_{ik}b_{kj}(i = 1,2,\cdots,m, j = 1,2,\cdots,n)$，即乘积矩阵 $\boldsymbol{AB}$ 的第 i 行第 j 列元素是矩阵 $\boldsymbol{A}$ 的第 i 行元素与矩阵 $\boldsymbol{B}$ 的第 j 列元素对应相乘之后再相加而得。

$$c_{ij} = (a_{i1}, a_{i2}, \cdots, a_{is})\begin{pmatrix} b_{1j} \\ b_{2j} \\ \vdots \\ b_{sj} \end{pmatrix} = a_{i1}b_{1j} + a_{i2}b_{2j} + \cdots a_{is}b_{sj}$$

所以，只有当**左边矩阵的列数等于右边矩阵的行数**时，两个矩阵才能进行乘法运算。

在几何应用中，特别关注的是二阶方阵的乘法和三阶方阵的乘法。

$$\boldsymbol{AB} = \begin{pmatrix} a_{11} & a_{12} \\ a_{21} & a_{22} \end{pmatrix}\begin{pmatrix} b_{11} & b_{12} \\ b_{21} & b_{22} \end{pmatrix} = \begin{pmatrix} a_{11}b_{11} + a_{12}b_{21} & a_{11}b_{12} + a_{12}b_{22} \\ a_{21}b_{11} + a_{22}b_{21} & a_{21}b_{12} + a_{22}b_{22} \end{pmatrix}$$

$$\begin{aligned} \boldsymbol{AB} &= \begin{pmatrix} a_{11} & a_{12} & a_{13} \\ a_{21} & a_{22} & a_{23} \\ a_{31} & a_{32} & a_{33} \end{pmatrix}\begin{pmatrix} b_{11} & b_{12} & b_{13} \\ b_{21} & b_{22} & b_{23} \\ b_{31} & b_{32} & b_{33} \end{pmatrix} \\ &= \begin{pmatrix} a_{11}b_{11} + a_{12}b_{21} + a_{13}b_{31} & a_{11}b_{12} + a_{12}b_{22} + a_{13}b_{32} & a_{11}b_{13} + a_{12}b_{23} + a_{13}b_{33} \\ a_{21}b_{11} + a_{22}b_{21} + a_{23}b_{31} & a_{21}b_{12} + a_{22}b_{22} + a_{23}b_{32} & a_{21}b_{13} + a_{22}b_{23} + a_{23}b_{33} \\ a_{31}b_{11} + a_{32}b_{21} + a_{33}b_{31} & a_{31}b_{12} + a_{32}b_{22} + a_{33}b_{32} & a_{31}b_{13} + a_{32}b_{23} + a_{33}b_{33} \end{pmatrix} \end{aligned}$$

例 2.4 计算二阶方阵的乘积和三阶方阵的乘积。

$$\boldsymbol{AB} = \begin{pmatrix} 2 & -1 \\ 3 & 2 \end{pmatrix}\begin{pmatrix} -3 & 4 \\ -1 & 1 \end{pmatrix} = \begin{pmatrix} 2\times(-3) - 1\times(-1) & 2\times4 - 1\times1 \\ 3\times(-3) + 2\times(-1) & 3\times4 + 2\times1 \end{pmatrix} = \begin{pmatrix} -5 & 7 \\ -11 & 14 \end{pmatrix}$$

$$\begin{aligned} \boldsymbol{AB} &= \begin{pmatrix} 1 & 2 & 3 \\ 0 & -1 & -5 \\ 4 & 2 & 1 \end{pmatrix}\begin{pmatrix} 2 & -2 & 1 \\ 3 & 4 & 0 \\ -1 & 6 & -7 \end{pmatrix} \\ &= \begin{pmatrix} 1\times2+2\times3+3\times(-1) & 1\times(-2)+2\times4+3\times6 & 1\times1+2\times0+3\times(-7) \\ 0\times2+(-1)\times3+(-5)\times(-1) & 0\times(-2)+(-1)\times4+(-5)\times6 & 0\times1+(-1)\times0+(-5)\times(-7) \\ 4\times2+2\times3+1\times(-1) & 4\times(-2)+2\times4+1\times6 & 4\times1+2\times0+1\times(-7) \end{pmatrix} \\ &= \begin{pmatrix} 5 & 24 & -20 \\ 2 & -34 & 35 \\ 13 & 6 & -3 \end{pmatrix} \end{aligned}$$

例 2.5 已知两个线性变换：

$$\begin{cases} z_1 = y_1 - 7y_2 \\ z_2 = 3y_1 + 4y_2 \\ z_3 = 2y_1 - y_2 \end{cases} \tag{2-2}$$

$$\begin{cases} y_1 = 2x_1 - 3x_2 + x_3 \\ y_2 = 4x_1 + x_2 - 5x_3 \end{cases} \tag{2-3}$$

求从 x_1，x_2，x_3 到 z_1，z_2，z_3 的线性变换。

解 将线性变换式（2-2）写成矩阵形式，$\begin{pmatrix} z_1 \\ z_2 \\ z_3 \end{pmatrix} = \begin{pmatrix} 1 & -7 \\ 3 & 4 \\ 2 & -1 \end{pmatrix}\begin{pmatrix} y_1 \\ y_2 \end{pmatrix}$。

线性变换式（2-3）的矩阵形式为

$$\begin{pmatrix} y_1 \\ y_2 \end{pmatrix} = \begin{pmatrix} 2 & -3 & 1 \\ 4 & 1 & -5 \end{pmatrix}\begin{pmatrix} x_1 \\ x_2 \\ x_3 \end{pmatrix}$$

则

$$\begin{pmatrix} z_1 \\ z_2 \\ z_3 \end{pmatrix} = \begin{pmatrix} 1 & -7 \\ 3 & 4 \\ 2 & -1 \end{pmatrix}\begin{pmatrix} y_1 \\ y_2 \end{pmatrix} = \begin{pmatrix} 1 & -7 \\ 3 & 4 \\ 2 & -1 \end{pmatrix} \times \begin{pmatrix} 2 & -3 & 1 \\ 4 & 1 & -5 \end{pmatrix}\begin{pmatrix} x_1 \\ x_2 \\ x_3 \end{pmatrix}$$

$$= \begin{pmatrix} 1\times2-7\times4 & 1\times(-3)-7\times1 & 1\times1-7\times(-5) \\ 3\times2+4\times4 & 3\times(-3)+4\times1 & 3\times1+4\times(-5) \\ 2\times2-1\times4 & 2\times(-3)-1\times1 & 2\times1-1\times(-5) \end{pmatrix}\begin{pmatrix} x_1 \\ x_2 \\ x_3 \end{pmatrix}$$

$$= \begin{pmatrix} -26 & -10 & 36 \\ 22 & -5 & -17 \\ 0 & -7 & 7 \end{pmatrix}\begin{pmatrix} x_1 \\ x_2 \\ x_3 \end{pmatrix}$$

所以从x_1,x_2,x_3到z_1,z_2,z_3的变换为

$$\begin{cases} z_1 = -26x_1 - 10x_2 + 36x_3 \\ z_2 = 22x_1 - 5x_2 - 17x_3 \\ z_3 = -7x_2 + 7x_3 \end{cases} \tag{2-4}$$

把线性变换式（2-4）看作先作线性变换式（2-2）再作线性变换式（2-3），则线性变换式（2-4）称为线性变换式（2-2）和式（2-3）的乘积，即

$$\begin{pmatrix} 1 & -7 \\ 3 & 4 \\ 2 & -1 \end{pmatrix}\begin{pmatrix} 2 & -3 & 1 \\ 4 & 1 & -5 \end{pmatrix} = \begin{pmatrix} -26 & -10 & 36 \\ 22 & -5 & -17 \\ 0 & -7 & 7 \end{pmatrix}$$

若把从y_1,y_2到z_1,z_2,z_3的线性变换式（2-2）的系数矩阵记为$\boldsymbol{A}$，从x_1，x_2，x_3到y_1，y_2的线性变换式（2-3）的系数矩阵记为$\boldsymbol{B}$，那么$\boldsymbol{AB}$表示了从x_1，x_2，x_3到z_1，z_2，z_3的线性变换式（2-4）矩阵乘法可表示一个复合变换（对比复合函数概念来理解）。

例 2.6 设二阶方阵$\boldsymbol{A} = \begin{pmatrix} 1 & 1 \\ -1 & -1 \end{pmatrix}$，$\boldsymbol{B} = \begin{pmatrix} 1 & -1 \\ -1 & 1 \end{pmatrix}$，验算下列各式是否成立。

（1）$\boldsymbol{AB} = \boldsymbol{BA}$。（2）$(\boldsymbol{AB})^{\mathrm{T}} = \boldsymbol{B}^{\mathrm{T}}\boldsymbol{A}^{\mathrm{T}}$。

解

（1）$\boldsymbol{AB} = \begin{pmatrix} 1 & 1 \\ -1 & -1 \end{pmatrix}\begin{pmatrix} 1 & -1 \\ -1 & 1 \end{pmatrix} = \begin{pmatrix} 0 & 0 \\ 0 & 0 \end{pmatrix}$，$\boldsymbol{BA} = \begin{pmatrix} 1 & -1 \\ -1 & 1 \end{pmatrix}\begin{pmatrix} 1 & 1 \\ -1 & -1 \end{pmatrix} = \begin{pmatrix} 2 & 2 \\ -2 & -2 \end{pmatrix}$。

所以，$\boldsymbol{AB} \neq \boldsymbol{BA}$。

注意

矩阵乘法一般不满足交换律，即 $\boldsymbol{AB}\neq\boldsymbol{BA}$。

（2）$(\boldsymbol{AB})^{\mathrm{T}}=\begin{pmatrix}0&0\\0&0\end{pmatrix}^{\mathrm{T}}=\begin{pmatrix}0&0\\0&0\end{pmatrix}$

$$\boldsymbol{B}^{\mathrm{T}}\boldsymbol{A}^{\mathrm{T}}=\begin{pmatrix}1&-1\\-1&1\end{pmatrix}^{\mathrm{T}}\begin{pmatrix}1&1\\-1&-1\end{pmatrix}^{\mathrm{T}}=\begin{pmatrix}1&-1\\-1&1\end{pmatrix}\begin{pmatrix}1&-1\\1&-1\end{pmatrix}=\begin{pmatrix}0&0\\0&0\end{pmatrix}。$$

$(\boldsymbol{AB})^{\mathrm{T}}=\boldsymbol{B}^{\mathrm{T}}\boldsymbol{A}^{\mathrm{T}}$。

从例2.6（1）式中看到，两个非零矩阵相乘，结果可能是零矩阵，所以不能从 $\boldsymbol{AB}=\boldsymbol{0}$，一定有 $\boldsymbol{A}=\boldsymbol{0}$ 或 $\boldsymbol{B}=\boldsymbol{0}$。

此外，与普通数的乘法相比，矩阵乘法一般也不满足消去律，即不能从 $\boldsymbol{AB}=\boldsymbol{AC}$，必然推出 $\boldsymbol{B}=\boldsymbol{C}$。

对于单位矩阵 $\boldsymbol{E}$，容易证明 $\boldsymbol{E}_m\boldsymbol{A}_{m\times n}=\boldsymbol{A}_{m\times n}$，$\boldsymbol{A}_{m\times n}\boldsymbol{E}_n=\boldsymbol{A}_{m\times n}$，简写为 $\boldsymbol{EA}=\boldsymbol{AE}=\boldsymbol{A}$。可见，单位矩阵在矩阵乘法中的作用类似于1在数的乘法中的作用。

6. 方阵的乘方

和普通数的乘方含义一样，方阵 $\boldsymbol{A}$ 的乘方，有 $\boldsymbol{A}^2=\boldsymbol{A}\times\boldsymbol{A}$，$\boldsymbol{A}^3=\boldsymbol{A}\times\boldsymbol{A}\times\boldsymbol{A}$

$$\boldsymbol{A}^n=\underbrace{\boldsymbol{A}\times\boldsymbol{A}\times\cdots\times\boldsymbol{A}}_{n个\boldsymbol{A}}$$

矩阵作为映射，$\boldsymbol{A}^2$ 表示“先 $\boldsymbol{A}$ 再 $\boldsymbol{A}$”的操作，$\boldsymbol{A}^n$ 表示“反复 n 次 $\boldsymbol{A}$”的操作。

规定：$\boldsymbol{A}^0=\boldsymbol{E}$。$\boldsymbol{E}$ 为与 $\boldsymbol{A}$ 同阶的单位矩阵。

与数的乘方运算一样，下列乘方运算关系也是成立的。

$$\boldsymbol{A}^{i+j}=\boldsymbol{A}^i\boldsymbol{A}^j——反复\ i+j\ 次=先反复\ j\ 次再反复\ i\ 次$$

$$(\boldsymbol{A}^i)^j=\boldsymbol{A}^{ij}——反复“反复\ i\ 次”\ j\ 次=反复\ (ij)\ 次$$

其中 i，$j=1,2,3,\cdots,n$。

类似于数的平方差、完全平方公式，想一想，下列关系是否成立？

$$(\boldsymbol{A}+\boldsymbol{B})^2=\boldsymbol{A}^2+2\boldsymbol{AB}+\boldsymbol{B}^2$$

$$(\boldsymbol{A}+\boldsymbol{B})(\boldsymbol{A}-\boldsymbol{B})=\boldsymbol{A}^2-\boldsymbol{B}^2$$

$$(\boldsymbol{AB})^2=\boldsymbol{A}^2\boldsymbol{B}^2$$

例2.7 设 $\boldsymbol{A}=\begin{pmatrix}1&2\\-1&3\end{pmatrix}$，$\boldsymbol{B}=\begin{pmatrix}1&0\\2&1\end{pmatrix}$，判断下列各式是否成立。

（1）$(\boldsymbol{A}+\boldsymbol{B})^2=\boldsymbol{A}^2+2\boldsymbol{AB}+\boldsymbol{B}^2$

（2）$(\boldsymbol{A}+\boldsymbol{B})(\boldsymbol{A}-\boldsymbol{B})=\boldsymbol{A}^2-\boldsymbol{B}^2$

（3）$(\boldsymbol{AB})^2=\boldsymbol{A}^2\boldsymbol{B}^2$

解 $\boldsymbol{A}+\boldsymbol{B}=\begin{pmatrix}1&2\\-1&3\end{pmatrix}+\begin{pmatrix}1&0\\2&1\end{pmatrix}=\begin{pmatrix}2&2\\1&4\end{pmatrix}$，$\boldsymbol{A}-\boldsymbol{B}=\begin{pmatrix}1&2\\-1&3\end{pmatrix}-\begin{pmatrix}1&0\\2&1\end{pmatrix}=\begin{pmatrix}0&2\\-3&2\end{pmatrix}$

$\boldsymbol{AB}=\begin{pmatrix}1&2\\-1&3\end{pmatrix}\begin{pmatrix}1&0\\2&1\end{pmatrix}=\begin{pmatrix}5&2\\5&3\end{pmatrix}$，$\boldsymbol{A}^2=\begin{pmatrix}1&2\\-1&3\end{pmatrix}\times\begin{pmatrix}1&2\\-1&3\end{pmatrix}=\begin{pmatrix}-1&8\\-4&7\end{pmatrix}$

$$\boldsymbol{B}^2=\begin{pmatrix}1&0\\2&1\end{pmatrix}\times\begin{pmatrix}1&0\\2&1\end{pmatrix}=\begin{pmatrix}1&0\\4&1\end{pmatrix}$$

(1) $(\boldsymbol{A}+\boldsymbol{B})^2=\begin{pmatrix}2&2\\1&4\end{pmatrix}\times\begin{pmatrix}2&2\\1&4\end{pmatrix}=\begin{pmatrix}6&12\\6&18\end{pmatrix}$

$$\boldsymbol{A}^2+2\boldsymbol{AB}+\boldsymbol{B}^2=\begin{pmatrix}-1&8\\-4&7\end{pmatrix}+2\begin{pmatrix}5&2\\5&3\end{pmatrix}+\begin{pmatrix}1&0\\4&1\end{pmatrix}=\begin{pmatrix}-1+10+1&8+4+0\\-4+10+4&7+6+1\end{pmatrix}=\begin{pmatrix}10&12\\10&14\end{pmatrix}$$

所以

$$(\boldsymbol{A}+\boldsymbol{B})^2\neq\boldsymbol{A}^2+2\boldsymbol{AB}+\boldsymbol{B}^2$$

(2) $(\boldsymbol{A}+\boldsymbol{B})(\boldsymbol{A}-\boldsymbol{B})=\begin{pmatrix}2&2\\1&4\end{pmatrix}\begin{pmatrix}0&2\\-3&2\end{pmatrix}=\begin{pmatrix}-6&8\\-12&10\end{pmatrix}$

$$\boldsymbol{A}^2-\boldsymbol{B}^2=\begin{pmatrix}-1&8\\-4&7\end{pmatrix}-\begin{pmatrix}1&0\\4&1\end{pmatrix}=\begin{pmatrix}-2&8\\-8&6\end{pmatrix}$$

所以

$$(\boldsymbol{A}+\boldsymbol{B})(\boldsymbol{A}-\boldsymbol{B})\neq\boldsymbol{A}^2-\boldsymbol{B}^2$$

(3) $(\boldsymbol{AB})^2=\begin{pmatrix}5&2\\5&3\end{pmatrix}\times\begin{pmatrix}5&2\\5&3\end{pmatrix}=\begin{pmatrix}35&16\\40&19\end{pmatrix}$，$\boldsymbol{A}^2\boldsymbol{B}^2=\begin{pmatrix}-1&8\\-4&7\end{pmatrix}\times\begin{pmatrix}1&0\\4&1\end{pmatrix}=\begin{pmatrix}31&8\\24&7\end{pmatrix}$

所以

$$(\boldsymbol{AB})^2\neq\boldsymbol{A}^2\boldsymbol{B}^2$$

注意

矩阵乘法（乘方）与普通数的乘法（乘方）有许多相同之处。但有一个明显差异就是矩阵乘法一般不满足交换律，所以，凡建立在数的乘法交换律之上的公式和结论，在矩阵中都不一定成立。

7. 矩阵的转置

把矩阵 $\boldsymbol{A}$ 的行换成对应的列得到的新矩阵，称为 $\boldsymbol{A}$ 的转置矩阵，记作 $\boldsymbol{A}^{\mathrm{T}}$。

若 $\boldsymbol{A}=\begin{pmatrix}a&b\\c&d\end{pmatrix}$，则 $\boldsymbol{A}^{\mathrm{T}}=\begin{pmatrix}a&c\\b&d\end{pmatrix}$；若 $\boldsymbol{A}=\begin{pmatrix}1&2&3\\4&5&6\\7&8&9\end{pmatrix}$，则 $\boldsymbol{A}^{\mathrm{T}}=\begin{pmatrix}1&4&7\\2&5&8\\3&6&9\end{pmatrix}$。

$(x\quad y\quad z)^{\mathrm{T}}=\begin{pmatrix}x\\y\\z\end{pmatrix}$，$\begin{pmatrix}x\\y\\z\end{pmatrix}^{\mathrm{T}}=(x\quad y\quad z)$。

转置使行向量变成列向量，使列向量变成行向量。矩阵的转置也是一种运算，满足表 2-1 中所列运算律。

8. 矩阵运算的性质

矩阵运算满足下列运算律（假设式中的矩阵能够满足矩阵运算条件）。

表 2-1　矩阵运算的运算律

运算律	说　明
$\boldsymbol{A}+\boldsymbol{B}=\boldsymbol{B}+\boldsymbol{A}$	矩阵加法交换律
$(\boldsymbol{A}+\boldsymbol{B})+\boldsymbol{C}=\boldsymbol{A}+(\boldsymbol{B}+\boldsymbol{C})$	矩阵加法结合律
$\boldsymbol{A}+0=\boldsymbol{A}$，$\boldsymbol{A}-\boldsymbol{A}=0$	0 为零矩阵
$1\boldsymbol{A}=\boldsymbol{A}$	—
$k(h\boldsymbol{A})=(kh)\boldsymbol{A}$	矩阵数乘结合律
$(k+h)\boldsymbol{A}=k\boldsymbol{A}+h\boldsymbol{A}$ $k(\boldsymbol{A}+\boldsymbol{B})=k\boldsymbol{A}+k\boldsymbol{B}$	矩阵数乘分配律

（续）

运算律	说　明
满足以上 8 条性质的运算称为线性运算	
$(\boldsymbol{AB})\boldsymbol{C}=\boldsymbol{A}(\boldsymbol{BC})$ $k(\boldsymbol{AB})=(k\boldsymbol{A})\boldsymbol{B}=\boldsymbol{A}(k\boldsymbol{B})$	矩阵乘法结合律
$(\boldsymbol{A}+\boldsymbol{B})\boldsymbol{C}=\boldsymbol{AC}+\boldsymbol{BC}$ $\boldsymbol{C}(\boldsymbol{A}+\boldsymbol{B})=\boldsymbol{CA}+\boldsymbol{CB}$	矩阵乘法分配律
$\boldsymbol{A}^i\boldsymbol{A}^j=\boldsymbol{A}^{i+j}$ $(\boldsymbol{A}^i)^j=\boldsymbol{A}^{ij}$	方阵的乘方
$(\boldsymbol{A}^{\mathrm{T}})^{\mathrm{T}}=\boldsymbol{A}$	矩阵转置
$(\boldsymbol{A}+\boldsymbol{B})^{\mathrm{T}}=\boldsymbol{A}^{\mathrm{T}}+\boldsymbol{B}^{\mathrm{T}}$	
$(k\boldsymbol{A})^{\mathrm{T}}=k\boldsymbol{A}^{\mathrm{T}}$	
$(\boldsymbol{AB})^{\mathrm{T}}=\boldsymbol{B}^{\mathrm{T}}\boldsymbol{A}^{\mathrm{T}}$	

例 2.8　设 $\boldsymbol{A}=\begin{pmatrix}1 & 2 & 3\end{pmatrix}$，$\boldsymbol{B}=\begin{pmatrix}2\\-4\\1\end{pmatrix}$，利用矩阵运算律求矩阵$(\boldsymbol{BA})^{10}$。

解　$\boldsymbol{AB}=\begin{pmatrix}1 & 2 & 3\end{pmatrix}\times\begin{pmatrix}2\\-4\\1\end{pmatrix}=1\times2+2\times(-4)+3\times1=-3$

$$\boldsymbol{BA}=\begin{pmatrix}2\\-4\\1\end{pmatrix}\times[1,2,3]=\begin{pmatrix}2 & 4 & 6\\-4 & -8 & -12\\1 & 2 & 3\end{pmatrix}$$

$$(\boldsymbol{BA})^{10}=\underbrace{\boldsymbol{BA}\times\boldsymbol{BA}\times\boldsymbol{BA}\times\cdots\times\boldsymbol{BA}}_{10个\boldsymbol{BA}}$$

根据矩阵乘法的结合律：

$$(\boldsymbol{BA})^{10}=\boldsymbol{B}(\boldsymbol{AB})^9\boldsymbol{A}=(-3)^9\boldsymbol{BA}=(-3)^9\begin{pmatrix}2 & 4 & 6\\-4 & -8 & -12\\1 & 2 & 3\end{pmatrix}$$

练习 2.2

1. 设 $\boldsymbol{A}=\begin{pmatrix}3 & 4\\1 & 2\end{pmatrix}$，$\boldsymbol{B}=\begin{pmatrix}1 & 3\\2 & 1\end{pmatrix}$，$\boldsymbol{C}=\begin{pmatrix}-2 & 1\\3 & 2\end{pmatrix}$，求 $2\boldsymbol{A}+\boldsymbol{BC}$。

2. 判断下列运算是否有意义，并计算。

（1）$\begin{pmatrix}x & y & z\end{pmatrix}\begin{pmatrix}a_{11} & a_{12} & a_{13}\\a_{21} & a_{22} & a_{23}\\a_{31} & a_{32} & a_{33}\end{pmatrix}$　（2）$\begin{pmatrix}a_{11} & a_{12} & a_{13}\\a_{21} & a_{22} & a_{23}\\a_{31} & a_{32} & a_{33}\end{pmatrix}\begin{pmatrix}x & y & z\end{pmatrix}$

（3）$\begin{pmatrix}x\\y\\z\end{pmatrix}\begin{pmatrix}a_{11} & a_{12} & a_{13}\\a_{21} & a_{22} & a_{23}\\a_{31} & a_{32} & a_{33}\end{pmatrix}$　（4）$\begin{pmatrix}a_{11} & a_{12} & a_{13}\\a_{21} & a_{22} & a_{23}\\a_{31} & a_{32} & a_{33}\end{pmatrix}\begin{pmatrix}x\\y\\z\end{pmatrix}$

3. 设有矩阵 $\boldsymbol{A}_{3\times4}$、$\boldsymbol{B}_{3\times3}$、$\boldsymbol{C}_{4\times3}$、$\boldsymbol{D}_{3\times1}$，下列运算中没有意义的是（　　）。

A. $\boldsymbol{ACB}$　　B. $\boldsymbol{A}^{\mathrm{T}}\boldsymbol{B}+\boldsymbol{C}$　　C. $\boldsymbol{AC}+\boldsymbol{D}^{\mathrm{T}}\boldsymbol{D}$　　D. $\boldsymbol{BAC}$

4. 写出坐标变换：$\begin{cases} x' = 2x+3y \\ y' = 4x-5y \end{cases}$的矩阵形式。

5. 计算下列各式。

（1）$(3\quad -1\quad 2)\begin{pmatrix} -2 \\ 3 \\ -4 \end{pmatrix}$　（2）$\begin{pmatrix} 1 \\ -5 \\ 2 \end{pmatrix}(-3\quad 4)$

（3）$(-1\quad 3\quad 2)\begin{pmatrix} 2 & 1 \\ 0 & -3 \\ 5 & 4 \end{pmatrix}\begin{pmatrix} 7 & -5 \\ -4 & 2 \end{pmatrix}$

6. 设两个线性变换

$$\begin{cases} y_1 = 3x_1 - 2x_2 \\ y_2 = x_2 + x_3 \\ y_3 = x_1 + x_2 + x_3 \end{cases}\qquad \begin{cases} z_1 = y_1 - 2y_2 + 3y_3 \\ z_2 = y_1 - y_3 \\ z_3 = 3y_2 + y_3 \end{cases}$$

用矩阵乘法求从变量 x_1，x_2，x_3到变量 z_1，z_2，z_3的线性变换。

7. 设 $\boldsymbol{a} = \begin{pmatrix} 2 \\ 1 \\ -3 \end{pmatrix}$，$\boldsymbol{b} = \begin{pmatrix} 1 \\ 2 \\ 4 \end{pmatrix}$，$\boldsymbol{A} = \boldsymbol{ab}^{\mathrm{T}}$，求 $\boldsymbol{A}^5$。

2.3　方阵的行列式

我们在 2.1 节、2.2 节介绍了向量和矩阵，表面上看，向量是排成一列或一行的数字，矩阵是排成矩形阵列的数字。但更本质的含义，向量是有向线段、空间内的点，矩阵表示空间到空间的映射。它们是线性代数故事中的经典主角，本节介绍一位在线性代数中经常出现的大配角——行列式。

2.3.1　二阶行列式

二阶行列式是由四个数排成两行两列，并且用两条竖线限制的符号$\begin{vmatrix} a & b \\ c & d \end{vmatrix}$。

$\begin{vmatrix} a & b \\ c & d \end{vmatrix}$表示一个数（与矩阵不同），并且规定$\begin{vmatrix} a & b \\ c & d \end{vmatrix} = a\times d - b\times c$。

二阶行列式的展开式可用“对角线法则”来记忆。

二阶行列式等于主对角线上（实线）两元素之积与次对角线上（虚线）两元素之积的差，如图 2-10 所示。

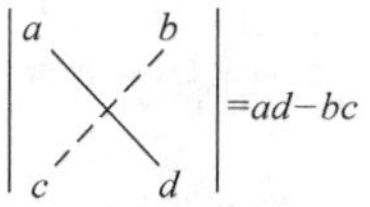

$$\begin{vmatrix} a & b \\ c & d \end{vmatrix} = ad-bc$$

图　2-10

1. 二阶行列式与二元线性方程组的解

大家在中学学过用加减消元法解二元线性方程组$\begin{cases} a_{11}x_1 + a_{12}x_2 = b_1 \\ a_{21}x_1 + a_{22}x_2 = b_2 \end{cases}$，得到二元线性方程组的解的一般表达式如下：

$$x_1=\frac{b_1a_{22}-a_{12}b_2}{a_{11}a_{22}-a_{12}a_{21}},\ x_2=\frac{a_{11}b_2-b_1a_{21}}{a_{11}a_{22}-a_{12}a_{21}}\quad(a_{11}a_{22}-a_{12}a_{21}\neq 0)$$

以后，对于具体的二元线性方程组，只要它的系数 a_{ij}满足 $a_{11}a_{22}-a_{12}a_{21}\neq 0$，就可以使用这一表达式计算未知数，不必重复求解过程的推演。
所以

$$x_1=\frac{b_1a_{22}-a_{12}b_2}{a_{11}a_{22}-a_{12}a_{21}},\ x_2=\frac{a_{11}b_2-b_1a_{21}}{a_{11}a_{22}-a_{12}a_{21}}$$

可作为二元线性方程组$\begin{cases}a_{11}x_1+a_{12}x_2=b_1\\a_{21}x_1+a_{22}x_2=b_2\end{cases}$的求解公式。

然而，这两个公式比较复杂，不易记忆，因此影响使用。利用二阶行列式很好地解决了这一问题。令

$$D=\begin{vmatrix}a_{11}&a_{12}\\a_{21}&a_{22}\end{vmatrix}=a_{11}a_{22}-a_{12}a_{21},\ D_1=\begin{vmatrix}b_1&a_{12}\\b_2&a_{22}\end{vmatrix}=b_1a_{22}-a_{12}b_2,D_2=\begin{vmatrix}a_{11}&b_1\\a_{21}&b_2\end{vmatrix}=b_2a_{11}-b_1a_{21}$$

所以二元线性方程组的解的表达式可以表示成如下形式：

$$x_1=\frac{\begin{vmatrix}b_1&a_{12}\\b_2&a_{22}\end{vmatrix}}{\begin{vmatrix}a_{11}&a_{12}\\a_{21}&a_{22}\end{vmatrix}},\ x_2=\frac{\begin{vmatrix}a_{11}&b_1\\a_{21}&b_2\end{vmatrix}}{\begin{vmatrix}a_{11}&a_{12}\\a_{21}&a_{22}\end{vmatrix}},\ 即\ x_1=\frac{D_1}{D},\ x_2=\frac{D_2}{D}$$

分母中的行列式由各未知量的系数按照在二元线性方程组里的排列组成，称为**系数行列式**。分子中的行列式是系数行列式中用常数列代替该未知量的系数列而成，这种形式就好记忆了。

例 2.9 求解二元线性方程组$\begin{cases}3x_1-2x_2=5\\5x_1-4x_2=9\end{cases}$。

解 $D=\begin{vmatrix}3&-2\\5&-4\end{vmatrix}=3\times(-4)-(-2)\times 5=-2$

$$D_1=\begin{vmatrix}5&-2\\9&-4\end{vmatrix}=5\times(-4)-(-2)\times 9=-2$$

$$D_2=\begin{vmatrix}3&5\\5&9\end{vmatrix}=3\times 9-5\times 5=2$$

所以，$x_1=\frac{D_1}{D}=1$，$x_2=\frac{D_2}{D}=-1$。

2\. 二阶行列式与平行四边形面积

二阶行列式$\begin{vmatrix}a_1&a_2\\b_1&b_2\end{vmatrix}=a_1b_2-a_2b_1$ 的几何意义是以向量 $\boldsymbol{a}=(a_1\quad a_2)$，$\boldsymbol{b}=(b_1\quad b_2)$为邻边的平行四边形**带符号**的面积，如图 2-11 所示。

平行四边形的面积为 $S_{平行四边形}=\|\boldsymbol{a}\|\|\boldsymbol{b}\|\sin(a,\ b)$其中，$\|\boldsymbol{a}\|=\sqrt{a_1^2+a_2^2}$，$\|\boldsymbol{b}\|=\sqrt{b_1^2+b_2^2}$，$(a,\ b)$ 为向量 $\boldsymbol{a}$、$\boldsymbol{b}$ 的夹角。

$$\sin(a,b)=\sin(\alpha-\beta)=\sin\alpha\cos\beta-\cos\alpha\sin\beta$$
$$=\frac{a_2b_1}{\|\boldsymbol{a}\|\|\boldsymbol{b}\|}-\frac{a_1b_2}{\|\boldsymbol{a}\|\|\boldsymbol{b}\|}$$
$$=\frac{a_2b_1-a_1b_2}{\|\boldsymbol{a}\|\|\boldsymbol{b}\|}$$

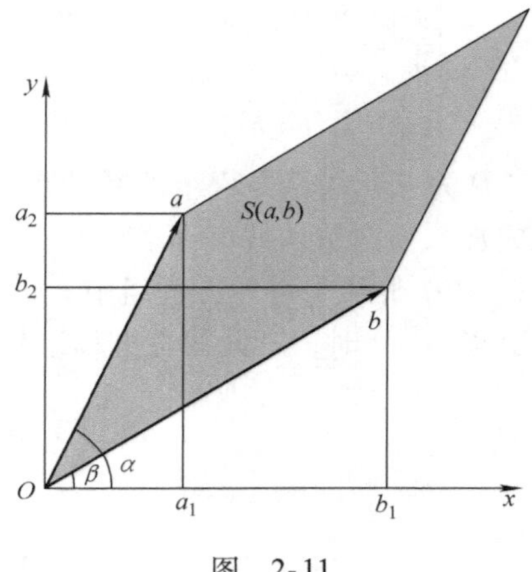

图　2-11

整理得

$$S_{平行四边形}=a_2b_1-a_1b_2=\begin{vmatrix}b_1 & b_2\\ a_1 & a_2\end{vmatrix}=-\begin{vmatrix}a_1 & a_2\\ b_1 & b_2\end{vmatrix}$$

行列式的值有正有负或者为 0。如果行列式值为负，表明平行四边形相对于原来位置发生了“翻转”，翻转后面积为负；如果行列式的值为 0，则进行了投影变换。

2.3.2　三阶行列式

三阶行列式是由 9 个数排列成 3 行 3 列，用两条竖线限制的符号$\begin{vmatrix}a_{11} & a_{12} & a_{13}\\ a_{21} & a_{22} & a_{23}\\ a_{31} & a_{32} & a_{33}\end{vmatrix}$，并且定义

$$\begin{vmatrix}a_{11} & a_{12} & a_{13}\\ a_{21} & a_{22} & a_{23}\\ a_{31} & a_{32} & a_{33}\end{vmatrix}=a_{11}a_{22}a_{33}+a_{21}a_{32}a_{13}+a_{31}a_{12}a_{23}-a_{31}a_{22}a_{13}-a_{21}a_{12}a_{33}-a_{11}a_{32}a_{23}$$

三阶行列式是一个数（不要与三阶方阵混淆），三阶行列式的展开式遵循“对角线法则”——三阶行列式是取自不同行不同列的 3 个元素的乘积的代数和，实线上的乘积取正，虚线上的乘积取负，如图 2-12 所示。

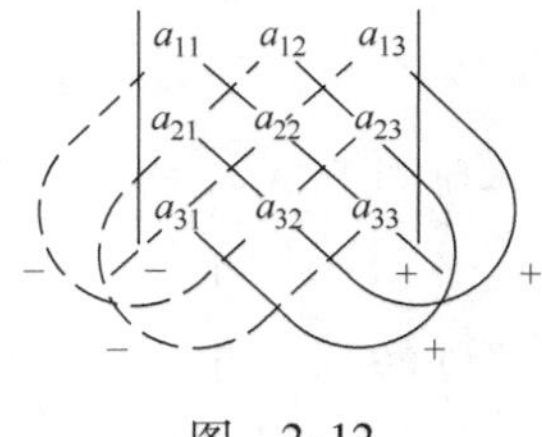

图　2-12

$$\begin{vmatrix}2 & -1 & 3\\ -2 & 1 & -5\\ 4 & 0 & 6\end{vmatrix}=2\times1\times6+3\times(-2)\times0+(-1)\times(-5)\times4-3\times1\times4-(-1)\times(-2)\times6-2\times0\times(-5)=8$$

1. 三阶行列式与三元线性方程组

现在我们看三元线性方程组$\begin{cases}a_{11}x_1+a_{12}x_2+a_{13}x_3=b_1\\ a_{21}x_1+a_{22}x_2+a_{23}x_3=b_2\\ a_{31}x_1+a_{32}x_2+a_{33}x_3=b_3\end{cases}$

用消元法，可得到三个未知量求解的结果，这一结果也可以作为三元线性方程组解的公式。因其形式结构非常复杂不方便使用，利用三阶行列式解决了这个理解记忆难题。

类似地定义

$$D=\begin{vmatrix}a_{11}&a_{12}&a_{13}\\a_{21}&a_{22}&a_{23}\\a_{31}&a_{32}&a_{33}\end{vmatrix},\ D_1=\begin{vmatrix}b_1&a_{12}&a_{13}\\b_2&a_{22}&a_{23}\\b_3&a_{32}&a_{33}\end{vmatrix},\ D_2=\begin{vmatrix}a_{11}&b_1&a_{13}\\a_{21}&b_2&a_{23}\\a_{31}&b_3&a_{33}\end{vmatrix},\ D_3=\begin{vmatrix}a_{11}&a_{12}&b_1\\a_{21}&a_{22}&b_2\\a_{31}&a_{32}&b_3\end{vmatrix}$$

D 为三元线性方程组的系数组成的三阶行列式。将 D 的第 1 列（方程组中 x_1 的系数）换成常数项向量，就得到D_1；将 D 的第 2 列（方程组中 x_2 的系数）换成常数项向量，得到 D_2；将 D 中第 3 列（方程组中 x_3 的系数）换成常数项向量得到D_3。

当 $D\neq0$ 时，三元线性方程组有唯一解如下：

$$x_1=\frac{D_1}{D},\ x_2=\frac{D_2}{D},\ x_3=\frac{D_3}{D}$$

例 2.10 解三元线性方程组$\begin{cases}2x_1-3x_2+x_3=-1\\x_1+2x_2-x_3=4\\-2x_1-x_2+x_3=-3\end{cases}$。

解 因为

$$D=\begin{vmatrix}2&-3&1\\1&2&-1\\-2&-1&1\end{vmatrix}=4-1-6+4+3-2=2\neq0$$

$$D_1=\begin{vmatrix}-1&-3&1\\4&2&-1\\-3&-1&1\end{vmatrix}=4,\ D_2=\begin{vmatrix}2&-1&1\\1&4&-1\\-2&-3&1\end{vmatrix}=6,\ D_3=\begin{vmatrix}2&-3&-1\\1&2&4\\-2&-1&-3\end{vmatrix}=8$$

所以

$$x_1=\frac{D_1}{D}=\frac{4}{2}=2,\ x_2=\frac{D_2}{D}=\frac{6}{2}=3,\ x_3=\frac{D_3}{D}=\frac{8}{2}=4$$

2. 三阶行列式与平行六面体（四棱柱）体积

三阶行列式$\begin{vmatrix}a_{11}&a_{12}&a_{13}\\a_{21}&a_{22}&a_{23}\\a_{31}&a_{32}&a_{33}\end{vmatrix}$的几何意义是向量 $\boldsymbol{a}_1=[a_{11},a_{12},a_{13}]$，$\boldsymbol{a}_2=[a_{21},a_{22},a_{23}]$，$\boldsymbol{a}_3=[a_{31},a_{32},a_{33}]$围成的平行六面体的体积，如图 2-13。

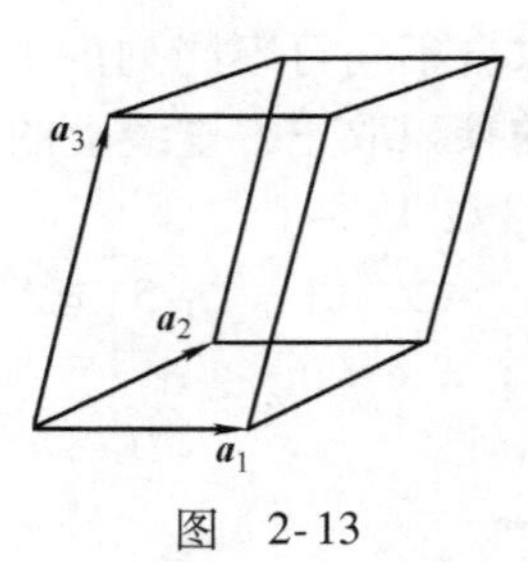

图 2-13

2.3.3 n 阶行列式

将方阵 $\boldsymbol{A}=\begin{pmatrix}a_{11}&a_{12}&\cdots&a_{1n}\\a_{21}&a_{22}&\cdots&a_{2n}\\\vdots&\vdots&&\vdots\\a_{n1}&a_{n2}&\cdots&a_{nn}\end{pmatrix}$的括弧去掉，代之以两竖直线，$\begin{vmatrix}a_{11}&a_{12}&\cdots&a_{1n}\\a_{21}&a_{22}&\cdots&a_{2n}\\\vdots&\vdots&&\vdots\\a_{n1}&a_{n2}&\cdots&a_{nn}\end{vmatrix}$就是一个 n 阶行列式，称为**方阵 $\boldsymbol{A}$ 的行列式**（Determinant），记作 $\det\boldsymbol{A}$ 或 $|\boldsymbol{A}|$。

$$\det\boldsymbol{A} = \begin{vmatrix} a_{11} & a_{12} & \cdots & a_{1n} \\ a_{21} & a_{22} & \cdots & a_{2n} \\ \vdots & \vdots & & \vdots \\ a_{n1} & a_{n2} & \cdots & a_{nn} \end{vmatrix} \text{或} |\boldsymbol{A}| = \begin{vmatrix} a_{11} & a_{12} & \cdots & a_{1n} \\ a_{21} & a_{22} & \cdots & a_{2n} \\ \vdots & \vdots & & \vdots \\ a_{n1} & a_{n2} & \cdots & a_{nn} \end{vmatrix}$$

n 阶行列式也表示一个数，其展开式共有 $n!$ 项，n 每增加 1，需要计算的项数增加非常多，属于 $\boldsymbol{O}(n!)$复杂度。一般按某行展开，通过如下“降阶”来处理，即

$$D = \begin{vmatrix} a_{11} & a_{12} & \cdots & a_{1n} \\ a_{21} & a_{22} & \cdots & a_{2n} \\ \vdots & \vdots & & \vdots \\ a_{n1} & a_{n2} & \cdots & a_{nn} \end{vmatrix} = a_{i1}A_{i1} + a_{i2}A_{i2} + \cdots + a_{in}A_{in}(i=1,2,\cdots,n)$$

式中，A_{ij}为 D 的元素 a_{ij}的**代数余子式**（Cofactor），且$A_{ij}=(-1)^{i+j}M_{ij}$，这里 M_{ij}为元素 a_{ij}的余子式（Minor）。余子式 M_{ij}就是从 $\boldsymbol{D}$ 中划去元素 a_{ij}所在的行与列后余下的元素按原来的顺序构成的 $n-1$ 阶行列式。

n 阶行列式等于它的任一行各元素与它们对应的代数余子式的乘积之和。行列式也可以按第 j 列展开，**等于它的任一列各元素与它们对应的代数余子式的乘积之和，即**

$$D = \begin{vmatrix} a_{11} & a_{12} & \cdots & a_{1n} \\ a_{21} & a_{22} & \cdots & a_{2n} \\ \vdots & \vdots & & \vdots \\ a_{n1} & a_{n2} & \cdots & a_{nn} \end{vmatrix} = a_{1j}A_{1j} + a_{2j}A_{2j} + \cdots + a_{nj}A_{nj}(j=1,2,\cdots,n)$$

例 2.11　计算 4 阶行列式。

$$D = \begin{vmatrix} 5 & 0 & 4 & 2 \\ 1 & -1 & 2 & 1 \\ 4 & 1 & 2 & 0 \\ 0 & 3 & -3 & 0 \end{vmatrix}$$

解　将行列式按第一行元素展开。$a_{11}=5$，$a_{12}=0$，$a_{13}=4$，$a_{14}=2$，各元素的余子式为

$$M_{11} = \begin{vmatrix} -1 & 2 & 1 \\ 1 & 2 & 0 \\ 3 & -3 & 0 \end{vmatrix}, M_{12} = \begin{vmatrix} 1 & 2 & 1 \\ 4 & 2 & 0 \\ 0 & -3 & 0 \end{vmatrix}, M_{13} = \begin{vmatrix} 1 & -1 & 1 \\ 4 & 1 & 0 \\ 0 & 3 & 0 \end{vmatrix}, M_{14} = \begin{vmatrix} 1 & -1 & 2 \\ 4 & 1 & 2 \\ 0 & 3 & -3 \end{vmatrix}$$

$$D = \begin{vmatrix} 5 & 0 & 4 & 2 \\ 1 & -1 & 2 & 1 \\ 4 & 1 & 2 & 0 \\ 0 & 3 & -3 & 0 \end{vmatrix} = 5\times(-1)^{1+1}\begin{vmatrix} -1 & 2 & 1 \\ 1 & 2 & 0 \\ 3 & -3 & 0 \end{vmatrix} + 4\times(-1)^{1+3}\begin{vmatrix} 1 & -1 & 1 \\ 4 & 1 & 0 \\ 0 & 3 & 0 \end{vmatrix} + 2\times$$

$$(-1)^{1+4}\begin{vmatrix} 1 & -1 & 2 \\ 4 & 1 & 2 \\ 0 & 3 & -3 \end{vmatrix} = -3$$

按照第一行进行展开时，有一个三阶行列式 M_{13}乘以 0，故没有出现。

也可以按第四列进行展开。第四列有两个元素为 0，不必计算与 0 相乘的余子式：

$$D=\begin{vmatrix}5&0&4&2\\1&-1&2&1\\4&1&2&0\\0&3&-3&0\end{vmatrix}=2\times(-1)^{1+4}\begin{vmatrix}1&-1&2\\4&1&2\\0&3&-3\end{vmatrix}+1\times(-1)^{2+4}\begin{vmatrix}5&0&4\\4&1&2\\0&3&-3\end{vmatrix}$$

$$=2\times(-3)+3=-3$$

计算行列式时，选择按零元素多的行或列展开可大大简化计算，这是计算行列式常用的技巧之一。

例 2.12 常用的特殊行列式。

（1）证明下三角行列式

$$\begin{vmatrix}a_{11}&0&\cdots&0\\a_{21}&a_{22}&\cdots&0\\\vdots&\vdots&&\vdots\\a_{n1}&a_{n2}&\cdots&a_{nn}\end{vmatrix}=a_{11}a_{22}\cdots a_{nn}$$

证明 根据 n 阶行列式的按行展开的定义，每次均通过按第一行展开的方法来降低行列式的阶数，每次第一行都仅有第一项不为 0，所以有

$$\begin{vmatrix}a_{11}&0&\cdots&0\\a_{21}&a_{22}&\cdots&0\\\vdots&\vdots&&\vdots\\a_{n1}&a_{n2}&\cdots&a_{nn}\end{vmatrix}=a_{11}\times(-1)^{1+1}\begin{vmatrix}a_{22}&0&\cdots&0\\a_{32}&a_{33}&\cdots&0\\\vdots&\vdots&&\vdots\\a_{n2}&a_{n3}&\cdots&a_{nn}\end{vmatrix}$$

$$=a_{11}a_{22}\times(-1)^{1+1}\begin{vmatrix}a_{33}&0&\cdots&0\\a_{43}&a_{44}&\cdots&0\\\vdots&\vdots&&\vdots\\a_{n3}&a_{n4}&\cdots&a_{nn}\end{vmatrix}=\cdots=a_{11}a_{22}\cdots a_{nn}$$

（2）证明上三角行列式

$$\begin{vmatrix}a_{11}&a_{12}&\cdots&a_{1n}\\0&a_{22}&\cdots&a_{2n}\\\vdots&\vdots&&\vdots\\0&0&\cdots&a_{nn}\end{vmatrix}=a_{11}a_{22}\cdots a_{nn}$$

证明 对于上三角行列式，每一步骤均按第一列展开，行列式降一阶，每次第一列都仅有第一项不为 0，最终计算出下三角行列式的值等于对角线上元素的乘积，即

$$\begin{vmatrix}a_{11}&a_{12}&\cdots&a_{1n}\\0&a_{22}&\cdots&a_{2n}\\\vdots&\vdots&&\vdots\\0&0&\cdots&a_{nn}\end{vmatrix}=a_{11}\times(-1)^{1+1}\begin{vmatrix}a_{22}&a_{23}&\cdots&a_{2n}\\0&a_{33}&\cdots&a_{3n}\\\vdots&\vdots&&\vdots\\0&0&\cdots&a_{nn}\end{vmatrix}$$

$$=a_{11}a_{22}\times(-1)^{1+1}\begin{vmatrix} a_{33} & a_{34} & \cdots & a_{3n} \\ 0 & a_{44} & \cdots & a_{4n} \\ \vdots & \vdots & & \vdots \\ 0 & 0 & \cdots & a_{nn} \end{vmatrix}=\cdots=a_{11}a_{22}\cdots a_{nn}$$

（3）同样可得，对角行列式

$$\begin{vmatrix} a_{11} & 0 & \cdots & 0 \\ 0 & a_{22} & \cdots & 0 \\ \vdots & \vdots & & \vdots \\ 0 & 0 & \cdots & a_{nn} \end{vmatrix}=a_{11}a_{22}\cdots a_{nn}$$

综上所述，**上三角行列式、下三角行列式和对角行列式的值都等于其主对角线上的元素之积**。

方阵和行列式是两个不同概念，n 阶方阵是 n^2 个数按一定方式排成的数表，而 n 阶行列式则是这些数按一定的运算法则所确定的一个数值。

2.3.4　克莱姆（Cramer）法则

- n 阶行列式与 n 元线性方程组。

讨论 $n\times n$ 线性方程组 $\begin{cases} a_{11}x_1+a_{12}x_2+\cdots+a_{1n}x_n=b_1 \\ a_{21}x_1+a_{22}x_2+\cdots+a_{2n}x_n=b_2 \\ \quad\vdots \\ a_{n1}x_1+a_{n2}x_2+\cdots+a_{nn}x_n=b_n \end{cases}$ 解的公式，也需要引进 n 阶行列式这一工具。

定理（克莱姆法则）　若 n 元线性方程组

$$\begin{cases} a_{11}x_1+a_{12}x_2+\cdots+a_{1n}x_n=b_1 \\ a_{21}x_1+a_{22}x_2+\cdots+a_{2n}x_n=b_2 \\ \quad\vdots \\ a_{n1}x_1+a_{n2}x_2+\cdots+a_{nn}x_n=b_n \end{cases}$$

的系数行列式

$$D=\begin{vmatrix} a_{11} & a_{12} & \cdots & a_{1n} \\ a_{21} & a_{22} & \cdots & a_{2n} \\ \vdots & \vdots & & \vdots \\ a_{n1} & a_{n2} & \cdots & a_{nn} \end{vmatrix}\neq 0$$

则方程组有唯一解，且

$$x_1=\frac{D_1}{D},\ x_2=\frac{D_2}{D},\ \cdots,\ x_n=\frac{D_n}{D}$$

其中，分子 $D_j(j=1,2,\cdots,n)$ 是将系数行列式中第 j 列用常数项 $b_1, b_2, \cdots, b_n$ 代替后得

到的 n 阶行列式，即

$$D_j=\begin{vmatrix} a_{11} & \cdots & a_{1,j-1} & b_1 & a_{1,j+1} & \cdots & a_{1n} \\ a_{21} & \cdots & a_{2,j-1} & b_2 & a_{2,j+1} & \cdots & a_{2n} \\ \vdots & & \vdots & \vdots & \vdots & & \vdots \\ a_{n1} & \cdots & a_{n,j-1} & b_n & a_{n,j+1} & \cdots & a_{nn} \end{vmatrix}$$

当方程组右边的常数 b_j 不全为 0 时，方程组称为非齐次线性方程组；当 $b_1=b_2=\cdots=b_n=0$ 时，方程组称为**齐次线性方程组**。

例 2.13 利用克莱姆法则解线性方程组 $\begin{cases} 2x_1-x_2+3x_3=1 \\ 4x_1+2x_2+5x_3=4 \\ x_1+x_3=3 \end{cases}$。

解 方程组的系数行列式

$$D=\begin{vmatrix} 2 & -1 & 3 \\ 4 & 2 & 5 \\ 1 & 0 & 1 \end{vmatrix}=-3\neq 0$$

所以方程组有唯一解。

$$D_1=\begin{vmatrix} 1 & -1 & 3 \\ 4 & 2 & 5 \\ 3 & 0 & 1 \end{vmatrix}=-27,\ D_2=\begin{vmatrix} 2 & 1 & 3 \\ 4 & 4 & 5 \\ 1 & 3 & 1 \end{vmatrix}=3,\ D_3=\begin{vmatrix} 2 & -1 & 1 \\ 4 & 2 & 4 \\ 1 & 0 & 3 \end{vmatrix}=18$$

根据克莱姆法则，方程组的解如下：

$$x_1=\frac{D_1}{D}=\frac{-27}{-3}=9,\ x_2=\frac{D_2}{D}=\frac{3}{-3}=-1,\ x_3=\frac{D_3}{D}=\frac{18}{-3}=-6$$

2.3.5 行列式运算律

设 $\boldsymbol{A}$，$\boldsymbol{B}$ 都是 n 阶方阵，不难验证，方阵的行列式满足下列运算律。

- $\det(\boldsymbol{A}^{\mathrm{T}})=\det\boldsymbol{A}$
- $\det(k\boldsymbol{A})=k^n\det\boldsymbol{A}$
- $\det(\boldsymbol{AB})=\det\boldsymbol{A}\det\boldsymbol{B}$

例 2.14 设 $\boldsymbol{A}=\begin{pmatrix} 2 & 3 \\ -1 & 1 \end{pmatrix}$，$\boldsymbol{B}=\begin{pmatrix} 4 & -1 \\ 2 & 0 \end{pmatrix}$。验证：

(1) $\det(\boldsymbol{A}^{\mathrm{T}})=\det\boldsymbol{A}$　(2) $\det(3\boldsymbol{A})=3^2\det\boldsymbol{A}$　(3) $\det(\boldsymbol{AB})=\det\boldsymbol{A}\det\boldsymbol{B}$

解

(1) $\det\boldsymbol{A}=\begin{vmatrix} 2 & 3 \\ -1 & 1 \end{vmatrix}=2\times 1-(-1)\times 3=5$

$$\boldsymbol{A}^{\mathrm{T}}=\begin{pmatrix} 2 & -1 \\ 3 & 1 \end{pmatrix}\qquad \det(\boldsymbol{A}^{\mathrm{T}})=\begin{vmatrix} 2 & -1 \\ 3 & 1 \end{vmatrix}=2\times 1-(-1)\times 3=5$$

所以

$$\det(\boldsymbol{A}^{\mathrm{T}})=\det\boldsymbol{A}。$$

(2) $3\boldsymbol{A}=3\times\begin{pmatrix} 2 & 3 \\ -1 & 1 \end{pmatrix}=\begin{pmatrix} 6 & 9 \\ -3 & 3 \end{pmatrix}$

$$\det(3\boldsymbol{A})=\begin{vmatrix}6 & 9\\ -3 & 3\end{vmatrix}=6\times3-(-3)\times9=45 \qquad 3^2\det\boldsymbol{A}=9\times5=45$$

所以

$$\det(3\boldsymbol{A})=3^2\det\boldsymbol{A}$$

(3) $\boldsymbol{AB}=\begin{pmatrix}2 & 3\\ -1 & 1\end{pmatrix}\begin{pmatrix}4 & -1\\ 2 & 0\end{pmatrix}=\begin{pmatrix}14 & -2\\ -2 & 1\end{pmatrix}$

$$\det(\boldsymbol{AB})=14\times1-(-2)\times(-2)=10 \qquad \det\boldsymbol{A}\det\boldsymbol{B}=5\times2=10$$

所以

$$\det(\boldsymbol{AB})=\det\boldsymbol{A}\det\boldsymbol{B}。$$

练习 2.3

1. 若 $D=\begin{vmatrix}4 & 3 & 1\\ 0 & 5 & 7\\ 1 & -2 & 3\end{vmatrix}$，求 $\boldsymbol{A}_{13}$、$\boldsymbol{A}_{21}$。

2. 计算：

(1) $\begin{vmatrix}1 & -1 & -2\\ 0 & 3 & -1\\ -2 & 2 & -4\end{vmatrix}$ (2) $\begin{vmatrix}2 & 0 & 6 & 3\\ -4 & 3 & 2 & 0\\ 5 & 0 & 2 & 1\\ 7 & -2 & 0 & 0\end{vmatrix}$

3. 已知四阶行列式 D 的第 3 列元素依次为 -1、2、0、3，它们的余子式依次为 3、5、-7、4，求 D。

4. 设 $\boldsymbol{A}=\begin{pmatrix}3 & -2\\ 5 & -4\end{pmatrix}$，$\boldsymbol{B}=\begin{pmatrix}3 & 4\\ 1 & 2\end{pmatrix}$，求 $\det(\boldsymbol{A}+\boldsymbol{B})$，$\det(\boldsymbol{AB})$。

5. 设矩阵 $\boldsymbol{A}=\begin{pmatrix}1 & 2\\ 3 & 4\end{pmatrix}$，且 $\det(\boldsymbol{AB})=4$，求 $\det(2\boldsymbol{B})$。

6. 利用克莱姆法则解线性方程组$\begin{cases}3x_1+x_2-5x_3=0\\ 2x_1-x_2+3x_3=3\\ 4x_1-x_2+x_3=3\end{cases}$。

7. 求以向量 $\boldsymbol{a}=(1\quad 2)$，$\boldsymbol{b}=(3\quad -9)$ 为邻边的平行四边形的面积。

8. 求以向量 $\boldsymbol{x}=(1\quad -2\quad 3)^{\mathrm{T}}$，$\boldsymbol{y}=(3\quad 4\quad 2)^{\mathrm{T}}$，$\boldsymbol{z}=(-4\quad 1\quad 5)^{\mathrm{T}}$ 为棱的平行六面体的体积。

2.4 逆矩阵

2.4.1 逆矩阵定义

我们知道线性方程组的矩阵形式为 $\boldsymbol{AX}=\boldsymbol{b}$，如何求解它？能否仿照解数的方程 $ax=b$ $(a\neq0)$，显然 $x=\dfrac{b}{a}$或写成 $x=a^{-1}b$，矩阵方程 $\boldsymbol{AX}=\boldsymbol{b}$ 的解能否写成 $\boldsymbol{X}=\dfrac{\boldsymbol{b}}{A}$或 $\boldsymbol{X}=\boldsymbol{A}^{-1}b$ 呢？数的除法是乘法的逆运算，矩阵乘法有没有逆运算？

事实上，当矩阵 $\boldsymbol{A}$ 为一个 n 阶方阵，且满足某些条件时，矩阵就可以进行逆运算。

定义 1 对于一个 n 阶方阵 $\boldsymbol{A}$，若存在另一个 n 阶方阵 $\boldsymbol{B}$，使得 $\boldsymbol{AB}=\boldsymbol{BA}=\boldsymbol{E}$，则称矩阵 $\boldsymbol{B}$ 为矩阵 $\boldsymbol{A}$ 的逆矩阵，记作 $\boldsymbol{A}^{-1}$，即 $\boldsymbol{AA}^{-1}=\boldsymbol{A}^{-1}\boldsymbol{A}=\boldsymbol{E}$，此时称方阵 $\boldsymbol{A}$ 为**可逆方阵**。

例 2.15 设 $\boldsymbol{A}=\begin{pmatrix}1&2\\2&3\end{pmatrix}$，$\boldsymbol{B}=\begin{pmatrix}-3&2\\2&-1\end{pmatrix}$，验证 $\boldsymbol{B}$ 是否为 $\boldsymbol{A}$ 的逆矩阵。

解 $\boldsymbol{AB}=\begin{pmatrix}1&2\\2&3\end{pmatrix}\begin{pmatrix}-3&2\\2&-1\end{pmatrix}=\begin{pmatrix}1&0\\0&1\end{pmatrix}$，$\boldsymbol{BA}=\begin{pmatrix}-3&2\\2&-1\end{pmatrix}\begin{pmatrix}1&2\\2&3\end{pmatrix}=\begin{pmatrix}1&0\\0&1\end{pmatrix}$

即有 $\boldsymbol{AB}=\boldsymbol{BA}=\boldsymbol{E}$，所以 $\boldsymbol{B}$ 是 $\boldsymbol{A}$ 的逆矩阵。

2.4.2 方阵可逆的充要条件

由 $\det(\boldsymbol{AB})=\det\boldsymbol{A}\det\boldsymbol{B}$，可知，$\det(\boldsymbol{A}^{-1}\boldsymbol{A})=\det\boldsymbol{E}=1$，即 $\det(\boldsymbol{A}^{-1})\det\boldsymbol{A}=1$，故有

$$\det(\boldsymbol{A}^{-1})=\frac{1}{\det\boldsymbol{A}}$$

◆ 若方阵 $\boldsymbol{A}$ 可逆，则 $\det\boldsymbol{A}\neq 0$。反之，不难证明。

◆ 若方阵 $\boldsymbol{A}$ 满足 $\det\boldsymbol{A}\neq 0$，则 $\boldsymbol{A}$ 为可逆方阵。

综上，$\boldsymbol{A}$ 是可逆矩阵的充分必要条件是 $\det\boldsymbol{A}\neq 0$。

当 $\det\boldsymbol{A}=0$ 时，$\boldsymbol{A}$ 称为奇异矩阵（不可逆），否则称为非奇异矩阵（可逆）。

2.4.3 求逆矩阵——伴随矩阵法

令

$$\boldsymbol{A}^*=\begin{pmatrix}\boldsymbol{A}_{11}&\boldsymbol{A}_{21}&\cdots&\boldsymbol{A}_{n1}\\\boldsymbol{A}_{12}&\boldsymbol{A}_{22}&\cdots&\boldsymbol{A}_{n2}\\\vdots&\vdots&&\vdots\\\boldsymbol{A}_{1n}&\boldsymbol{A}_{2n}&\cdots&\boldsymbol{A}_{nn}\end{pmatrix}$$

其中，$\boldsymbol{A}_{ij}$ 为 $\det\boldsymbol{A}$ 中元素 a_{ij} 的代数余子式，$\boldsymbol{A}^*$ 称作矩阵 $\boldsymbol{A}$ 的伴随矩阵（Adjugate Matrix）。

因为

$$a_{i1}\boldsymbol{A}_{i1}+a_{i2}\boldsymbol{A}_{i2}+a_{i3}\boldsymbol{A}_{i3}+\cdots+a_{in}\boldsymbol{A}_{in}=\begin{cases}\det\boldsymbol{A} & (i=j)\\ 0 & (i\neq j)\end{cases} \tag{2-5}$$

即行列式等于任意一行元素乘以该行每个元素对应的代数余子式之和。若一行元素所乘的是另一行元素的代数余子式，那它们的乘积之和为 0。

由式（2-5）可得，$\boldsymbol{AA}^*=\boldsymbol{A}^*\boldsymbol{A}=\begin{pmatrix}\det\boldsymbol{A}&0&\cdots&0\\0&\det\boldsymbol{A}&\cdots&0\\\vdots&\vdots&&\vdots\\0&0&\cdots&\det\boldsymbol{A}\end{pmatrix}=(\det\boldsymbol{A})\boldsymbol{E}$

所以

$$\boldsymbol{A}^{-1}=\frac{1}{\det\boldsymbol{A}}\boldsymbol{A}^* \tag{2-6}$$

式（2-6）给出了求逆矩阵的公式，套用这个公式求逆矩阵的方法称为**伴随矩阵法**。

由于伴随矩阵由方阵的行列式中元素的代数余子式组成，对高阶行列式，求其代数余子

式的运算量很大，因而伴随矩阵法一般只用于求二阶方阵和三阶方阵的逆矩阵。

例 2.16　求二阶方阵 $\boldsymbol{A}=\begin{pmatrix}a & b\\ c & d\end{pmatrix}$的逆矩阵。

解　$\det\boldsymbol{A}=ad-bc$，若 $ad-bc\neq 0$，则 $\boldsymbol{A}$ 可逆。

$A_{11}=d$，$A_{12}=-c$，$A_{21}=-b$，$A_{22}=a$，则 $\boldsymbol{A}^{*}=\begin{pmatrix}d & -b\\ -c & a\end{pmatrix}$

根据逆矩阵公式（2-6），当 $\det\boldsymbol{A}\neq 0$，有

$$\boldsymbol{A}^{-1}=\frac{1}{\det\boldsymbol{A}}\boldsymbol{A}^{*}=\frac{1}{ad-bc}\begin{pmatrix}d & -b\\ -c & a\end{pmatrix}$$

利用式（2-6）求二阶方阵的逆矩阵很简便，可按以下规律写出二阶方阵的伴随矩阵。

$$\boldsymbol{A}^{-1}=\frac{1}{\det\boldsymbol{A}}\boldsymbol{A}^{*}=\frac{1}{ad-bc}\begin{bmatrix}d & -b\\ -c & a\end{bmatrix}$$

次对角线元素改变符号

主对角线元素交换位置

如，$\begin{pmatrix}1 & 2\\ 3 & 4\end{pmatrix}^{-1}=\frac{1}{1\times 4-2\times 3}\begin{pmatrix}4 & -2\\ -3 & 1\end{pmatrix}=-\frac{1}{2}\begin{pmatrix}4 & -2\\ -3 & 1\end{pmatrix}=\begin{pmatrix}-2 & 1\\ \frac{3}{2} & -\frac{1}{2}\end{pmatrix}$。

例 2.17　求矩阵 $\boldsymbol{A}=\begin{pmatrix}1 & 2 & 3\\ 0 & 2 & 2\\ 0 & 0 & 1\end{pmatrix}$的逆矩阵。

解　因为矩阵 $\boldsymbol{A}$ 为上三角方阵，$\det\boldsymbol{A}=1\times 2\times 1=2$，所以 $\boldsymbol{A}$ 可逆，利用伴随矩阵法。

$A_{11}=(-1)^{1+1}\begin{vmatrix}2 & 2\\ 0 & 1\end{vmatrix}=2$，$A_{12}=(-1)^{1+2}\begin{vmatrix}0 & 2\\ 0 & 1\end{vmatrix}=0$，$A_{13}=(-1)^{1+3}\begin{vmatrix}0 & 2\\ 0 & 0\end{vmatrix}=0$，

$A_{21}=(-1)^{2+1}\begin{vmatrix}2 & 3\\ 0 & 1\end{vmatrix}=-2$，$A_{22}=(-1)^{2+2}\begin{vmatrix}1 & 3\\ 0 & 1\end{vmatrix}=1$，$A_{23}=(-1)^{2+3}\begin{vmatrix}1 & 2\\ 0 & 0\end{vmatrix}=0$，

$A_{31}=(-1)^{3+1}\begin{vmatrix}2 & 3\\ 2 & 2\end{vmatrix}=-2$，$A_{32}=(-1)^{3+2}\begin{vmatrix}1 & 3\\ 0 & 2\end{vmatrix}=-2$，$A_{33}=(-1)^{3+3}\begin{vmatrix}1 & 2\\ 0 & 2\end{vmatrix}=2$，

$$A^{-1}=\frac{1}{\det A}A^{*}=\frac{1}{\det A}\begin{pmatrix}A_{11} & A_{21} & \cdots & A_{n1}\\ A_{12} & A_{22} & \cdots & A_{n2}\\ \vdots & \vdots & & \vdots\\ A_{1n} & A_{2n} & \cdots & A_{nn}\end{pmatrix}=\frac{1}{2}\begin{pmatrix}2 & -2 & -2\\ 0 & 1 & -2\\ 0 & 0 & 2\end{pmatrix}=\begin{pmatrix}1 & -1 & -1\\ 0 & \frac{1}{2} & -1\\ 0 & 0 & 1\end{pmatrix}$$

2.4.4　逆矩阵性质

1）$(\boldsymbol{A}^{-1})^{-1}=\boldsymbol{A}$，$(\boldsymbol{A}^{*})^{-1}=\frac{1}{|\boldsymbol{A}|}\boldsymbol{A}$。

2）$(k\boldsymbol{A})^{-1}=\frac{1}{k}\boldsymbol{A}^{-1}$。

3）$(\boldsymbol{A}\boldsymbol{B})^{-1}=\boldsymbol{B}^{-1}\boldsymbol{A}^{-1}$。

4）$(\boldsymbol{A}^{\mathrm{T}})^{-1}=(\boldsymbol{A}^{-1})^{\mathrm{T}}$。

5）$|\boldsymbol{A}^{-1}|=\dfrac{1}{|\boldsymbol{A}|}$，$|\boldsymbol{A}^{*}|=|\boldsymbol{A}|^{n-1}$。

例 2.18 设 $\boldsymbol{A}$ 为三阶方阵，且 $|A|=\dfrac{1}{2}$，求 $|(3\boldsymbol{A})^{-1}-2\boldsymbol{A}^{*}|$。

解 $(3\boldsymbol{A})^{-1}-2\boldsymbol{A}^{*}=\dfrac{1}{3}\boldsymbol{A}^{-1}-2|\boldsymbol{A}|\boldsymbol{A}^{-1}=-\dfrac{2}{3}\boldsymbol{A}^{-1}$

所以，$|(3\boldsymbol{A})^{-1}-2\boldsymbol{A}^{*}|=\left|-\dfrac{2}{3}\boldsymbol{A}^{-1}\right|=\left(-\dfrac{2}{3}\right)^{3}\dfrac{1}{|\boldsymbol{A}|}=-\dfrac{8}{27}\times 2=-\dfrac{16}{27}$。

2.4.5 逆矩阵的初步应用

- 解 $\boldsymbol{AX}=\boldsymbol{B}$，$\boldsymbol{XA}=\boldsymbol{B}$，$\boldsymbol{AXB}=\boldsymbol{C}$ 等形式的矩阵方程。

例 2.19 解矩阵方程：

（1）$\begin{pmatrix}2 & 5\\1 & 3\end{pmatrix}\boldsymbol{X}=\begin{pmatrix}1 & 1\\-1 & 0\end{pmatrix}$；

（2）$\boldsymbol{X}\begin{pmatrix}1 & 2 & 3\\0 & 2 & 2\\0 & 0 & 1\end{pmatrix}=\begin{pmatrix}2 & 0 & -2\\0 & 1 & 3\end{pmatrix}$。

解

（1）设 $\boldsymbol{A}=\begin{pmatrix}2 & 5\\1 & 3\end{pmatrix}$，$\boldsymbol{B}=\begin{pmatrix}1 & 1\\-1 & 0\end{pmatrix}$，则 $\boldsymbol{AX}=\boldsymbol{B}$，在方程两边左乘 $\boldsymbol{A}^{-1}$，得 $\boldsymbol{X}=\boldsymbol{A}^{-1}\boldsymbol{B}$，可以利用伴随矩阵的方法求出 $\boldsymbol{A}^{-1}$，再代入，即

$$\boldsymbol{X}=\boldsymbol{A}^{-1}\boldsymbol{B}=\begin{pmatrix}3 & -5\\-1 & 2\end{pmatrix}\begin{pmatrix}1 & 1\\-1 & 0\end{pmatrix}=\begin{pmatrix}8 & 3\\-3 & -1\end{pmatrix}$$

（2）令 $\boldsymbol{A}=\begin{pmatrix}1 & 2 & 3\\0 & 2 & 2\\0 & 0 & 1\end{pmatrix}$，$\boldsymbol{B}=\begin{pmatrix}2 & 0 & -2\\0 & 1 & 3\end{pmatrix}$。

与上题不同是，$\boldsymbol{A}$ 在 $\boldsymbol{X}$ 的右边，需要在方程两边**右**乘 $\boldsymbol{A}^{-1}$，即 $\boldsymbol{X}=\boldsymbol{BA}^{-1}$，由例 2.17 得到 $\boldsymbol{A}^{-1}=\begin{pmatrix}1 & -1 & -1\\0 & \frac{1}{2} & -1\\0 & 0 & 1\end{pmatrix}$。所以，$\boldsymbol{X}=\boldsymbol{BA}^{-1}=\begin{pmatrix}2 & 0 & -2\\0 & 1 & 3\end{pmatrix}\begin{pmatrix}1 & -1 & -1\\0 & \frac{1}{2} & -1\\0 & 0 & 1\end{pmatrix}=\begin{pmatrix}2 & -2 & -4\\0 & \frac{1}{2} & 2\end{pmatrix}$。

对矩阵方程 $\boldsymbol{AXB}=\boldsymbol{C}$，若 $\boldsymbol{A}^{-1}$、$\boldsymbol{B}^{-1}$ 存在，在方程两边左乘 $\boldsymbol{A}^{-1}$，右乘 $\boldsymbol{B}^{-1}$，有

$$\boldsymbol{A}^{-1}\boldsymbol{AXBB}^{-1}=\boldsymbol{A}^{-1}\boldsymbol{CB}^{-1}$$

即

$$\boldsymbol{X}=\boldsymbol{A}^{-1}\boldsymbol{CB}^{-1}$$

注意

设 $\boldsymbol{A}$、$\boldsymbol{B}$ 是可逆方阵，矩阵方程的求解

$$\boldsymbol{AX}=\boldsymbol{C}\xrightarrow{\boldsymbol{A}^{-1}\text{左乘两边}}\boldsymbol{X}=\boldsymbol{A}^{-1}\boldsymbol{C}$$

$$\boldsymbol{XA}=\boldsymbol{C}\xrightarrow{\boldsymbol{A}^{-1}\text{右乘两边}}\boldsymbol{X}=\boldsymbol{CA}^{-1}$$

$$\boldsymbol{AXB}=\boldsymbol{C}\xrightarrow[\boldsymbol{B}^{-1}\text{右乘两边}]{\boldsymbol{A}^{-1}\text{左乘两边}}\boldsymbol{X}=\boldsymbol{A}^{-1}\boldsymbol{CB}^{-1}$$

例 2.20　设矩阵 $\boldsymbol{A}=\begin{pmatrix}1&0&1\\0&2&6\\1&6&1\end{pmatrix}$，满足 $\boldsymbol{AX}+\boldsymbol{E}=\boldsymbol{A}^2+\boldsymbol{X}$，求矩阵 $\boldsymbol{X}$。

解　把 $\boldsymbol{AX}+\boldsymbol{E}=\boldsymbol{A}^2+\boldsymbol{X}$ 变形为（$\boldsymbol{A}-\boldsymbol{E}$）$\boldsymbol{X}=\boldsymbol{A}^2-\boldsymbol{E}$，

因为 $\boldsymbol{AE}=\boldsymbol{EA}=\boldsymbol{A}$，由矩阵乘法分配律，$(\boldsymbol{A}+\boldsymbol{E})(\boldsymbol{A}-\boldsymbol{E})=\boldsymbol{A}^2-\boldsymbol{E}$ 且 $(\boldsymbol{A}-\boldsymbol{E})(\boldsymbol{A}+\boldsymbol{E})=\boldsymbol{A}^2-\boldsymbol{E}$

$$\boldsymbol{A}-\boldsymbol{E}=\begin{pmatrix}1&0&1\\0&2&6\\1&6&1\end{pmatrix}-\begin{pmatrix}1&0&0\\0&1&0\\0&0&1\end{pmatrix}=\begin{pmatrix}0&0&1\\0&1&6\\1&6&0\end{pmatrix}\qquad \det(\boldsymbol{A}-\boldsymbol{E})=\begin{vmatrix}0&0&1\\0&1&6\\1&6&0\end{vmatrix}=-1\neq 0$$

所以，矩阵 $\boldsymbol{A}-\boldsymbol{E}$ 可逆，由 $(\boldsymbol{A}-\boldsymbol{E})\boldsymbol{X}=\boldsymbol{A}^2-\boldsymbol{E}=(\boldsymbol{A}-\boldsymbol{E})(\boldsymbol{A}+\boldsymbol{E})$

两边左乘（$\boldsymbol{A}-\boldsymbol{E}$）$^{-1}$，得

$$\boldsymbol{X}=\boldsymbol{A}+\boldsymbol{E}=\begin{pmatrix}1&0&1\\0&2&6\\1&6&1\end{pmatrix}+\begin{pmatrix}1&0&0\\0&1&0\\0&0&1\end{pmatrix}=\begin{pmatrix}2&0&1\\0&3&6\\1&6&2\end{pmatrix}$$

- 逆矩阵式（2-6）与克莱姆法则的关系。

由 n 个方程组成的 n 元线性方程组

$$\begin{cases}a_{11}x_1+a_{12}x_2+\cdots+a_{1n}x_n=b_1\\a_{21}x_1+a_{22}x_2+\cdots+a_{2n}x_n=b_2\\\qquad\vdots\\a_{n1}x_1+a_{n2}x_2+\cdots+a_{nn}x_n=b_n\end{cases}$$

其矩阵形式为 $\boldsymbol{AX}=\boldsymbol{b}$，若系数行列式 $\det\boldsymbol{A}\neq 0$，则方程组存在唯一的解 $\boldsymbol{X}=\boldsymbol{A}^{-1}\boldsymbol{b}$。

将式（2-6）代入，$\boldsymbol{X}=\boldsymbol{A}^{-1}\boldsymbol{b}=\dfrac{1}{|\boldsymbol{A}|}\boldsymbol{A}^*\boldsymbol{b}$。

$$\begin{pmatrix}x_1\\x_2\\\vdots\\x_n\end{pmatrix}=\frac{1}{|\boldsymbol{A}|}\begin{pmatrix}A_{11}&A_{21}&\cdots&A_{n1}\\A_{12}&A_{22}&\cdots&A_{n2}\\\vdots&\vdots&&\vdots\\A_{1n}&A_{2n}&\cdots&A_{nn}\end{pmatrix}\begin{pmatrix}b_1\\b_2\\\vdots\\b_n\end{pmatrix}=\frac{1}{|\boldsymbol{A}|}\begin{pmatrix}b_1A_{11}+b_2A_{21}+\cdots+b_nA_{n1}\\b_1A_{12}+b_2A_{22}+\cdots+b_nA_{n2}\\\vdots\\b_1A_{1n}+b_2A_{2n}+\cdots+b_nA_{nn}\end{pmatrix}$$

即

$$x_j=\frac{1}{|\boldsymbol{A}|}(b_1A_{1j}+b_2A_{2j}+\cdots+b_nA_{nj})=\frac{1}{|\boldsymbol{A}|}|\boldsymbol{A}_j|\tag{2-7}$$

式（2-7）就是克莱姆法则。

可见，克莱姆法则与逆矩阵公式是等价的。它解决的是方程个数与未知数个数相等并且系数行列式不等于 0 的线性方程组。

例 2.21　利用逆矩阵解方程组 $\begin{cases}x_1+x_2-x_3=0\\2x_1+3x_2-3x_3=3\\-3x_2+x_3=-3\end{cases}$。

解　设方程组的系数矩阵 $\boldsymbol{A}=\begin{pmatrix}1&1&-1\\2&3&-3\\0&-3&1\end{pmatrix}$，$\boldsymbol{b}=\begin{pmatrix}0\\3\\-3\end{pmatrix}$，$\det\boldsymbol{A}=-2\neq 0$，

所以，$X=A^{-1}b=\begin{pmatrix}3 & -1 & 0\\ 1 & -\frac{1}{2} & -\frac{1}{2}\\ 3 & -\frac{3}{2} & -\frac{1}{2}\end{pmatrix}\begin{pmatrix}0\\3\\3\end{pmatrix}=\begin{pmatrix}-3\\-3\\-6\end{pmatrix}$。

例 2.22 加密解密是信息传输安全的重要手段，其中的一种简单的密码法是基于可逆矩阵的方法。先在 26 个字母与数字之间建立一一对应：

$$\begin{matrix}A & B & C & D & \cdots & X & Y & Z\\ \updownarrow & \updownarrow & \updownarrow & \updownarrow & & \updownarrow & \updownarrow & \updownarrow\\ 1 & 2 & 3 & 4 & \cdots & 24 & 25 & 26\end{matrix}$$

若要发出信息 matrix，使用上述代码，与 matrix 的字母对应的数字依次是：13、1、20、18、9、24，写成两个列向量$\begin{pmatrix}13\\1\\20\end{pmatrix}$，$\begin{pmatrix}18\\9\\24\end{pmatrix}$，然后任选一可逆矩阵$A=\begin{pmatrix}1 & 2 & 3\\1 & 1 & 2\\0 & 1 & 2\end{pmatrix}$。

于是可将要传输的信息向量乘以 A 变成“密码”后发出：

$$\begin{pmatrix}1 & 2 & 3\\1 & 1 & 2\\0 & 1 & 2\end{pmatrix}\begin{pmatrix}13\\1\\20\end{pmatrix}=\begin{pmatrix}75\\54\\41\end{pmatrix},\quad \begin{pmatrix}1 & 2 & 3\\1 & 1 & 2\\0 & 1 & 2\end{pmatrix}\begin{pmatrix}18\\9\\24\end{pmatrix}=\begin{pmatrix}108\\75\\57\end{pmatrix}$$

在收到信息 75、54、41、108、75、57 后，可用逆矩阵 A^{-1} 解密，从密码中恢复明码，即

$$A^{-1}=\begin{pmatrix}0 & 1 & -1\\0 & -2 & -1\\-1 & 1 & 1\end{pmatrix}\quad A^{-1}\begin{pmatrix}75\\54\\41\end{pmatrix}=\begin{pmatrix}13\\1\\20\end{pmatrix},\ A^{-1}\begin{pmatrix}108\\75\\57\end{pmatrix}=\begin{pmatrix}18\\9\\24\end{pmatrix}$$

从而得到信息 matrix。

练习 2.4

1. 设 A、B、C 为 n 阶方阵，且 $ABC=E$，则必有（　　）。

A. $ACB=E$　　B. $CBA=E$　　C. $BAC=E$　　D. $BCA=E$

2. 设 A 是上（下）三角矩阵，则 A 可逆的充要条件是主对角线上元素（　　）。

A. 全为非负　　B. 不全为 0　　C. 全不为 0　　D. 没有限制

3. 设 $A=\begin{pmatrix}a & b\\c & d\end{pmatrix}$，$\det A=-1$，则 $A^{-1}=$（　　）。

A. $\begin{pmatrix}d & b\\c & a\end{pmatrix}$　　B. $\begin{pmatrix}-d & b\\c & -a\end{pmatrix}$　　C. $\begin{pmatrix}d & -b\\-c & a\end{pmatrix}$　　D. $\begin{pmatrix}-d & c\\b & -a\end{pmatrix}$

4. 设对角矩阵 $A=\begin{pmatrix}2 & 0 & 0\\0 & 4 & 0\\0 & 0 & 1\end{pmatrix}$，求 A^{-1}。

5. 求解矩阵方程$\begin{pmatrix}2 & 3\\1 & 2\end{pmatrix}X\begin{pmatrix}3 & 4\\-1 & 2\end{pmatrix}=\begin{pmatrix}2 & -1\\1 & 3\end{pmatrix}$。

6. 利用逆矩阵求解线性方程组$\begin{cases}x_1+x_2+2x_3=1\\2x_1-x_2+2x_3=-4\\4x_1+x_2+4x_3=-2\end{cases}$。

7. 设 $\boldsymbol{A}=\begin{pmatrix}1 & -1\\ 2 & -3\end{pmatrix}$，$\boldsymbol{AX}=2\boldsymbol{A}-3\boldsymbol{X}$，求 $\boldsymbol{X}$。

8. 设 $\boldsymbol{AP}=\boldsymbol{P\Lambda}$，其中 $\boldsymbol{P}=\begin{pmatrix}-1 & -4\\ 1 & 1\end{pmatrix}$，$\boldsymbol{\Lambda}=\begin{pmatrix}-1 & 0\\ 0 & 2\end{pmatrix}$，求 $\boldsymbol{A}^{12}$。

2.5　二维图形变换中的矩阵方法

● 关于图形及变换的基本知识。

图形分为二维图形和三维图形，通常由点、线、面、体等几何元素和灰度、色彩、线型、线宽等非几何属性组成。因此，图形通常用形状参数（即数学表达式）和属性参数表示。

图形变换一般是指对图形的几何属性进行平移、缩放、旋转、翻折、错切、投影等操作后产生新图形的过程。

图形变换实质上是点的坐标值变化，知道某一点的坐标，描述变换后这一点的坐标值，这项技术的名称是“**坐标变换**”。如果图形上每一个点都进行同一变换，即可得到该图形的变换。对于线框图形的变换，通常是变换每个顶点的坐标，连接新的顶点序列即可产生变换后的图形；对于曲线、曲面等图形变换，一般通过对其参数方程做变换来实现对整个图形的变换。那么，数学上如何表示图形变换呢?

2.5.1　图形坐标表示与向量表示

1. 基底与坐标

我们在一个叫“线性空间”的范畴探讨图形变换问题。凡定义了线性运算的集合，可称为**线性空间**（即对加法和数乘运算封闭）。线性空间中的任何一个对象及它在空间里的运动，该如何来描述和定位呢？坐标、向量、矩阵就陆续登场了。

首先我们要确定空间的基准，如图 2-14 中的向量 $\boldsymbol{e}_1$、$\boldsymbol{e}_2$。在选好基准之后，通过“沿着 $\boldsymbol{e}_1$ 走 3 步，沿着 $\boldsymbol{e}_2$ 走 2 步”来指定向量 $\boldsymbol{v}$ 的位置。换句话说，就是 $\boldsymbol{v}=3\boldsymbol{e}_1+2\boldsymbol{e}_2$。这里做基准的一组向量就叫**基底**（可理解为线性空间的一个坐标系），沿着基准向量走的“步数”叫作坐标。在基底（$\boldsymbol{e}_1$，$\boldsymbol{e}_2$）下，$\boldsymbol{v}$ 的坐标为 $(3,\ 2)^{\mathrm{T}}$。

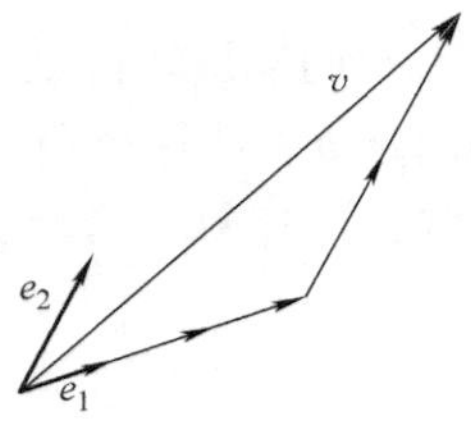

图 2-14

基底的选取有各种各样的方式（即在线性空间可以建立各种坐标系）。我们非常熟悉的二维平面直角坐标系，基底选用了二维向量 $\boldsymbol{i}=\begin{pmatrix}1\\0\end{pmatrix}$，$\boldsymbol{j}=\begin{pmatrix}0\\1\end{pmatrix}$，平面上任一点 $\begin{pmatrix}x\\y\end{pmatrix}$ 都可由这组基向量线性表示：$\begin{pmatrix}x\\y\end{pmatrix}=x\begin{pmatrix}1\\0\end{pmatrix}+y\begin{pmatrix}0\\1\end{pmatrix}=x\boldsymbol{i}+y\boldsymbol{j}$。

$\begin{pmatrix}x\\y\end{pmatrix}$ 称为在基底（$\boldsymbol{i}$　$\boldsymbol{j}$）下点的坐标。

中学学过了平面向量的基本定理：假设 $\boldsymbol{e}_1$、$\boldsymbol{e}_2$ 是平面上两个不共线的向量，对于这个平面内的任意向量 $\boldsymbol{a}$，都可以用这组基向量线性表示，即 $\boldsymbol{a}=k_1\boldsymbol{e}_1+k_2\boldsymbol{e}_2$。$(k_1\quad k_2)^{\mathrm{T}}$ 是向量 $\boldsymbol{a}$ 在基底（$\boldsymbol{e}_1$　$\boldsymbol{e}_2$）下的坐标。

三维单位向量 $\boldsymbol{i}=\begin{pmatrix}1\\0\\0\end{pmatrix}$，$\boldsymbol{j}=\begin{pmatrix}0\\1\\0\end{pmatrix}$，$\boldsymbol{k}=\begin{pmatrix}0\\0\\1\end{pmatrix}$是构造空间直角坐标系常用的基底，在这组基底下，空间任意一点$\begin{pmatrix}x\\y\\z\end{pmatrix}$可由 $\boldsymbol{i}$、$\boldsymbol{j}$、$\boldsymbol{k}$ 线性表示，$\begin{pmatrix}x\\y\\z\end{pmatrix}=x\boldsymbol{i}+y\boldsymbol{j}+z\boldsymbol{k}$。同样，假设 $\boldsymbol{e}_1$、$\boldsymbol{e}_2$、$\boldsymbol{e}_3$是三维空间三个不共面的三维向量，对于这个空间的任意向量$\boldsymbol{v}$，都可以用这组基向量线性表示，即$\boldsymbol{v}=k_1\boldsymbol{e}_1+k_2\boldsymbol{e}_2+k_3\boldsymbol{e}_3$。$(k_1, k_2, k_3)^{\mathrm{T}}$ 是向量$\boldsymbol{v}$在基底（$\boldsymbol{e}_1$，$\boldsymbol{e}_2$，$\boldsymbol{e}_3$）下的坐标。

实际上，任意两个二维不共线向量都可以构成一个平面坐标系，任意三个三维不共面向量可构成一个空间坐标系。平面或空间内同一个点在不同基底下的坐标是不同的，线性变换架起了不同坐标系中坐标转换的桥梁。

2. 图形的向量表示和矩阵表示

线性空间中的任何一个点，在选取了空间的一组基底后，都有唯一的坐标，坐标值是向量的形式，那么用图形的顶点坐标组成矩阵就可以表示图形。如图 2-15 所示的 ΔABC 用矩阵表示为$\begin{pmatrix}1&3&3\\1&3&1\end{pmatrix}$。若用 n 维向量$(x_1, x_2, \cdots, x_n)^{\mathrm{T}}$ 表示 n 维空间一个点的坐标，那么 n 维空间 m 个点的坐标是 m 个 n 维列向量的集合，是一个 $n\times m$ 矩阵，即

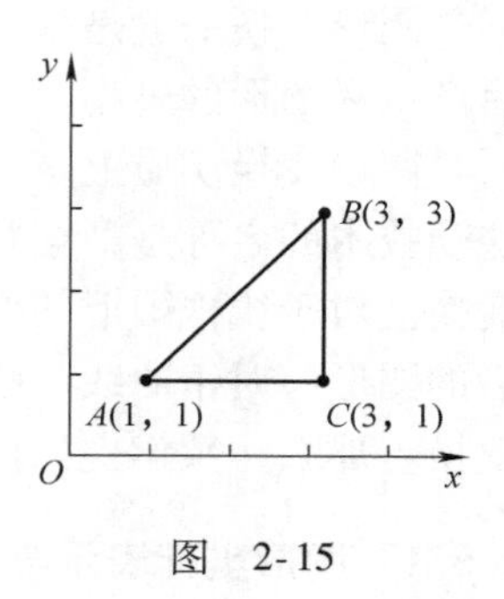

图 2-15

$$\begin{pmatrix}x_{11}&x_{21}&\cdots&x_{m1}\\x_{12}&x_{22}&\cdots&x_{m2}\\\vdots&\vdots&&\vdots\\x_{1n}&x_{2n}&\cdots&x_{mn}\end{pmatrix}$$

我们知道矩阵最重要的机能是映射。若有 $\boldsymbol{Pa}=\boldsymbol{b}$，就说矩阵 $\boldsymbol{P}$ 将向量 $\boldsymbol{a}$ 映射（变换）到向量 $\boldsymbol{b}$。从这个角度看，“变换”和“乘法”是等价的，进行坐标变换等价于执行相应的矩阵乘法运算，数学上通过对表示图形的坐标矩阵进行乘法运算来实现图形变换，即

$$\begin{pmatrix}\text{变换}\\\text{矩阵}\end{pmatrix}\times\begin{pmatrix}\text{原来的}\\\text{图形顶点}\\\text{坐标矩阵}\end{pmatrix}=\begin{pmatrix}\text{变换后的}\\\text{图形顶点}\\\text{坐标矩阵}\end{pmatrix}$$

可见，向量和矩阵的运算是计算机图形处理技术的数学基础。

2.5.2 二维图形的基本变换

设二维平面的点 $P(x, y)$，变换后点 $P'(x', y')$的坐标与点 P 的坐标关系如下：

$$\begin{cases}x'=ax+cy\\y'=bx+\mathrm{d}y\end{cases}\tag{2-8}$$

其矩阵形式为$\begin{pmatrix}x'\\y'\end{pmatrix}=\begin{pmatrix}a&c\\b&d\end{pmatrix}\begin{pmatrix}x\\y\end{pmatrix}$。其中$\begin{pmatrix}a&c\\b&d\end{pmatrix}$称为**变换矩阵**，它是线性变换式（2-8）的系数矩阵。

1. 以坐标原点为基准点的缩放变换

缩放变换也称为比例变换。只改变图形的大小，不改变形状称为均匀比例变换；图形的大小和形状都发生改变，称为非均匀比例变换。通过缩放系数 S_x 和 S_y 与点的坐标 $(x, y)^{\mathrm{T}}$ 相乘而得，缩放前后坐标关系为 $\begin{cases} x' = S_x x \\ y' = S_y y \end{cases}$，其矩阵形式为 $\begin{pmatrix} x' \\ y' \end{pmatrix} = \begin{pmatrix} S_x & 0 \\ 0 & S_y \end{pmatrix} \begin{pmatrix} x \\ y \end{pmatrix}$。

$S_x = S_y > 1$ 时，点的位置变了，图形均匀放大 S_x 倍，如图 2-16 所示，ΔABC 变为$\Delta A'B'C'$。

$S_x = S_y < 1$ 时，点的位置改变，图形均匀缩小 S_x 倍，如图 2-17 所示，ΔABC 变为$\Delta A'B'C'$。

$S_x \neq S_y$ 时，图形沿两轴方向非均匀变化，产生畸形。

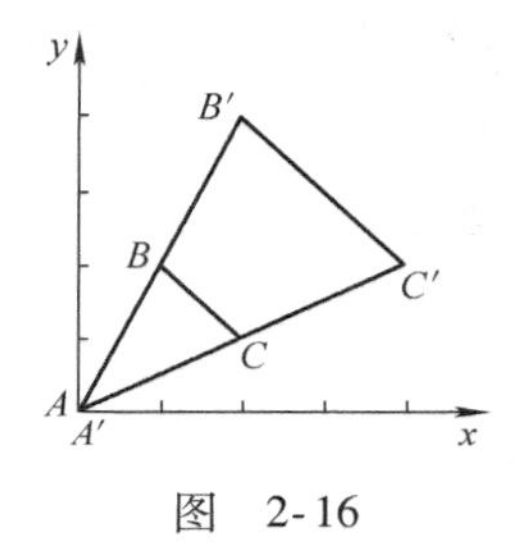

图　2-16

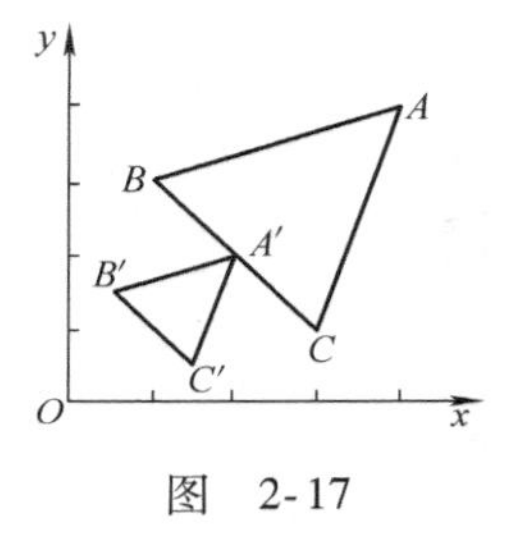

图　2-17

2. 绕坐标原点的旋转变换

旋转指图形绕**坐标原点**逆时针旋转一个角度 θ，r 是点（x，y）到原点的距离，φ 是点的原始角度，利用三角公式：

$$x' = r\cos(\varphi + \theta) = r\cos\varphi\cos\theta - r\sin\varphi\sin\theta$$

$$y' = r\sin(\varphi + \theta) = r\cos\varphi\sin\theta + r\sin\varphi\cos\theta$$

由于，$x = r\cos\varphi$，$y = r\sin\varphi$，所以，旋转前后坐标关系为（见图 2-18、图 2-19）

$$\begin{cases} x' = x\cos\theta - y\sin\theta \\ y' = x\sin\theta + y\cos\theta \end{cases}$$

其矩阵形式为

$$\begin{pmatrix} x' \\ y' \end{pmatrix} = \begin{pmatrix} \cos\theta & -\sin\theta \\ \sin\theta & \cos\theta \end{pmatrix} \begin{pmatrix} x \\ y \end{pmatrix}$$

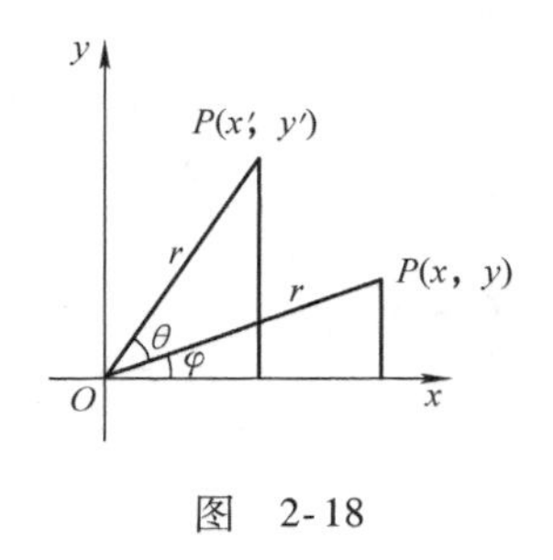

图　2-18

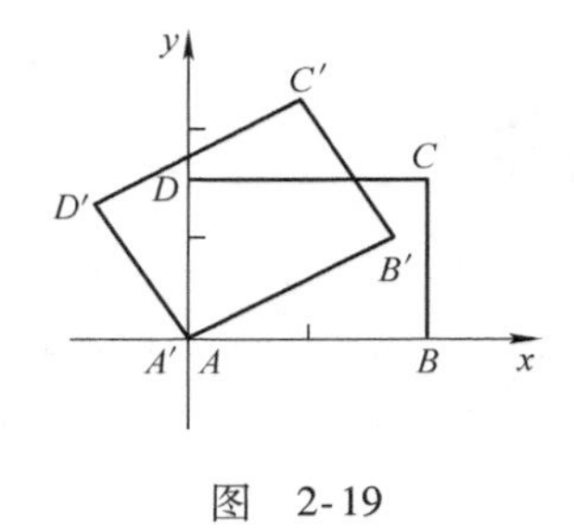

图　2-19

3. 翻折变换

翻折变换又称对称变换、镜像变换、反射变换。我们熟悉的关于 x 轴对称、关于 y 轴对称、关于直线 $y=x$ 对称、关于直线 $y=-x$ 对称，就是把图形沿坐标轴或直线翻折，从而产生镜像的效果。对称前后坐标关系如下。

1）关于 x 轴对称：$\begin{cases}x'=x\\y'=-y\end{cases}$，即 $\begin{pmatrix}x'\\y'\end{pmatrix}=\begin{pmatrix}1&0\\0&-1\end{pmatrix}\begin{pmatrix}x\\y\end{pmatrix}$（横坐标不变，纵坐标取反）如图 2-20 所示。

2）关于 y 轴对称：$\begin{cases}x'=-x\\y'=y\end{cases}$，即 $\begin{pmatrix}x'\\y'\end{pmatrix}=\begin{pmatrix}-1&0\\0&1\end{pmatrix}\begin{pmatrix}x\\y\end{pmatrix}$（纵坐标不变，横坐标取反）如图 2-21 所示。

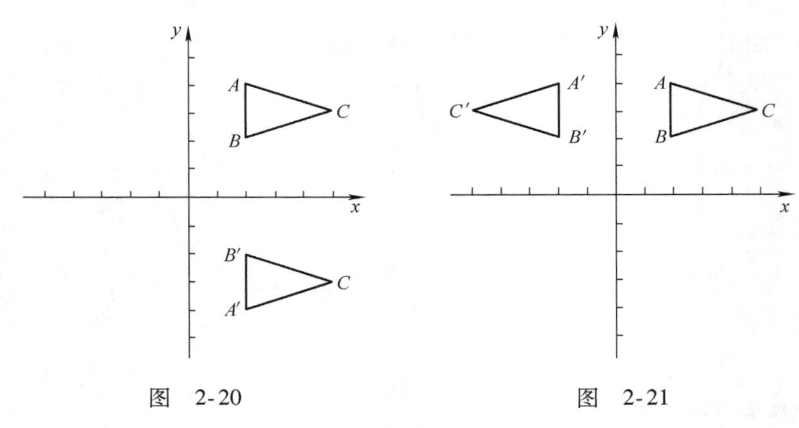

图 2-20　　　图 2-21

3）关于原点对称：$\begin{cases}x'=-x\\y'=-y\end{cases}$，即 $\begin{pmatrix}x'\\y'\end{pmatrix}=\begin{pmatrix}-1&0\\0&-1\end{pmatrix}\begin{pmatrix}x\\y\end{pmatrix}$（横坐标、纵坐标取反），如图 2-22 所示。

4）关于直线 $y=x$ 对称：$\begin{cases}x'=y\\y'=x\end{cases}$，即 $\begin{pmatrix}x'\\y'\end{pmatrix}=\begin{pmatrix}0&1\\1&0\end{pmatrix}\begin{pmatrix}x\\y\end{pmatrix}$（横坐标与纵坐标互换），如图2-23 所示。

5）关于直线 $y=-x$ 对称：$\begin{cases}x'=-y\\y'=-x\end{cases}$，即 $\begin{pmatrix}x'\\y'\end{pmatrix}=\begin{pmatrix}0&-1\\-1&0\end{pmatrix}\begin{pmatrix}x\\y\end{pmatrix}$（横坐标、纵坐标互换再取反），如图 2-24 所示。

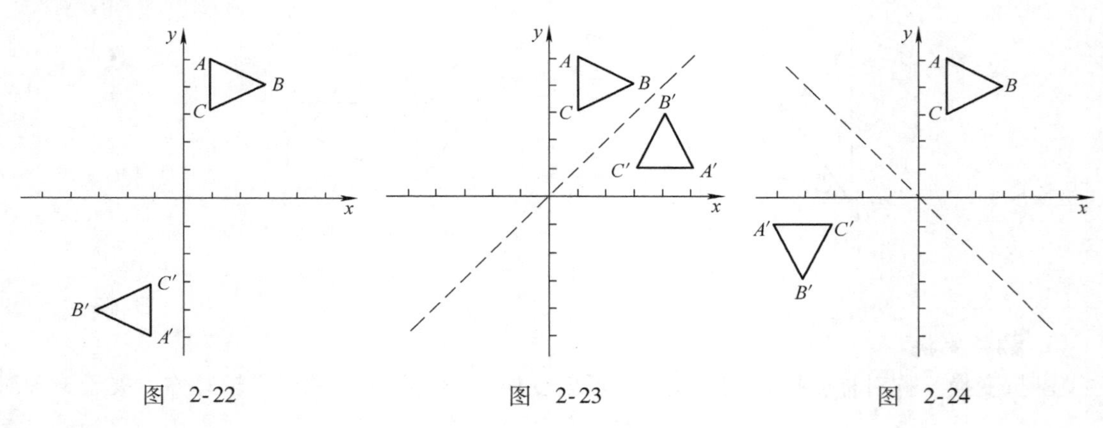

图 2-22　　　图 2-23　　　图 2-24

4. 错切变换

错切变换是图形沿某坐标方向产生不等量的移动而引起图形变形的一种变换。经过错切的对象好像拉动互相滑动的组件而成，常用的错切变换是移动 x 坐标值的错切和移动 y 坐标值的错切。

沿 x 方向错切：y 乘以一个因子 c 加到 x 上，$\begin{cases}x' = x + cy \\ y' = y\end{cases}$（如图 2-25 所示，沿 x 轴方向拉动图形），即$\begin{pmatrix}x' \\ y'\end{pmatrix} = \begin{pmatrix}1 & c \\ 0 & 1\end{pmatrix}\begin{pmatrix}x \\ y\end{pmatrix}$。

沿 y 方向错切：x 乘以一个因子 b 加到 y 上，$\begin{cases}x' = x \\ y' = bx + y\end{cases}$（如图 2-26 所示，沿 y 轴方向拉动图形），即$\begin{pmatrix}x' \\ y'\end{pmatrix} = \begin{pmatrix}1 & 0 \\ b & 1\end{pmatrix}\begin{pmatrix}x \\ y\end{pmatrix}$。

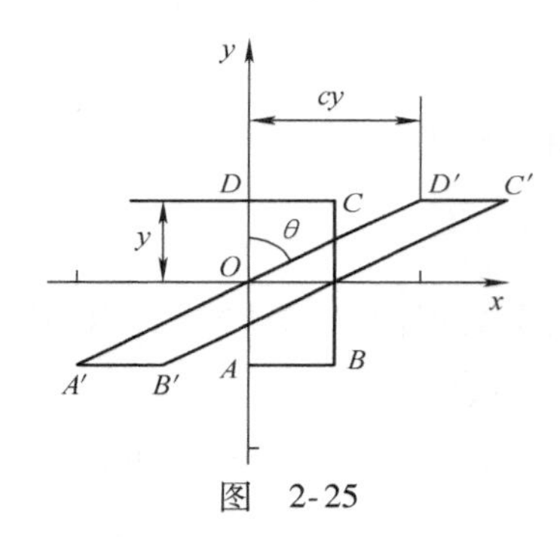

图 2-25

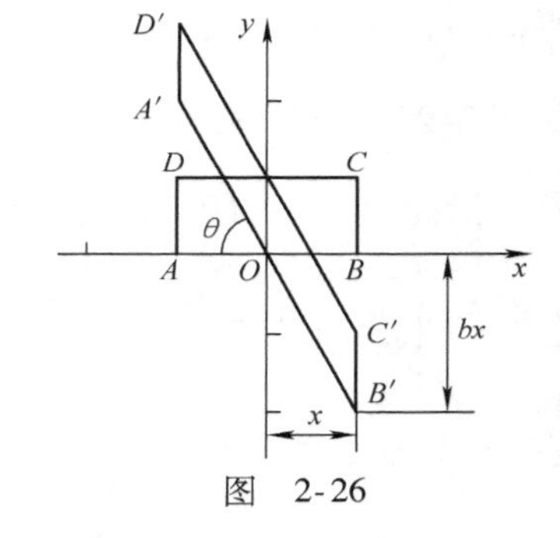

图 2-26

综上所述，二维图形的缩放、旋转、对称和错切变换矩阵见表 2-2。

表 2-2 二维图形的变换

图形变换	变换矩阵	变换方程的矩阵形式
缩放变换	$\begin{pmatrix}a & 0 \\ 0 & d\end{pmatrix}$	$\begin{pmatrix}x' \\ y'\end{pmatrix} = \begin{pmatrix}a & 0 \\ 0 & d\end{pmatrix}\begin{pmatrix}x \\ y\end{pmatrix}$
旋转变换	$\begin{pmatrix}\cos\theta & -\sin\theta \\ \sin\theta & \cos\theta\end{pmatrix}$	$\begin{pmatrix}x' \\ y'\end{pmatrix} = \begin{pmatrix}\cos\theta & -\sin\theta \\ \sin\theta & \cos\theta\end{pmatrix}\begin{pmatrix}x \\ y\end{pmatrix}$
翻折变换	关于 x 轴对称：$\begin{pmatrix}1 & 0 \\ 0 & -1\end{pmatrix}$	$\begin{pmatrix}x' \\ y'\end{pmatrix} = \begin{pmatrix}1 & 0 \\ 0 & -1\end{pmatrix}\begin{pmatrix}x \\ y\end{pmatrix}$
	关于 y 轴对称：$\begin{pmatrix}-1 & 0 \\ 0 & 1\end{pmatrix}$	$\begin{pmatrix}x' \\ y'\end{pmatrix} = \begin{pmatrix}-1 & 0 \\ 0 & 1\end{pmatrix}\begin{pmatrix}x \\ y\end{pmatrix}$
	关于原点对称：$\begin{pmatrix}-1 & 0 \\ 0 & -1\end{pmatrix}$	$\begin{pmatrix}x' \\ y'\end{pmatrix} = \begin{pmatrix}-1 & 0 \\ 0 & -1\end{pmatrix}\begin{pmatrix}x \\ y\end{pmatrix}$
	关于直线 $y = x$ 对称：$\begin{pmatrix}0 & 1 \\ 1 & 0\end{pmatrix}$	$\begin{pmatrix}x' \\ y'\end{pmatrix} = \begin{pmatrix}0 & 1 \\ 1 & 0\end{pmatrix}\begin{pmatrix}x \\ y\end{pmatrix}$
	关于直线 $y = -x$ 对称：$\begin{pmatrix}0 & -1 \\ -1 & 0\end{pmatrix}$	$\begin{pmatrix}x' \\ y'\end{pmatrix} = \begin{pmatrix}0 & -1 \\ -1 & 0\end{pmatrix}\begin{pmatrix}x \\ y\end{pmatrix}$

（续）

图形变换	变换矩阵	变换方程的矩阵形式
错切变换	沿 x 方向错切：$\begin{pmatrix}1 & c\\0 & 1\end{pmatrix}$	$\begin{pmatrix}x'\\y'\end{pmatrix}=\begin{pmatrix}1 & c\\0 & 1\end{pmatrix}\begin{pmatrix}x\\y\end{pmatrix}$
	沿 y 方向错切：$\begin{pmatrix}1 & 0\\b & 1\end{pmatrix}$	$\begin{pmatrix}x'\\y'\end{pmatrix}=\begin{pmatrix}1 & 0\\b & 1\end{pmatrix}\begin{pmatrix}x\\y\end{pmatrix}$

2.5.3 平移变换与齐次坐标

1. 平移变换

平移变换是指图形在坐标系的位置发生变化，而大小和形状不变。平移变换通过将平移量加到一个点的坐标上来生成一个新的坐标位置。点（x，y）沿平移向量（a，b）（即沿 x 轴方向平移 a，沿 y 轴方向平移 b）至点（x'，y'），平移前后点的坐标关系为 $\begin{cases}x'=x+a\\y'=y+b\end{cases}$，如图 2-27 所示，点 A（1，1）沿向量 $\overrightarrow{AB}=$（2，2）移至点 B（3，3），沿向量 $\overrightarrow{AC}=$（2，0）移至点 $C(3，1)$。

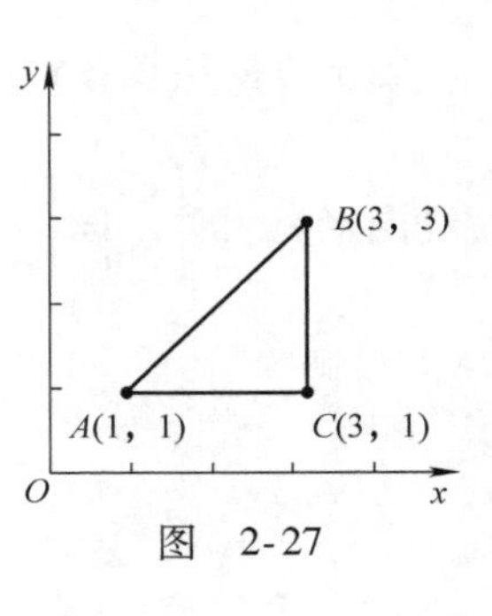

图 2-27

在变换矩阵 $\boldsymbol{T}=\begin{pmatrix}a & c\\b & d\end{pmatrix}$ 的条件下，讨论了二维图形的缩放、旋转、对称和错切变换。为何没有平移变换呢？原因是变换矩阵 $\begin{pmatrix}a & c\\b & d\end{pmatrix}$ 不具备对图形进行平移的功能。那么对 $\begin{pmatrix}a & c\\b & d\end{pmatrix}$ 加以改进，增加一列，令 $\boldsymbol{T}=\begin{pmatrix}a & c & l\\b & d & m\end{pmatrix}$ 可表示平移变换，若进行 $\begin{pmatrix}a & c & l\\b & d & m\end{pmatrix}\begin{pmatrix}x\\y\end{pmatrix}$，根据矩阵乘法规则是不能相乘的，解决的办法是给 $\begin{pmatrix}x\\y\end{pmatrix}$ 加个尾巴，变成 $\begin{pmatrix}x\\y\\\alpha\end{pmatrix}$，则

$$\begin{pmatrix}a & c & l\\b & d & m\end{pmatrix}\begin{pmatrix}x\\y\\\alpha\end{pmatrix}=\begin{pmatrix}ax+cy+\alpha l\\bx+dy+\alpha m\end{pmatrix}$$

因为平移变换中，图形上任一点变换前后的坐标满足 $\begin{cases}x'=x+l\\y'=y+m\end{cases}$。

为得到 $\begin{cases}ax+cy+\alpha l=x+l\\bx+dy+\alpha m=y+m\end{cases}$，令 $a=d=1$，$b=c=0$，$\alpha=1$，则有

$$\begin{pmatrix}1 & 0 & l\\0 & 1 & m\end{pmatrix}\begin{pmatrix}x\\y\\1\end{pmatrix}=\begin{pmatrix}x+l\\y+m\end{pmatrix}$$

把向量 $\begin{pmatrix}x\\y\end{pmatrix}$ 改写成 $\begin{pmatrix}x\\y\\1\end{pmatrix}$，$\begin{pmatrix}1 & 0 & l\\0 & 1 & m\end{pmatrix}\begin{pmatrix}x\\y\\1\end{pmatrix}=\begin{pmatrix}x+l\\y+m\end{pmatrix}$ 就可以表示平移量为（l，m）的平移变

换了，$\begin{pmatrix} x \\ y \\ 1 \end{pmatrix}$称为$\begin{pmatrix} x \\ y \end{pmatrix}$的**齐次坐标**。

2. 齐次坐标

齐次坐标就是用 $n+1$ 维向量表示一个 n 维向量。设 n 维空间点对应一个 n 维向量（x_1，x_2，…，x_n）^{T}，则对于 $h \neq 0$，称（hx_1，hx_2，…，hx_n，h）^{T} 为这个 n 维向量的齐次坐标表示，h 称为齐次项，h 取 1 时，（x_1，x_2，…，x_n，1）^{T} 称为标准化齐次坐标。

二维直角坐标点（x，y）的齐次坐标为（hx，hy，h），三维空间点（x，y，z）的齐次坐标为（hx，hy，hz，h），h 为非零常数，h 取不同的数，就得到不同的齐次坐标。

如点（2，3）的齐次坐标为（2，3，1），（4，6，2），（−2，−3，−1），（10，15，5）等。**一个点的齐次坐标不是唯一的**。

3. 齐次坐标与普通坐标之间的转换

1）把平面一点的普通坐标（x，y）转换成齐次坐标：x、y 乘以同一个非零数 h，加上第 3 个分量 h，即（hx，hy，h）。

2）把一个齐次坐标转换成普通坐标：把前两个坐标除以第三个坐标，再去掉第三个分量，即（x，y，w）$\Leftrightarrow \left(\frac{x}{w}, \frac{y}{w}\right)$

例 2.23　将下列齐次坐标转换成普通坐标，见表 2-3。

表 2-3　齐次坐标转换成普通坐标

齐次坐标	普通坐标
(1，2，3)	$\left(\frac{1}{3}, \frac{2}{3}\right)$
(2，4，6)	$\left(\frac{2}{6}, \frac{4}{6}\right)=\left(\frac{1}{3}, \frac{2}{3}\right)$
(3，6，9)	$\left(\frac{3}{9}, \frac{6}{9}\right)=\left(\frac{1}{3}, \frac{2}{3}\right)$
(a，$2a$，$3a$)	$\left(\frac{a}{3a}, \frac{2a}{3a}\right)=\left(\frac{1}{3}, \frac{2}{3}\right)$

点（1，2，3）、（2，4，6）、（3，6，9）、（a，$2a$，$3a$）对应二维直角坐标系中的同一点$\left(\frac{1}{3}, \frac{2}{3}\right)$，因此这些点是“齐次”的，齐次坐标描述缩放不变性。

4. 二维图形变换的齐次矩阵

对平面任一点进行平移量为（l，m）的平移变换：

$$\begin{pmatrix} 1 & 0 & l \\ 0 & 1 & m \end{pmatrix}\begin{pmatrix} x \\ y \\ 1 \end{pmatrix}=\begin{pmatrix} x+l \\ y+m \end{pmatrix}$$

输入点$\begin{pmatrix} x \\ y \\ 1 \end{pmatrix}$是三维向量，输出点$\begin{pmatrix} x+l \\ y+m \end{pmatrix}$是二维向量，它们的坐标形式不一致。为此，将平移

变换矩阵增加一行，扩充为三阶方阵。

$$\begin{pmatrix}1 & 0 & l\\0 & 1 & m\\0 & 0 & 1\end{pmatrix}\begin{pmatrix}x\\y\\1\end{pmatrix}=\begin{pmatrix}x+l\\y+m\\1\end{pmatrix}$$

输出点的坐标就是三维向量，这样输入坐标与输出坐标形式就一致了。

采用齐次坐标描述点，就能使得平移、缩放、对称、旋转和错切变换矩阵统一成$\boldsymbol{T}_{3\times3}$。

形如$\begin{pmatrix}a & c & l\\b & d & m\\p & q & s\end{pmatrix}$的矩阵称为二维直角坐标系中的齐次变换矩阵。其中，左上角的二阶方阵$\boldsymbol{A}=\begin{pmatrix}a & c\\b & d\end{pmatrix}$在变换功能上对图形进行放缩、旋转、对称、错切；左下角矩阵$\boldsymbol{B}=[p \quad q]$对图形进行投影；右上角矩阵$\boldsymbol{C}=\begin{pmatrix}l\\m\end{pmatrix}$对图形进行平移；右下角的$\boldsymbol{D}=[s]$的作用是对图形整体进行伸缩变换。

因此，二维图形基本变换的齐次变换矩阵见表2-4中的形式。

表2-4　二维图形变换的齐次变换矩阵

图形变换	齐次变换矩阵	图形变换	齐次变换矩阵
平移变换平移量为（l，m）	$\begin{pmatrix}1 & 0 & l\\0 & 1 & m\\0 & 0 & 1\end{pmatrix}$	关于x轴的对称变换	$\begin{pmatrix}1 & 0 & 0\\0 & -1 & 0\\0 & 0 & 1\end{pmatrix}$
放缩变换比例系数为a、d	$\begin{pmatrix}a & 0 & 0\\0 & d & 0\\0 & 0 & 1\end{pmatrix}$	关于y轴的对称变换	$\begin{pmatrix}-1 & 0 & 0\\0 & 1 & 0\\0 & 0 & 1\end{pmatrix}$
旋转变换绕原点逆时针旋转θ	$\begin{pmatrix}\cos\theta & -\sin\theta & 0\\\sin\theta & \cos\theta & 0\\0 & 0 & 1\end{pmatrix}$	关于原点轴的对称变换	$\begin{pmatrix}-1 & 0 & 0\\0 & -1 & 0\\0 & 0 & 1\end{pmatrix}$
比例系数为s的整体伸缩变换	$\begin{pmatrix}1 & 0 & 0\\0 & 1 & 0\\0 & 0 & \frac{1}{s}\end{pmatrix}$	关于直线$y=x$的对称变换	$\begin{pmatrix}0 & 1 & 0\\1 & 0 & 0\\0 & 0 & 1\end{pmatrix}$
沿x方向错切，错切系数为c	$\begin{pmatrix}1 & c & 0\\0 & 1 & 0\\0 & 0 & 1\end{pmatrix}$	关于直线$y=-x$的对称变换	$\begin{pmatrix}0 & -1 & 0\\-1 & 0 & 0\\0 & 0 & 1\end{pmatrix}$
沿y方向错切，错切系数为b	$\begin{pmatrix}1 & 0 & 0\\b & 1 & 0\\0 & 0 & 1\end{pmatrix}$		

例2.24　给定点$(3, 4)^{\mathrm{T}}$，求经平移量（2，-1）平移之后点的坐标。

解　点$(3, 4)^{\mathrm{T}}$的齐次坐标为$(3, 4, 1)^{\mathrm{T}}$，平移量为（2，-1）的平移矩阵为

$$\begin{pmatrix}1 & 0 & 2\\0 & 1 & -1\\0 & 0 & 1\end{pmatrix},$$

$$\begin{pmatrix}1 & 0 & 2\\0 & 1 & -1\\0 & 0 & 1\end{pmatrix}\begin{pmatrix}3\\4\\1\end{pmatrix}=\begin{pmatrix}5\\3\\1\end{pmatrix}$$

将 $(5, 3, 1)^{\mathrm{T}}$ 化为普通坐标 $(5, 3)^{\mathrm{T}}$。所以，点 $(3, 4)^{\mathrm{T}}$ 经平移量（2，-1）平移之后的坐标为 $(5, 3)^{\mathrm{T}}$。

2.5.4 组合变换

一个变换由单一矩阵描述，组合变换是一个接一个的变换序列，所以多个变换的组合应由表示每个变换的矩阵依次相乘（级联）描述。组合变换的顺序非常重要，矩阵乘法的顺序也很重要，要与变换顺序对应。如果变换 A 是旋转，变换 B 是缩放，变换 C 是平移，那么 ABC 表示组合变换，其功效是先平移，然后缩放，再旋转。而组合变换 BCA 表示先旋转，然后平移，再缩放（点的坐标采用列向量形式）。通常情况下，ABC 与 BCA 的变换效果不同。

动画场景中许多位置用相同的顺序变换。例如，在一个场景中有房屋和房屋前的苹果树，它们变换到另一个场景中相对位置关系没有变化，那么房屋与苹果树在同一次的变换中的变换次序是相同的，以房屋为对象和以苹果树为对象所乘的多个变换矩阵是相同的。因此，先将所有变换矩阵相乘形成一个复合矩阵是一个高效率的方法。

已经证明：任何二维组合变换均可分解为多个基本变换的乘积。

例 2.25 将点 $(3, 3)^{\mathrm{T}}$ 进行下列两个变换，求变换后对应点的坐标。

1）按平移量（-2，4）平移后，再逆时针旋转$\frac{\pi}{2}$。

2）逆时针旋转$\frac{\pi}{2}$后，再按平移量（-2，4）平移。

解 按平移量平移（-2，4）的变换矩阵为

$$\boldsymbol{T}_1=\begin{pmatrix}1 & 0 & -2\\0 & 1 & 4\\0 & 0 & 1\end{pmatrix}$$

逆时针旋转$\frac{\pi}{2}$的变换矩阵为

$$\boldsymbol{T}_2=\begin{pmatrix}\cos\frac{\pi}{2} & -\sin\frac{\pi}{2} & 0\\ \sin\frac{\pi}{2} & \cos\frac{\pi}{2} & 0\\ 0 & 0 & 1\end{pmatrix}=\begin{pmatrix}0 & -1 & 0\\1 & 0 & 0\\0 & 0 & 1\end{pmatrix}$$

（1）按平移量平移（-2，4），再逆时针旋转$\frac{\pi}{2}$的组合变换矩阵为

$$\boldsymbol{T}=\boldsymbol{T}_2\boldsymbol{T}_1=\begin{pmatrix}0 & -1 & 0\\1 & 0 & 0\\0 & 0 & 1\end{pmatrix}\begin{pmatrix}1 & 0 & -2\\0 & 1 & 4\\0 & 0 & 1\end{pmatrix}=\begin{pmatrix}0 & -1 & -4\\1 & 0 & -2\\0 & 0 & 1\end{pmatrix}$$

点 $(3, 3)^{\mathrm{T}}$ 的齐次坐标为 $(3, 3, 1)^{\mathrm{T}}$，将它平移（-2，4），再逆时针旋转$\frac{\pi}{2}$变为

$$\boldsymbol{T}\times\begin{pmatrix}3\\3\\1\end{pmatrix}=\begin{pmatrix}0&-1&-4\\1&0&-2\\0&0&1\end{pmatrix}\times\begin{pmatrix}3\\3\\1\end{pmatrix}=\begin{pmatrix}-7\\1\\1\end{pmatrix}$$

点$(3,3)^{\mathrm{T}}$按平移量（-2，4）平移，再逆时针旋转$\frac{\pi}{2}$后坐标变为$(-7,1)^{\mathrm{T}}$。

（2）先逆时针旋转$\frac{\pi}{2}$，再按平移量（-2，4）平移的组合变换矩阵为

$$\boldsymbol{P}=\boldsymbol{T}_1\boldsymbol{T}_2=\begin{pmatrix}1&0&-2\\0&1&4\\0&0&1\end{pmatrix}\begin{pmatrix}0&-1&0\\1&0&0\\0&0&1\end{pmatrix}=\begin{pmatrix}0&-1&-2\\1&0&4\\0&0&1\end{pmatrix}$$

$$\boldsymbol{P}\times\begin{pmatrix}3\\3\\1\end{pmatrix}=\begin{pmatrix}0&-1&-2\\1&0&4\\0&0&1\end{pmatrix}\times\begin{pmatrix}3\\3\\1\end{pmatrix}=\begin{pmatrix}-5\\7\\1\end{pmatrix}$$

将点$(3,3)^{\mathrm{T}}$先逆时针旋转$\frac{\pi}{2}$再平移（-2，4）后坐标变为$(-5,7)^{\mathrm{T}}$。

由此看到，先平移再旋转与先旋转再平移的效果不相同。

注意　表示组合变换的矩阵乘法顺序很重要，是从右往左依次进行矩阵对应的变换。因为点的坐标采用列向量形式，列向量必须放在右边与矩阵依次相乘。

例 2.26　已知$\triangle ABC$各顶点坐标是$A(1,2)$、$B(5,2)$、$C(3,5)$，关于直线$y=4$对称变换后的点为A'、B'、C'，利用齐次坐标变换矩阵计算A'、B'、C'的坐标值。

解　$\triangle ABC$各顶点的齐次坐标矩阵为$\begin{pmatrix}1&5&3\\2&2&5\\1&1&1\end{pmatrix}$。

这个图形变换问题分解为如下3个基本变换。

1）平移变换，将直线$y=4$向下平移至x轴，齐次坐标变换矩阵为

$$\boldsymbol{T}_1=\begin{pmatrix}1&0&0\\0&1&-4\\0&0&1\end{pmatrix}$$

2）关于x轴作对称变换，齐次坐标变换矩阵为

$$\boldsymbol{T}_2=\begin{pmatrix}1&0&0\\0&-1&0\\0&0&1\end{pmatrix}$$

3）平移变换，将直线向上移回原处，齐次坐标变换矩阵为

$$\boldsymbol{T}_3=\begin{pmatrix}1&0&0\\0&1&4\\0&0&1\end{pmatrix}$$

这三个变换的组合变换为

$$T = T_3T_2T_1 = \begin{pmatrix} 1 & 0 & 0 \\ 0 & 1 & 4 \\ 0 & 0 & 1 \end{pmatrix}\begin{pmatrix} 1 & 0 & 0 \\ 0 & -1 & 0 \\ 0 & 0 & 1 \end{pmatrix}\begin{pmatrix} 1 & 0 & 0 \\ 0 & 1 & -4 \\ 0 & 0 & 1 \end{pmatrix} = \begin{pmatrix} 1 & 0 & 0 \\ 0 & -1 & 8 \\ 0 & 0 & 1 \end{pmatrix}$$

所以，$\triangle ABC$ 变换后对应点 A'、B'、C'的齐次坐标为

$$[A',B',C'] = T \times [A,B,C] = \begin{pmatrix} 1 & 0 & 0 \\ 0 & -1 & 8 \\ 0 & 0 & 1 \end{pmatrix} \times \begin{pmatrix} 1 & 5 & 3 \\ 2 & 2 & 5 \\ 1 & 1 & 1 \end{pmatrix} = \begin{pmatrix} 1 & 5 & 3 \\ 6 & 6 & 3 \\ 1 & 1 & 1 \end{pmatrix}$$

即$\triangle ABC$ 各顶点坐标变换后对应点 A'、B'、C'的坐标为（1，6）、（5，6）、（3，3）。

例 2.27　求绕坐标原点以外的任意一点 $P(x_0, y_0)$逆时针旋转 θ 角的旋转变换矩阵。

解　绕坐标原点以外的任意一点 $P(x_0, y_0)$逆时针旋转 θ 角的变换可分解为如下基本变换。

（1）平移变换，平移量（$-x_0$，$-y_0$），使旋转中心平移到坐标原点，即

$$T_1 = \begin{pmatrix} 1 & 0 & -x_0 \\ 0 & 1 & -y_0 \\ 0 & 0 & 1 \end{pmatrix}$$

（2）旋转变换，绕坐标原点逆时针旋转 θ，即

$$T_2 = \begin{pmatrix} \cos\theta & -\sin\theta & 0 \\ \sin\theta & \cos\theta & 0 \\ 0 & 0 & 1 \end{pmatrix}$$

（3）平移变换，平移量（x_0，y_0），将旋转中心 P 移回原处，即

$$T_3 = \begin{pmatrix} 1 & 0 & x_0 \\ 0 & 1 & y_0 \\ 0 & 0 & 1 \end{pmatrix}$$

所以，它们的组合变换矩阵为

$$T = T_3T_2T_1 = \begin{pmatrix} 1 & 0 & x_0 \\ 0 & 1 & y_0 \\ 0 & 0 & 0 \end{pmatrix}\begin{pmatrix} \cos\theta & -\sin\theta & 0 \\ \sin\theta & \cos\theta & 0 \\ 0 & 0 & 1 \end{pmatrix}\begin{pmatrix} 1 & 0 & -x_0 \\ 0 & 1 & -y_0 \\ 0 & 0 & 0 \end{pmatrix}$$

$$= \begin{pmatrix} \cos\theta & -\sin\theta & x_0(1-\cos\theta)+y_0\sin\theta \\ \sin\theta & \cos\theta & -x_0\sin\theta+y_0(1-\cos\theta) \\ 0 & 0 & 1 \end{pmatrix}$$

2.5.5　逆变换

矩阵的“逆”在几何上非常有用，可以计算变换的“反向”或“相反”变换。如果存在一个变换能“撤销”原变换，那么原变换是可逆的，即向量 $\boldsymbol{a}$ 用矩阵 $\boldsymbol{M}$ 来进行变换，接着用 $\boldsymbol{M}$ 的逆 $\boldsymbol{M}^{-1}$变换，结果得到原向量 $\boldsymbol{a}$，即

$$\boldsymbol{M}^{-1}(\boldsymbol{Ma}) = (\boldsymbol{M}^{-1}\boldsymbol{M})\boldsymbol{a} = \boldsymbol{Ea} = \boldsymbol{a}$$

求逆变换等价于求原变换矩阵的逆。图形的平移、缩放、旋转、对称、错切等基本变换都是可逆变换。

1）逆平移变换是通过对平移距离取负值而得到逆矩阵，因此平移变换 $\boldsymbol{T}=\begin{pmatrix}1&0&l\\0&1&m\\0&0&1\end{pmatrix}$的逆变换矩阵为 $\boldsymbol{T}^{-1}=\begin{pmatrix}1&0&-l\\0&1&-m\\0&0&1\end{pmatrix}$。

2）逆缩放变换是将缩放系数用其倒数代替得到缩放变换的逆矩阵，因此，缩放变换 $\boldsymbol{S}=\begin{pmatrix}a&0&0\\0&d&0\\0&0&1\end{pmatrix}$的逆变换矩阵为 $\boldsymbol{S}^{-1}=\begin{pmatrix}\frac{1}{a}&0&0\\0&\frac{1}{d}&0\\0&0&1\end{pmatrix}$。

3）逆旋转变换是通过用旋转角度的负值代替旋转角度来实现，因此旋转变换 $\boldsymbol{R}=\begin{pmatrix}\cos\theta&-\sin\theta&0\\\sin\theta&\cos\theta&0\\0&0&1\end{pmatrix}$的逆变换矩阵为 $\boldsymbol{R}^{-1}=\begin{pmatrix}\cos\theta&\sin\theta&0\\-\sin\theta&\cos\theta&0\\0&0&1\end{pmatrix}$。

练习 2.5

1. 写出点（5，－2）的三个齐次坐标。

2. 把齐次坐标（2，4，2）、（－3，－6，－3）、（4，8，4）、（3，2，1）、（－4，2，2）、（1.5，3，1.5）转换成普通坐标，是同一个点的齐次坐标吗？

3. 用矩阵方法计算下列图形变换。

（1）将点（2，1）的横坐标伸长到原来的 3 倍，如图 2-28 所示。

（2）将点（2，1）逆时针旋转 90°，如图 2-29 所示。

（3）将点（2，1）关于 x 轴对称，如图 2-30 所示。

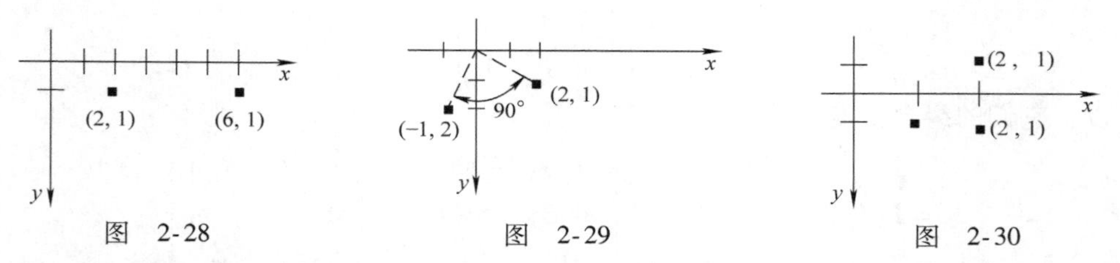

图 2-28　　图 2-29　　图 2-30

4. 对列向量 $\boldsymbol{a}$ 作矩阵 $\boldsymbol{P}$ 对应的变换，（　　）能撤销这个变换。

A. $\boldsymbol{PP}^{-1}\boldsymbol{a}$　　B. $\boldsymbol{aPP}^{-1}$　　C. $\boldsymbol{PaP}^{-1}$　　D. $\boldsymbol{P}^{-1}\boldsymbol{Pa}$

5. 将点（2，1）沿 x 方向错切，错切系数为 －2，可得到点（　　）。

A.（2，－3）　　B.（1，0）　　C. $\begin{pmatrix}0\\1\end{pmatrix}$　　D. $\begin{pmatrix}2\\-3\end{pmatrix}$

6. 对图形作 $\boldsymbol{T}$ 变换，设 $\boldsymbol{T}=\boldsymbol{T}_1\boldsymbol{T}_2\boldsymbol{T}_3$，若要撤销对图形所做的变换，则乘以（　　）。

A. $\boldsymbol{T}_1^{-1}\boldsymbol{T}_2^{-1}\boldsymbol{T}_3^{-1}$　　B. $\boldsymbol{T}_2^{-1}\boldsymbol{T}_3^{-1}\boldsymbol{T}_1^{-1}$　　C. $\boldsymbol{T}_3^{-1}\boldsymbol{T}_2^{-1}\boldsymbol{T}_1^{-1}$　　D. $\boldsymbol{T}_3^{-1}\boldsymbol{T}_1^{-1}\boldsymbol{T}_2^{-1}$

7. 利用矩阵 $\boldsymbol{A}=\begin{pmatrix}\cos\theta&-\sin\theta\\\sin\theta&\cos\theta\end{pmatrix}$的图形变换含义，则 $\boldsymbol{A}^3=$（　　）。

A. $\begin{pmatrix}\cos3\theta&-\sin3\theta\\\sin3\theta&\cos3\theta\end{pmatrix}$　　B. $\begin{pmatrix}3\cos\theta&-3\sin\theta\\3\sin\theta&3\cos\theta\end{pmatrix}$

C. $\begin{pmatrix} \cos3\theta & \sin3\theta \\ -\sin3\theta & \cos3\theta \end{pmatrix}$　　D. $\begin{pmatrix} 3\cos\theta & 3\sin\theta \\ -3\sin\theta & 3\cos\theta \end{pmatrix}$

8. 计算点（-2，4）逆时针旋转$\frac{\pi}{2}$，再沿两轴均匀放大 3 倍的坐标值。

9. 写出二维图形按照矩阵 $\boldsymbol{A}=\begin{pmatrix} 1 & 0 & 2 \\ 0 & 1 & -1 \\ 0 & 0 & 1 \end{pmatrix}$连续变换三次的变换矩阵。

10. 写出图形关于平面内任意一点 $\boldsymbol{P}(x_0, y_0)$进行缩放的变换矩阵。

11. 绕原点逆时针旋转$\frac{2\pi}{3}$的变换矩阵是什么？若要撤销这一变换的变换矩阵是什么？

12. 写出对图形关于直线 $y=x$ 对称变换的逆变换矩阵。

13. 写出对图形沿 y 轴方向错切系数为 -2 的错切逆变换矩阵。

拓展阅读一

克莱姆法则

克莱姆法则又译作克拉默法则（Cramer’s Rule），是线性代数中一个关于求解线性方程组的定理。它适用于变量和方程数目相等的线性方程组，是瑞士数学家克莱姆（Cramer Gabriel，1704—1752）于 1750 年在他的《线性代数分析导言》中提出的。

图　2-31

克莱姆（见图 2-31）于 1704 年 7 月 31 日生于日内瓦，早年在日内瓦读书，1724 年起在日内瓦加尔文学院任教，1734 年成为几何学教授，1750 年任哲学教授。他自 1727 年进行了为期两年的旅行访学，在巴塞尔与约翰·伯努利、欧拉等人一起学习、交流，结为挚友，后又到英国、荷兰、法国等地拜见了许多数学名家。回国后在与他们的长期通信中，克莱姆为数学宝库留下大量有价值的文献。他一生未婚，专心治学，平易近人且德高望重，先后当选为伦敦皇家学会、柏林研究院和法国、意大利等学会的成员。克莱姆的主要著作是《代数曲线的分析引论》（1750），首先定义了正则、非正则、超越曲线和无理曲线等概念，第一次正式引入坐标系的纵轴（Y 轴），然后讨论曲线变换，并依据曲线方程的阶数将曲线进行分类。为了确定经过 5 个点的一般二次曲线的系数，他应用了著名的“克莱姆法则”，即由线性方程组的系数确定方程组解的表达式。该法则于 1729 年由英国数学家马克劳林发现，1748 年发表，但克莱姆的优越符号使之流传。

拓展阅读二

关孝和

关孝和（约 1642—1708），字子豹，日本数学家，代表作《发微算法》。他出身武士家庭，曾随高原吉种学过数学，之后在江户任贵族家府家臣，掌管财赋，1706 年退职。他是日本古典数学（和算）的奠基人，也是关氏学派的创始人，在日本被尊称为算圣。

关孝和（见图2-32）是内山永明的次子，后过继给关家做养子。他为人颖敏，尤好数学，研究工作涉及范围极广，并且取得了先进的数学成果，为和算的形成奠定了独立的基础和体系。

图 2-32

关孝和改进了朱世杰《算学启蒙》中的天元术算法，开创了和算独有的笔算代数，并建立了行列式概念及其初步理论，完善了中国传入的数字方程的近似解法。他发现了方程正负根存在的条件，并研究了勾股定理、椭圆面积公式、阿基米德螺线、圆周率，并开创“圆理”（径、弧、矢间关系的无穷级数表达式）学说、幻方理论、连分数理论等。同时他还写过数种天文历法方面的著作，有《授时历经立成》四卷、《授时历经立成立法》《授时发明》《四余算法》《星曜算法》等。

关孝和作为一位数学家，同时是一位数学教育家。他一生中亲自授过课的弟子有荒木村英及建部贤弘、建部贤明两兄弟，村英的弟子中有松永良弼，贤弘的弟子中有中根元圭，元圭的弟子中山路主住等最为著名。关孝和根据学生的情况将他们分成五个等级分别集中指导，每一级都规定有相应的具体数学内容和具体教材。初级的教以珠算，进而筹算，高级的从演段术到点窜术。随着每一级学生学业的完成而分别授以相应的“免许证”，有“见题免许”“隐题免许”“伏题免许”“别传免许”“印可免许”五个等级。后来这种方式不断发展，成为关流严格的教育制度——五段免许制。只有得到五个等级的免许之后，才可以称为“关流第几传”，最后得到“印可”的只限于几名高徒。

关孝和一生无子，收其兄永贞的儿子新七为养子，新七继承关家的家业在甲府任职。但由于他品行不端又得罪官府，很快就被没收家禄。新七断绝关家功名而衣食无着，后寄食于孝和的高徒建部贤弘家中，直到去世。

拓展阅读三

线性代数的妙用：在 Windows 画图软件中实现 28°旋转

在早期的小型图像编辑软件中，考虑到时间空间的限制，再加上算法本身的难度，很多看似非常简单的功能都无法实现。例如，很多图像编辑软件只允许用户把所选的内容旋转90°、180°或者270°，不支持任意度数的旋转。毕竟，如果我们只是旋转90°的整数倍，那么所有像素仅仅是在做某些有规律的轮换，这甚至不需要额外的内存空间就能完成。但是，如果旋转任意度数，那么在采样和反锯齿等方面都将会有不小的挑战。

不过，Windows 自带的画图软件聪明地用 skew 功能（中文版翻译成“扭曲”）部分地填补了无法自由变形的缺陷。随便选中图中的一块区域，再在菜单栏上选择“图像”→“拉伸/扭曲”，然后在“水平扭曲”处填写一个 $-89\sim89$ 之间的整数（表示一个角度值），再按一下“确定”，于是整个图形就会如图2-33所示的那样被拉斜，其中 θ 就是刚才填的度数。如果填入 θ 是负数值，则倾斜的方向会与图2-33所示的方向相反。类似地，“垂直扭曲”功能会在竖直方向上对图形进行拉扯。如果角度值为正数，则整个图形会变得左低右高；如果角度值为负数，则整个图形会变得左高右低。

资料来源：摘自微信公众号“算法与数学之美”（2016－02－12）。

不过，这些对于我们来说似乎完全没用。估计 99% 的人在使用画图软件的时候就从来没用过这个功能。如果真是这样，那么今天的问题恐怕将会是大家最近一段时间见过的最有趣的问题了：想办法利用 Windows 画图中的扭曲功能（近似地）实现 28°旋转。

答案：如图 2-34 所示，首先水平扭曲－14°，然后垂直扭曲 25°，最后再水平扭曲－14°即可。这样的话，画板中被选中的内容将会被逆时针旋转 28°。

为什么？这是因为，扭曲的本质其实就是在原图上进行一个线性变换。水平扭曲实际上相当于是对图像各行进行平移，平移量与纵坐标的位置成正比。而这又可以看作对每个点执行了图 2-35 所示的矩阵乘法操作。

类似地，垂直扭曲则相当于对每个点执行了图 2-36 所示的一个矩阵乘法的操作。

图　2-33

图　2-34

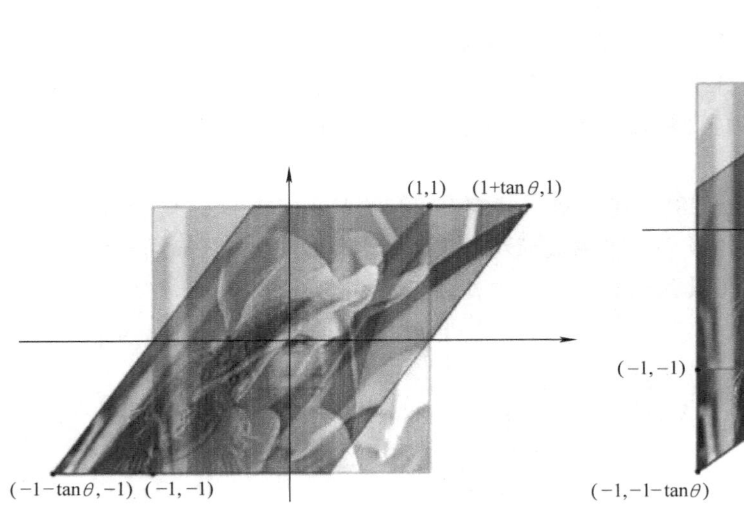

图　2-35

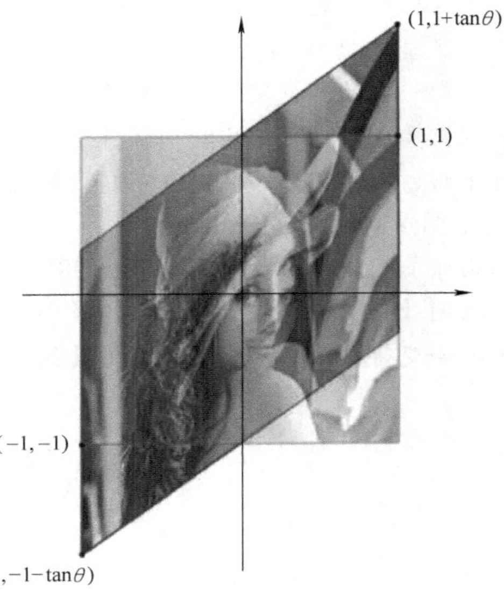

图　2-36

另外，由于

$$\tan\left(\frac{\theta}{2}\right)=\frac{\sin\theta}{1+\cos\theta}=\frac{1-\cos\theta}{\sin\theta}$$

因此

$$\begin{aligned}
&\begin{pmatrix}1 & -\tan\left(\frac{\theta}{2}\right)\\ 0 & 1\end{pmatrix}\begin{pmatrix}1 & 0\\ \sin\theta & 1\end{pmatrix}\begin{pmatrix}1 & -\tan\left(\frac{\theta}{2}\right)\\ 0 & 1\end{pmatrix}\begin{pmatrix}x\\ y\end{pmatrix}\\
&=\begin{pmatrix}1-\sin\theta\tan\left(\frac{\theta}{2}\right) & -\tan\left(\frac{\theta}{2}\right)\\ \sin\theta & 1\end{pmatrix}\begin{pmatrix}1 & -\tan\left(\frac{\theta}{2}\right)\\ 0 & 1\end{pmatrix}\begin{pmatrix}x\\ y\end{pmatrix}\\
&=\begin{pmatrix}\cos\theta & -\tan\left(\frac{\theta}{2}\right)\\ \sin\theta & 1\end{pmatrix}\begin{pmatrix}1 & \tan\left(\frac{\theta}{2}\right)\\ 0 & 1\end{pmatrix}\begin{pmatrix}x\\ y\end{pmatrix}\\
&=\begin{pmatrix}\cos\theta & -\cos\theta\tan\left(\frac{\theta}{2}\right)-\tan\left(\frac{\theta}{2}\right)\\ \sin\theta & -\sin\theta\tan\left(\frac{\theta}{2}\right)+1\end{pmatrix}\begin{pmatrix}x\\ y\end{pmatrix}\\
&=\begin{pmatrix}\cos\theta & -\sin\theta\\ \sin\theta & \cos\theta\end{pmatrix}\begin{pmatrix}x\\ y\end{pmatrix}
\end{aligned}$$

而最后一行就是大家非常熟悉的旋转矩阵。

也就是说，连续执行上式中的三次扭曲，就可以实现旋转 θ 了。其中，第一次扭曲和第三次扭曲都是水平扭曲 $-\theta/2$，当 $\theta=28°$时，应该填写的度数就是 -14。麻烦的就是第二次扭曲：它看上去并不符合垂直扭曲矩阵的标准形式。垂直扭曲矩阵中，左下角那一项应该是 $\tan\theta$，并非 $\sin\theta$。不过，我们完全可以用正切值去模拟 $\sin\theta$。利用计算机可以解得，当 $\theta=28°$时，$\sin 28°$约为 0.469，离它最近的正切值是 $\tan 25°\approx 0.466$。因此，我们在第二步的时候填入了垂直扭曲 25°。

值得一提的是，实际上我们已经得到了一种非常高效并且非常容易编写的图像旋转算法：只需要连续调用三次扭曲操作即可。而每次扭曲操作本质上都是对各行或者各列的像素进行平移，因而整个算法完全不需要任何额外的内存空间。根据 Wikipedia 的描述，这种方法是由 Alan Paeth 在 1986 年提出的。

由于 $\tan 25°$并不精确地等于 $\sin 28°$，因而这里实现的 28°旋转也并不是绝对精确的。不过，画图软件本身还提供了水平缩放和垂直缩放的功能。如果把它们也加进来，线性变换的复合将会变得更加灵活，或许我们就能设计出一些更复杂而且更精确的旋转方案了。

第 3 章

线性方程组

本章介绍线性方程组的高斯消元法。

3.1 节介绍线性方程组高斯消元法、 矩阵的秩。

3.2 节介绍线性方程组解的情况判断。

3.3 节介绍向量的线性相关性、 齐次线性方程组和非齐次线性方程组解的结构。

3.1 线性方程组高斯消元法

3.1.1 高斯消元法

在第 2 章我们学习了求解线性方程组的克莱姆法则 $x_j = \frac{D_j}{D}$ 和公式 $\boldsymbol{x} = \boldsymbol{A}^{-1}\boldsymbol{b}$。但应用它们是有条件的，要求线性方程组中方程个数与未知数个数相等并且系数行列式不等于 0。在许多实际问题中，所遇到的线性方程组常常不能满足这两个条件，故需要寻求一般线性方程组的解法。

中学代数已经学过求解二元、三元线性方程组的消元法，这种方法也是求解一般线性方程组的有效方法。我们从下面的例子中认识消元法的思想和消元的过程。

例 3.1 求解线性方程组。

$$\begin{cases} 2x_1 - x_2 + 3x_3 = 1 \\ 4x_1 + 2x_2 + 5x_3 = 4 \\ 2x_1 + x_2 + 2x_3 = 5 \end{cases} \tag{3-1}$$

解 第二个方程减去第一个方程的 2 倍，第三个方程减去第一个方程，得

$$\begin{cases}2x_1 - x_2 + 3x_3 = 1 \\ 4x_2 - x_3 = 2 \\ 2x_2 - x_3 = 4\end{cases} \tag{3-2}$$

在方程组（3-2）中，把第二个与第三个方程的位置互换，可得

$$\begin{cases}2x_1 - x_2 + 3x_3 = 1 \\ 2x_2 - x_3 = 4 \\ 4x_2 - x_3 = 2\end{cases} \tag{3-3}$$

在方程组（3-3）中，第三个方程减去第二个方程的 2 倍，即得

$$\begin{cases}2x_1 - x_2 + 3x_3 = 1 \\ 2x_2 - x_3 = 4 \\ x_3 = -6\end{cases} \tag{3-4}$$

方程组（3-4）的形状如阶梯，称作阶梯形方程组，由最后一个方程得到 $x_3 = -6$。回代到它上面的方程，得到 $x_2 = -1$，再将已得到的 $x_2 = -1$，$x_3 = -6$ 回代到第一个方程，解出 $x_1 = 9$，从而得到方程组的解：$x_1 = 9$，$x_2 = -1$，$x_3 = -6$。

上述消元过程中，始终把方程组看作一个整体，不是着眼于某个方程的变形，而是着眼于整个方程组变成另一个方程组，用到三种变换：

1）数乘变换：用一个非零数乘某一个方程。

2）消去变换：把一个方程的倍数加到另一个方程。

3）互换变换：互换两个方程的位置。

这三种变换称为**线性方程组的初等变换**。这三种变换都是方程组的同解变换，所以最后求得的方程组（3-4）的解就是原方程组（3-1）的解。

德国数学家高斯（Guass）对方程组消元过程做了程序化的规范性要求，即将原方程组通过初等变换化为阶梯形方程组，这种方法称为**高斯消元法（Gaussian Elimination）**。

$$\text{原方程组} \xrightarrow{\text{若干次初等行变换}} \text{阶梯形方程组} \xrightarrow{\text{回代}} \text{得解}$$

在例 3.1 的消元过程中，实际上只对方程组的系数和常数项进行运算，未知数并未参与运算。如果记方程组（3-1）的系数矩阵为 $\boldsymbol{A}$，常数项为 $\boldsymbol{b}$，由系数和常数项组成矩阵 $\boldsymbol{B} = [\boldsymbol{A}, \boldsymbol{b}]$，则称 $\boldsymbol{B}$ 为线性方程组（3-1）的增广矩阵。那么，上述对方程组的变换完全可以转换为对其增广矩阵的变换。

定义 1 以下三种变换，称作**矩阵的初等行变换**。

1）数乘变换：用一个非零数乘某一行，记作 kr_i。

2）消去变换：把某一行的倍数加到另一行上，记作 $kr_i + r_j$。

3）互换变换：互换两行的位置，记作 $r_i \leftrightarrow r_j$。

下面用矩阵的初等行变换来解方程组（3-1），与例 3.1 的求解过程一一对照。

$$\begin{cases}2x_1 - x_2 + 3x_3 = 1 \\ 4x_1 + 2x_2 + 5x_3 = 4 \\ 2x_1 + x_2 + 2x_3 = 5\end{cases} \quad (3\text{-}1) \quad \overset{\text{对应}}{\longleftrightarrow} \quad (\boldsymbol{A}, \boldsymbol{b}) = \begin{pmatrix}2 & -1 & 3 & 1 \\ 4 & 2 & 5 & 4 \\ 2 & 1 & 2 & 5\end{pmatrix} = \boldsymbol{B}_1$$

$$\begin{cases}2x_1 - x_2 + 3x_3 = 1\\ 4x_2 - x_3 = 2\\ 2x_2 - x_3 = 4\end{cases}\quad(3\text{-}2)\quad\overset{\text{对应}}{\longleftrightarrow}\quad\xrightarrow[r_3 - r_1]{r_2 - 2r_1}\begin{pmatrix}2 & -1 & 3 & 1\\0 & 4 & -1 & 2\\0 & 2 & -1 & 4\end{pmatrix} = \boldsymbol{B}_2$$

$$\begin{cases}2x_1 - x_2 + 3x_3 = 1\\ 2x_2 - x_3 = 4\\ 4x_2 - x_3 = 2\end{cases}\quad(3\text{-}3)\quad\overset{\text{对应}}{\longleftrightarrow}\quad\xrightarrow{r_2 \leftrightarrow r_3}\begin{pmatrix}2 & -1 & 3 & 1\\0 & 2 & -1 & 4\\0 & 4 & -1 & 2\end{pmatrix} = \boldsymbol{B}_3$$

$$\begin{cases}2x_1 - x_2 + 3x_3 = 1\\ 2x_2 - x_3 = 4\\ x_3 = -6\end{cases}\quad(3\text{-}4)\quad\overset{\text{对应}}{\longleftrightarrow}\quad\xrightarrow{r_3 - 2r_2}\begin{pmatrix}2 & -1 & 3 & 1\\0 & 2 & -1 & 4\\0 & 0 & 1 & -6\end{pmatrix} = \boldsymbol{B}_4$$

高斯消元法将方程组（3-1）化为阶梯形方程组（3-4）的过程等价于对其增广矩阵 $\boldsymbol{B}_1$ 进行若干次初等行变换化成阶梯形矩阵 $\boldsymbol{B}_4$ 的过程，然后回代求得方程组的解。回代过程也可用矩阵的初等行变换来完成，即

$$\boldsymbol{B}_4 = \begin{pmatrix}2 & -1 & 3 & 1\\0 & 2 & -1 & 4\\0 & 0 & 1 & -6\end{pmatrix}\xrightarrow[r_1 - 3r_3]{r_2 + r_3}\begin{pmatrix}2 & -1 & 0 & 19\\0 & 2 & 0 & -2\\0 & 0 & 1 & -6\end{pmatrix}\xrightarrow{\frac{1}{2}\times r_2}\begin{pmatrix}2 & -1 & 0 & 19\\0 & 1 & 0 & -1\\0 & 0 & 1 & -6\end{pmatrix}$$

$$\xrightarrow{r_1 + r_2}\begin{pmatrix}2 & 0 & 0 & 18\\0 & 1 & 0 & -1\\0 & 0 & 1 & -6\end{pmatrix}\xrightarrow{\frac{1}{2}\times r_1}\begin{pmatrix}1 & 0 & 0 & 9\\0 & 1 & 0 & -1\\0 & 0 & 1 & -6\end{pmatrix} = \boldsymbol{B}_5$$

从矩阵 $\boldsymbol{B}_5$，可以直接“读出”方程组：

$$\begin{cases}x_1 = 9\\ x_2 = -1\\ x_3 = -6\end{cases}$$

$\boldsymbol{B}_5$称为**行最简阶梯形矩阵**。

利用初等行变换，把一个矩阵化为阶梯形矩阵和行最简阶梯形矩阵，是一种很重要的运算。今后解线性方程组只需把增广矩阵先化为阶梯形矩阵再化为行最简形矩阵。

定义 2

- 阶梯形矩阵。

如果矩阵满足如下条件：

1）若有零行（元素都为 0 的行），零行在非零行的下方。

2）行的首非零元的列标号随着行标号的增加而严格增大。

则称矩阵为阶梯形矩阵。

- 行最简阶梯形矩阵。

若阶梯形矩阵还满足如下条件：

1）非零行的首非零元为 1。

2）首非零元所在列的其余元素都为 0。

则称矩阵为行最简阶梯形矩阵。

用归纳法不难证明：对于任何非零矩阵 $A_{m\times n}$，总可以经过有限次初等行变换把它化成阶梯形矩阵和行最简阶梯形矩阵，如图 3-1 所示。

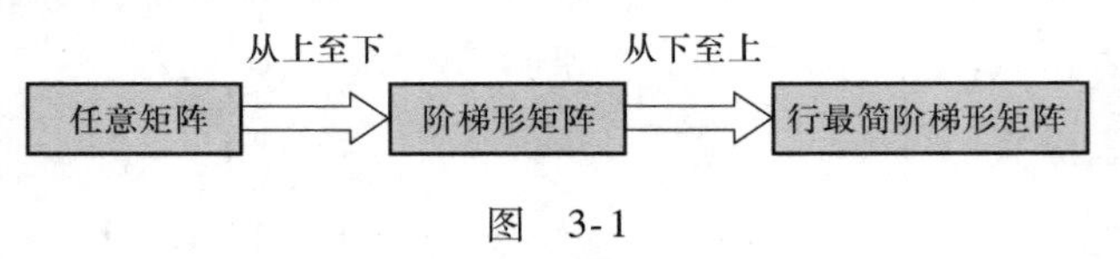

图 3-1

例 3.2 解线性方程组

$$\begin{cases} x_1+2x_2-x_3+2x_4=1 \\ 2x_1+4x_2+x_3+x_4=5 \\ -x_1-2x_2-2x_3+x_4=-4 \end{cases}$$

解 对方程组的增广矩阵作初等行变换，将其化为行阶梯形矩阵，再化为行最简形矩阵，即

$$(\boldsymbol{A},\boldsymbol{b})=\begin{pmatrix} 1 & 2 & -1 & 2 & 1 \\ 2 & 4 & 1 & 1 & 5 \\ -1 & -2 & -2 & 1 & -4 \end{pmatrix} \xrightarrow[r_3+r_1]{r_2-2r_1} \begin{pmatrix} 1 & 2 & -1 & 2 & 1 \\ 0 & 0 & 3 & -3 & 3 \\ 0 & 0 & -3 & 3 & -3 \end{pmatrix}$$

$$\xrightarrow{r_3+r_2} \begin{pmatrix} 1 & 2 & -1 & 2 & 1 \\ 0 & 0 & 3 & -3 & 3 \\ 0 & 0 & 0 & 0 & 0 \end{pmatrix} \xrightarrow{\frac{1}{3}\times r_2} \begin{pmatrix} 1 & 2 & -1 & 2 & 1 \\ 0 & 0 & 1 & -1 & 1 \\ 0 & 0 & 0 & 0 & 0 \end{pmatrix} \xrightarrow{r_1+r_2} \begin{pmatrix} 1 & 2 & 0 & 1 & 2 \\ 0 & 0 & 1 & -1 & 1 \\ 0 & 0 & 0 & 0 & 0 \end{pmatrix}$$

行最简形矩阵对应的方程组为

$$\begin{cases} x_1+2x_2+x_4=2 \\ x_3-x_4=1 \end{cases}$$

即$\begin{cases} x_1=2-2x_2+x_4 \\ x_3=1+x_4 \end{cases}$

其中 x_2、x_4 的取值没有限制，可以取任意常数 k_1、k_2，所以该方程组有无穷多解，即

$$\begin{cases} x_1=2-2k_1+k_2 \\ x_2=k_1 \\ x_3=1+k_2 \\ x_4=k_2 \end{cases}$$

例 3.3 解线性方程组

$$\begin{cases} x_1+x_3=2 \\ x_1+2x_2-x_3=0 \\ 2x_1+x_2+x_3=6 \end{cases}$$

解 对方程组的增广矩阵作初等行变换，将其化为行阶梯形矩阵，再化为行最简阶梯形矩阵，即

$$(\boldsymbol{A},\boldsymbol{b})=\begin{pmatrix} 1 & 0 & 1 & 2 \\ 1 & 2 & -1 & 0 \\ 2 & 1 & 1 & 6 \end{pmatrix} \xrightarrow[r_3-2r_1]{r_2-r_1} \begin{pmatrix} 1 & 0 & 1 & 2 \\ 0 & 2 & -2 & -2 \\ 0 & 1 & -1 & 2 \end{pmatrix} \xrightarrow[r_3-r_2]{\frac{1}{2}\times r_2} \begin{pmatrix} 1 & 0 & 1 & 2 \\ 0 & 1 & -1 & -1 \\ 0 & 0 & 0 & 3 \end{pmatrix}$$

行最简阶梯形矩阵的第三行对应 $0x_1+0x_2+0x_3=3$ 是一个矛盾方程，因此，原方程组无解。

从例 3.1、例 3.2、例 3.3 看到线性方程组解的三种情况：

1）例 3.1 有唯一解，化成阶梯形后，方程个数与未知数个数一样多，即阶梯形矩阵 $\begin{pmatrix}2 & -1 & 3 & 1\\ 0 & 2 & -1 & 4\\ 0 & 0 & 1 & -6\end{pmatrix}$ 非零行的行数与未知数个数一样。

2）例 3.2 有无穷多解，化成阶梯形后，方程个数比未知数个数少，即阶梯形矩阵 $\begin{pmatrix}1 & 2 & -1 & 2 & 1\\ 0 & 0 & 3 & -3 & 3\\ 0 & 0 & 0 & 0 & 0\end{pmatrix}$ 非零行的行数比未知数个数少。

3）例 3.3 无解，阶梯形矩阵 $\begin{pmatrix}1 & 0 & 1 & 2\\ 0 & 1 & -1 & -1\\ 0 & 0 & 0 & 3\end{pmatrix}$ 出现矛盾方程。

从上面的分析看到，阶梯形矩阵中非零行的行数、未知数个数对方程组解的情况有很重要的影响。为了能进一步讨论方程组解的问题，需要引入矩阵的秩的概念。

3.1.2 矩阵的秩

例 3.4 将矩阵 $\boldsymbol{A}=\begin{pmatrix}8 & 4 & 2 & 1\\ 0 & 0 & 6 & 3\\ 1 & 1 & 0 & 0\end{pmatrix}$ 化成阶梯形矩阵。

解

$$\boldsymbol{A}=\begin{pmatrix}8 & 4 & 2 & 1\\ 0 & 0 & 6 & 3\\ 1 & 1 & 0 & 0\end{pmatrix}\xrightarrow{r_3-\frac{1}{8}r_1}\begin{pmatrix}8 & 4 & 2 & 1\\ 0 & 0 & 6 & 3\\ 0 & \frac{1}{2} & -\frac{1}{4} & -\frac{1}{8}\end{pmatrix}\xrightarrow{r_2\leftrightarrow r_3}\begin{pmatrix}8 & 4 & 2 & 1\\ 0 & \frac{1}{2} & -\frac{1}{4} & -\frac{1}{8}\\ 0 & 0 & 6 & 3\end{pmatrix}$$

也可以换种方式变换：

$$\boldsymbol{A}=\begin{pmatrix}8 & 4 & 2 & 1\\ 0 & 0 & 6 & 3\\ 1 & 1 & 0 & 0\end{pmatrix}\xrightarrow{r_1\leftrightarrow r_3}\begin{pmatrix}1 & 1 & 0 & 0\\ 0 & 0 & 6 & 3\\ 8 & 4 & 2 & 1\end{pmatrix}\xrightarrow{r_3-8r_1}\begin{pmatrix}1 & 1 & 0 & 0\\ 0 & 0 & 6 & 3\\ 0 & -4 & 2 & 1\end{pmatrix}\xrightarrow{r_2\leftrightarrow r_3}\begin{pmatrix}1 & 1 & 0 & 0\\ 0 & -4 & 2 & 1\\ 0 & 0 & 6 & 3\end{pmatrix}$$

$$\boldsymbol{A}=\begin{pmatrix}8 & 4 & 2 & 1\\ 0 & 0 & 6 & 3\\ 1 & 1 & 0 & 0\end{pmatrix}\xrightarrow{r_1\leftrightarrow r_3}\begin{pmatrix}1 & 1 & 0 & 0\\ 0 & 0 & 6 & 3\\ 8 & 4 & 2 & 1\end{pmatrix}\xrightarrow{-8r_1+r_3}\begin{pmatrix}1 & 1 & 0 & 0\\ 0 & 0 & 6 & 3\\ 0 & -4 & 2 & 1\end{pmatrix}\xrightarrow{r_2\leftrightarrow r_3}\begin{pmatrix}1 & 1 & 0 & 0\\ 0 & -4 & 2 & 1\\ 0 & 0 & 6 & 3\end{pmatrix}$$

将阶梯形矩阵 $\begin{pmatrix}8 & 4 & 2 & 1\\ 0 & \frac{1}{2} & -\frac{1}{4} & -\frac{1}{8}\\ 0 & 0 & 6 & 3\end{pmatrix}$ 化为行最简阶梯形矩阵 $\begin{pmatrix}1 & 0 & 0 & 0\\ 0 & 1 & 0 & 0\\ 0 & 0 & 1 & \frac{1}{2}\end{pmatrix}$。

将阶梯形矩阵 $\begin{pmatrix}1 & 1 & 0 & 0\\ 0 & -4 & 2 & 1\\ 0 & 0 & 6 & 3\end{pmatrix}$ 化为行最简阶梯形矩阵 $\begin{pmatrix}1 & 0 & 0 & 0\\ 0 & 1 & 0 & 0\\ 0 & 0 & 1 & \frac{1}{2}\end{pmatrix}$。

我们看到如下情况：

1）一个矩阵的阶梯形矩阵不是唯一的，但其行最简阶梯形矩阵是唯一的。

2）一个矩阵的阶梯形矩阵中所含非零行的行数是唯一的。

由此可以给这个唯一的非零行数下个定义——矩阵的秩。

定义 3 矩阵 $\boldsymbol{A}$ 的阶梯形矩阵非零行的行数，称为**矩阵 $\boldsymbol{A}$ 的秩**，记作 $r(\boldsymbol{A})$ 或 $R(\boldsymbol{A})$、$\mathrm{rank}(\boldsymbol{A})$。

例 3.5 求矩阵 $\boldsymbol{A}$ 的秩。

$$\boldsymbol{A}=\begin{pmatrix}3&2&0&5&0\\3&-2&3&6&1\\2&0&1&5&-3\\1&6&-4&-1&4\end{pmatrix}$$

解 由定义 3 知，求矩阵的秩就是将矩阵化成阶梯形后非零行的行数，即

$$\boldsymbol{A}=\begin{pmatrix}3&2&0&5&0\\3&-2&3&6&1\\2&0&1&5&-3\\1&6&-4&-1&4\end{pmatrix}\xrightarrow{r_1\leftrightarrow r_4}\begin{pmatrix}1&6&-4&-1&4\\3&-2&3&6&1\\2&0&1&5&-3\\3&2&0&5&0\end{pmatrix}$$

$$\xrightarrow[r_4-3r_1]{\substack{r_2-3r_1\\r_3-2r_1}}\begin{pmatrix}1&6&-4&-1&4\\0&-4&3&1&-1\\0&-12&9&7&-11\\0&-16&12&8&-12\end{pmatrix}\xrightarrow{\substack{r_3-3r_2\\r_4-4r_2}}\begin{pmatrix}1&6&-4&-1&4\\0&-4&3&1&-1\\0&0&0&4&-8\\0&0&0&4&-8\end{pmatrix}$$

$$\xrightarrow{r_4-r_3}\begin{pmatrix}1&6&-4&-1&4\\0&-4&3&1&-1\\0&0&0&4&-8\\0&0&0&0&0\end{pmatrix}$$

阶梯形矩阵有三个非零行，所以 $r(\boldsymbol{A})=3$。

例 3.6 设矩阵

$$\boldsymbol{A}=\begin{pmatrix}1&1&2&-2\\1&3&a&2a\\1&-1&6&0\end{pmatrix}$$

若 $r(\boldsymbol{A})=2$，求 a 的值。

解 先用初等行变换求出 $\boldsymbol{A}$ 的阶梯形矩阵。

$$\boldsymbol{A}=\begin{pmatrix}1&1&2&-2\\1&3&a&2a\\1&-1&6&0\end{pmatrix}\xrightarrow{\substack{r_2-r_1\\r_3-r_1}}\begin{pmatrix}1&1&2&-2\\0&2&a-2&2a+2\\0&-2&4&2\end{pmatrix}\xrightarrow{r_3+r_2}\begin{pmatrix}1&1&2&-2\\0&2&a-2&2a+2\\1&0&a+2&2a+4\end{pmatrix}$$

因 $r(\boldsymbol{A})=2$，则第三行必须是零行，所以有 $\begin{cases}a+2=0\\2a+4=0\end{cases}$，解得 $a=-2$。

- 矩阵等价。

定义 4 如果矩阵 $\boldsymbol{A}$ 经过有限次初等行变换可以化为矩阵 $\boldsymbol{B}$，就称矩阵 $\boldsymbol{A}$ 与 $\boldsymbol{B}$ 等价，记

作$\boldsymbol{A} \sim \boldsymbol{B}$。因此也可以用$\boldsymbol{A} \sim \boldsymbol{B}$来表示对矩阵$\boldsymbol{A}$施行有限次初等行变换化为矩阵$\boldsymbol{B}$的变换过程。

矩阵之间的等价关系具有下列性质：

1）反身性：$\boldsymbol{A} \sim \boldsymbol{A}$。

2）对称性：如果$\boldsymbol{A} \sim \boldsymbol{B}$，那么$\boldsymbol{B} \sim \boldsymbol{A}$。

3）传递性：如果$\boldsymbol{A} \sim \boldsymbol{B}$，$\boldsymbol{B} \sim \boldsymbol{C}$，那么$\boldsymbol{A} \sim \boldsymbol{C}$。

数学上把一个集合中具有上述三个性质的元素之间的关系称为它的一个等价关系。例如，当两个线性方程组有相同的解集合时，就称这两个线性方程组等价。在几何中，三角形相似是等价关系，直线平行是等价关系，数的相等是等价关系。但大于、小于和不相等不是数的等价关系。

矩阵的初等变换是矩阵的一种最基本的运算，其深刻意义在于它不改变矩阵的秩，即有

定理 1 若有$\boldsymbol{A} \sim \boldsymbol{B}$，则$r(\boldsymbol{A}) = r(\boldsymbol{B})$。

注意，反之不一定成立。

练习 3.1

1. $\boldsymbol{B} = \begin{pmatrix} 2 & -1 & 0 & 3 & -2 \\ 0 & 3 & 1 & -2 & 5 \\ 0 & 0 & 0 & 4 & -3 \\ 0 & 0 & 0 & 0 & 0 \end{pmatrix}$，求矩阵的秩$r(\boldsymbol{B})$。

2. 求矩阵$\boldsymbol{A} = \begin{pmatrix} 3 & 1 & 0 & 2 \\ 1 & -1 & 2 & -1 \\ 1 & 3 & -4 & -4 \end{pmatrix}$的秩。

3. 当λ为何值时，矩阵$\boldsymbol{A} = \begin{pmatrix} 1 & -1 & 2 & 1 \\ 2 & -1 & 7 & 2 \\ -1 & 2 & 1 & \lambda \end{pmatrix}$的秩等于 2。

4. 求矩阵$\boldsymbol{B} = \begin{pmatrix} 1 & -1 & 3 & -4 & 3 \\ 3 & -3 & 5 & -4 & 1 \\ 2 & -2 & 3 & -2 & 0 \\ 3 & -3 & 4 & -2 & -1 \end{pmatrix}$的秩，并用初等行变换把$\boldsymbol{B}$化为行最简阶梯形矩阵。求以$\boldsymbol{B}$为增广矩阵的线性方程组的解。

3.2 线性方程组解的判断

- 一般概念

若有n个未知数和m个方程的线性方程组为

$$\begin{cases} a_{11}x_1 + a_{12}x_2 + \cdots + a_{1n}x_n = b_1 \\ a_{21}x_1 + a_{22}x_2 + \cdots + a_{2n}x_n = b_2 \\ \quad \vdots \\ a_{m1}x_1 + a_{m2}x_2 + \cdots + a_{mn}x_n = b_m \end{cases} \tag{3-5}$$

系数矩阵$\boldsymbol{A}$，常数项向量$\boldsymbol{b}$，未知数向量$\boldsymbol{x}$分别为

$$A=\begin{pmatrix} a_{11} & a_{12} & \cdots & a_{1n} \\ a_{21} & a_{22} & \cdots & a_{2n} \\ \vdots & \vdots & & \vdots \\ a_{m1} & a_{m2} & \cdots & a_{mn} \end{pmatrix},\ b=\begin{pmatrix} b_1 \\ b_2 \\ \vdots \\ b_m \end{pmatrix},\ x=\begin{pmatrix} x_1 \\ x_2 \\ \vdots \\ x_n \end{pmatrix}$$

方程组（3-5）对应的矩阵方程为 $\boldsymbol{Ax}=\boldsymbol{b}$。当常数项全为0时，$\boldsymbol{Ax}=\boldsymbol{0}$ 称为**齐次线性方程组**；当常数项不全为0时，$\boldsymbol{Ax}=\boldsymbol{b}$ 称为**非齐次线性方程组**。

解线性方程组的一般步骤如图3-2所示。

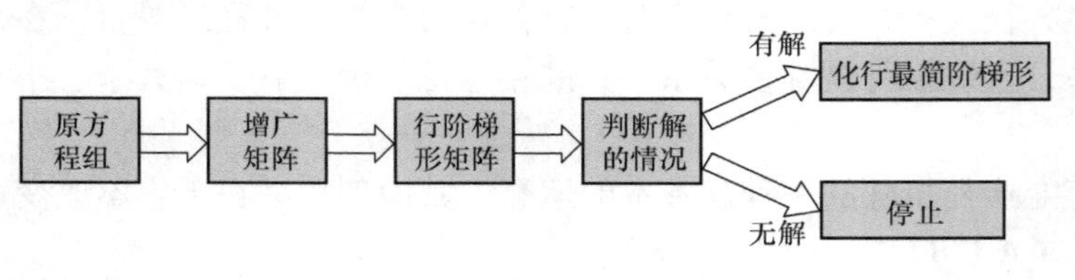

图 3-2

回顾例3.1、例3.2、例3.3方程组分别有唯一解、无穷多解和无解，从它们的增广矩阵的阶梯形矩阵看到：例3.1中，$r(\boldsymbol{A})=r(\boldsymbol{A},\boldsymbol{b})=3=n$；例3.2中，$r(\boldsymbol{A})=r(\boldsymbol{A},\boldsymbol{b})=2<n$；例3.3中，$r(\boldsymbol{A})\neq r(\boldsymbol{A}\quad \boldsymbol{b})$。所以，由系数矩阵的秩、增广矩阵的秩、方程组未知数个数可判断线性方程组解的情况，有以下定理：

定理2 n 元线性方程组 $\boldsymbol{Ax}=\boldsymbol{b}$，其增广矩阵 $\boldsymbol{B}=(\boldsymbol{A},\boldsymbol{b})$，$\boldsymbol{A}$ 为系数矩阵。

若 $r(\boldsymbol{A})=r(\boldsymbol{B})=n$，则 $\boldsymbol{Ax}=\boldsymbol{b}$ 有解，且解唯一。

若 $r(\boldsymbol{A})=r(\boldsymbol{B})=r<n$，则方程组有无穷多个解。

若 $r(\boldsymbol{A})\neq r(\boldsymbol{B})$，则方程组无解。

例3.7 解非齐次线性方程组

$$\begin{cases} x_1+x_2-x_3+2x_4=3 \\ 2x_1+x_2-3x_4=1 \\ -2x_1-2x_3+10x_4=4 \end{cases}$$

解 对线性方程组的增广矩阵做初等行变换。

$$[\boldsymbol{A},\boldsymbol{b}]=\begin{pmatrix} 1 & 1 & -1 & 2 & 3 \\ 2 & 1 & 0 & -3 & 1 \\ -2 & 0 & -2 & 10 & 4 \end{pmatrix}\xrightarrow[r_3+2r_1]{r_2-2r_1}\begin{pmatrix} 1 & 1 & -1 & 2 & 3 \\ 0 & -1 & 2 & -7 & -5 \\ 0 & 2 & -4 & 14 & 10 \end{pmatrix}$$

$$\xrightarrow{r_3+2r_2}\begin{pmatrix} 1 & 1 & -1 & 2 & 3 \\ 0 & -1 & 2 & -7 & -5 \\ 0 & 0 & 0 & 0 & 0 \end{pmatrix}\xrightarrow[-1\times r_2]{r_1+r_2}\begin{pmatrix} 1 & 0 & 1 & -5 & -2 \\ 0 & 1 & -2 & 7 & 5 \\ 0 & 0 & 0 & 0 & 0 \end{pmatrix}$$

此时 $r(\boldsymbol{A})=r(\boldsymbol{A},\ \boldsymbol{b})=2<n(n=4)$，方程组有无穷多解。得到同解方程组：

$$\begin{cases} x_1+x_3-5x_4=-2 \\ x_2-2x_3+7x_4=5 \end{cases}$$

将行最简阶梯形矩阵中首非零元对应的未知数 x_1、x_2 作为取值受约束的，x_3、x_4 作为取值不受约束的（称为自由未知数），可取任意常数。将自由未知数移至方程右端，即

$$\begin{cases} x_1 = -2 - x_3 + 5x_4 \\ x_2 = 5 + 2x_3 - 7x_4 \end{cases}$$

但为保持方程组的解应给出每个未知数的值的习惯，可在上式中补两个等式 $x_3 = x_3$，$x_4 = x_4$。由于 x_3、x_4 取任意常数，故变换一下形式：$x_3 = k_1$，$x_4 = k_2$。于是方程组全部的解（或称通解）为

$$\begin{cases} x_1 = -2 - k_1 + 5k_2 \\ x_2 = 5 + 2k_1 - 7k_2 \\ x_3 = k_1 \\ x_4 = k_2 \end{cases} \quad (k_1、k_2\text{为任意常数})$$

写成向量形式为

$$\begin{pmatrix} x_1 \\ x_2 \\ x_3 \\ x_4 \end{pmatrix} = \begin{pmatrix} -2 \\ 5 \\ 0 \\ 0 \end{pmatrix} + k_1 \begin{pmatrix} -1 \\ 2 \\ 1 \\ 0 \end{pmatrix} + k_2 \begin{pmatrix} 5 \\ -7 \\ 0 \\ 1 \end{pmatrix} \quad (k_1、k_2\text{为任意常数}) \tag{3-6}$$

例 3.8　解齐次线性方程组

$$\begin{cases} x_1 + 2x_2 + 4x_3 + x_4 = 0 \\ 2x_1 + 4x_2 + 8x_3 + 2x_4 = 0 \\ 3x_1 + 6x_2 + 2x_3 = 0 \end{cases}$$

解　用矩阵初等行变换将方程组的增广矩阵化成阶梯形矩阵，即

$$[\boldsymbol{A}, \boldsymbol{b}] = [\boldsymbol{A}, \boldsymbol{O}] = \begin{pmatrix} 1 & 2 & 4 & 1 & 0 \\ 2 & 4 & 8 & 2 & 0 \\ 3 & 6 & 2 & 0 & 0 \end{pmatrix} \xrightarrow[r_3 - 3r_1]{r_2 - 2r_1} \begin{pmatrix} 1 & 2 & 4 & 1 & 0 \\ 0 & 0 & 0 & 0 & 0 \\ 0 & 0 & -10 & -3 & 0 \end{pmatrix}$$

$$\xrightarrow{r_2 \leftrightarrow r_3} \begin{pmatrix} 1 & 2 & 4 & 1 & 0 \\ 0 & 0 & -10 & -3 & 0 \\ 0 & 0 & 0 & 0 & 0 \end{pmatrix}$$

从增广矩阵的阶梯形矩阵看到，$r(\boldsymbol{A}) = r(\boldsymbol{A}, \boldsymbol{O}) = 2 < n(n = 4)$，有无穷多解。为求通解，进一步将阶梯形矩阵化为行最简阶梯形矩阵，即

$$\begin{pmatrix} 1 & 2 & 4 & 1 & 0 \\ 0 & 0 & -10 & -3 & 0 \\ 0 & 0 & 0 & 0 & 0 \end{pmatrix} \xrightarrow{-\frac{1}{10} \times r_2} \begin{pmatrix} 1 & 2 & 4 & 1 & 0 \\ 0 & 0 & 1 & \frac{3}{10} & 0 \\ 0 & 0 & 0 & 0 & 0 \end{pmatrix} \xrightarrow{r_1 - 4r_2} \begin{pmatrix} 1 & 2 & 0 & -\frac{1}{5} & 0 \\ 0 & 0 & 1 & \frac{3}{10} & 0 \\ 0 & 0 & 0 & 0 & 0 \end{pmatrix}$$

对应的同解方程组为

$$\begin{cases} x_1 + 2x_2 - \frac{1}{5}x_4 = 0 \\ x_3 + \frac{3}{10}x_4 = 0 \end{cases}$$

将行最简形矩阵中首非零元对应的未知数 x_1、x_3 作为取值受约束的，x_2、x_4 作为自由未

知数，令$x_2=k_1$，$x_4=k_2$。将自由未知数移至方程右端，于是方程组的全部解为

$$\begin{cases}x_1=-2k_1+\dfrac{1}{5}k_2\\x_2=k_1\\x_3=-\dfrac{3}{10}k_2\\x_4=k_2\end{cases}\quad(k_1、k_2\text{ 为任意常数})$$

表示成向量形式为

$$\begin{pmatrix}x_1\\x_2\\x_3\\x_4\end{pmatrix}=k_1\begin{pmatrix}-2\\1\\0\\0\end{pmatrix}+k_2\begin{pmatrix}\dfrac{1}{5}\\0\\-\dfrac{3}{10}\\1\end{pmatrix}=k_1\boldsymbol{\beta}_1+k_2\boldsymbol{\beta}_2\quad(k_1、k_2\text{为任意常数})\tag{3-7}$$

齐次线性方程组可看作常数项为0的特殊非齐次线性方程组。在利用初等行变换将齐次线性方程组的增广矩阵化为阶梯形矩阵和行最简阶梯形矩阵的过程中，最右边一列常数项始终为0，没有变化。因此，为表述简便，对齐次线性方程组作初等行变换时，一般只对其系数矩阵$\boldsymbol{A}$作初等行变换。显然$r(\boldsymbol{A},\boldsymbol{O})=r(\boldsymbol{A})$，因而齐次线性方程组不会出现无解情况，至少有一个零解，即$\boldsymbol{x}=\boldsymbol{O}$。关于齐次线性方程组解的情况，只需研究在什么情况有非零解。

关于齐次线性方程组的解有如下定理。

定理3 如果n元齐次线性方程组$\boldsymbol{Ax}=\boldsymbol{O}$的系数矩阵$\boldsymbol{A}$的秩为$r$，

1）若$r<n$，则$\boldsymbol{Ax}=\boldsymbol{O}$除了零解外还有非零解。齐次线性方程组若有非零解，则必有无穷多解。

2）若$r=n$，则$\boldsymbol{Ax}=\boldsymbol{O}$只有零解。

例3.9 解齐次线性方程组：

$$\begin{cases}x_1-2x_2+x_3-x_4+x_5=0\\2x_1+x_2-x_3+2x_4-3x_5=0\\3x_1-2x_2-x_3+x_4-2x_5=0\\2x_1-5x_2+x_3-2x_4+2x_5=0\end{cases}$$

解 把系数矩阵化为阶梯形矩阵和行最简阶梯形矩阵，即

$$\boldsymbol{A}=\begin{pmatrix}1&-2&1&-1&1\\2&1&-1&2&-3\\3&-2&-1&1&-2\\2&-5&1&-2&2\end{pmatrix}\xrightarrow[r_4-2r_1]{\substack{r_2-2r_1\\r_3-3r_1}}\begin{pmatrix}1&-2&1&-1&1\\0&5&-3&4&-5\\0&4&-4&4&-5\\0&-1&-1&0&0\end{pmatrix}\xrightarrow[r_2\leftrightarrow r_4]{-1\times r_4}\begin{pmatrix}1&-2&1&-1&1\\0&1&1&0&0\\0&4&-4&4&-5\\0&5&-3&4&-5\end{pmatrix}$$

$$\xrightarrow[r_4-5r_2]{r_3-4r_2}\begin{pmatrix}1&-2&1&-1&1\\0&1&1&0&0\\0&0&-8&4&-5\\0&0&-8&4&-5\end{pmatrix}\xrightarrow{r_4-r_3}\xrightarrow[r_2\leftrightarrow r_4]{-1\times r_4}\begin{pmatrix}1&-2&1&-1&1\\0&1&1&0&0\\0&0&-8&4&-5\\0&0&0&0&0\end{pmatrix}$$

$$\xrightarrow{-\frac{1}{8}\times r_3}\begin{pmatrix}1 & -2 & 1 & -1 & 1\\0 & 1 & 1 & 0 & 0\\0 & 0 & 1 & -\frac{1}{2} & \frac{5}{8}\\0 & 0 & 0 & 0 & 0\end{pmatrix}\xrightarrow[r_2-r_3]{r_1-r_3}\begin{pmatrix}1 & -2 & 0 & -\frac{1}{2} & \frac{3}{8}\\0 & 1 & 0 & \frac{1}{2} & -\frac{5}{8}\\0 & 0 & 1 & -\frac{1}{2} & \frac{5}{8}\\0 & 0 & 0 & 0 & 0\end{pmatrix}$$

$$\xrightarrow{r_1+2r_2}\begin{pmatrix}1 & 0 & 0 & \frac{1}{2} & -\frac{7}{8}\\0 & 1 & 0 & \frac{1}{2} & -\frac{5}{8}\\0 & 0 & 1 & -\frac{1}{2} & \frac{5}{8}\\0 & 0 & 0 & 0 & 0\end{pmatrix}$$

由于$r(\boldsymbol{A})=3<n(n=5)$，方程组有非零解，取$x_4$、$x_5$作自由未知数，令$x_4=c_1$，$x_5=c_2$，通解为

$$\begin{cases}x_1=-\frac{1}{2}c_1+\frac{7}{8}c_2\\x_2=-\frac{1}{2}c_1+\frac{5}{8}c_2\\x_3=\frac{1}{2}c_1-\frac{5}{8}c_2\\x_4=c_1\\x_5=c_2\end{cases}$$

向量形式为

$$\begin{pmatrix}x_1\\x_2\\x_3\\x_4\\x_5\end{pmatrix}=c_1\begin{pmatrix}-\frac{1}{2}\\-\frac{1}{2}\\\frac{1}{2}\\1\\0\end{pmatrix}+c_1\begin{pmatrix}\frac{7}{8}\\\frac{5}{8}\\-\frac{5}{8}\\0\\1\end{pmatrix}=c_1\boldsymbol{\beta}_1+c_2\boldsymbol{\beta}_2\quad（c_1、c_2\text{为任意常数}）\tag{3-8}$$

例 3.10　讨论p、q为何值时，线性方程组

$$\begin{cases}x_1+x_2+x_3+x_4+x_5=1\\3x_1+2x_2+x_3+x_4-3x_5=p\\x_2+2x_3+2x_4+6x_5=3\\5x_1+4x_2+3x_3+3x_4-x_5=q\end{cases}$$

有解、无解，有解时求出其通解。

解　对方程组的增广矩阵做初等行变换化为阶梯形矩阵，即

$$[\boldsymbol{A},\boldsymbol{b}]=\begin{pmatrix}1&1&1&1&1&1\\3&2&1&1&-3&p\\0&1&2&2&6&3\\5&4&3&3&-1&q\end{pmatrix}\xrightarrow[r_4-5r_1]{r_2-3r_1}\begin{pmatrix}1&1&1&1&1&1\\0&-1&-2&-2&-6&p-3\\0&1&2&2&6&3\\0&-1&-2&-2&-6&q-5\end{pmatrix}$$

$$\xrightarrow[r_4-r_2]{r_3+r_2}\begin{pmatrix}1&1&1&1&1&1\\0&-1&-2&-2&-6&p-3\\0&0&0&0&0&p\\0&0&0&0&0&q-p-2\end{pmatrix}$$

考虑上面的阶梯形矩阵后两行对应的方程，当 $p\neq0$ 或 $q-p-2\neq0$ 时，至少有一个方程不能成立，此时 $r(\boldsymbol{A})=2$，$r(\boldsymbol{A},\boldsymbol{b})=3$，$r(\boldsymbol{A})\neq r(\boldsymbol{A},\boldsymbol{b})$，所以原方程组无解。

当 $p=0$ 且 $q=2$ 时，$r(\boldsymbol{A})=r(\boldsymbol{A},\boldsymbol{b})=2<n(n=5)$，方程组有无穷多解。

再化为行最简阶梯形矩阵，即

$$\begin{pmatrix}1&1&1&1&1&1\\0&-1&-2&-2&-6&-3\\0&0&0&0&0&0\\0&0&0&0&0&0\end{pmatrix}\xrightarrow[-1\times r_2]{r_1+r_2}\begin{pmatrix}1&0&-1&-1&-5&-2\\0&1&2&2&6&3\\0&0&0&0&0&0\\0&0&0&0&0&0\end{pmatrix}$$

对应的同解方程组为 $\begin{cases}x_1=-2+x_3+x_4+5x_5\\x_2=3-2x_3-2x_4-6x_5\end{cases}$，其中 x_3、x_4、x_5 是自由未知数。使自由未知数 x_3、x_4、x_5 取任意常数 c_1、c_2、c_3，则方程组的无穷多解为

$$\begin{cases}x_1=-2+c_1+c_2+5c_3\\x_2=3-2c_1-2c_2-6c_3\\x_3=c_1\\x_4=c_2\\x_5=c_3\end{cases}$$

综上所述，当 $p\neq0$ 或 $q-p-2\neq0$ 时，方程组无解。

当 $p=0$ 且 $q=2$ 时，方程组有无穷多解，方程组通解的向量形式为

$$\begin{pmatrix}x_1\\x_2\\x_3\\x_4\\x_5\end{pmatrix}=\begin{pmatrix}-2\\3\\0\\0\\0\end{pmatrix}+c_1\begin{pmatrix}1\\-2\\1\\0\\0\end{pmatrix}+c_2\begin{pmatrix}1\\-2\\0\\1\\0\end{pmatrix}+c_3\begin{pmatrix}5\\-6\\0\\0\\1\end{pmatrix}$$

令

$$\boldsymbol{x}=\begin{pmatrix}x_1\\x_2\\x_3\\x_4\\x_5\end{pmatrix},\boldsymbol{\beta}_0=\begin{pmatrix}-2\\3\\0\\0\\0\end{pmatrix},\boldsymbol{\beta}_1=\begin{pmatrix}1\\-2\\1\\0\\0\end{pmatrix},\boldsymbol{\beta}_2=\begin{pmatrix}1\\-2\\0\\1\\0\end{pmatrix},\boldsymbol{\beta}_3=\begin{pmatrix}5\\-6\\0\\0\\1\end{pmatrix}$$

那么，$x=\beta_0+c_1\beta_1+c_2\beta_2+c_3\beta_3$（$c_1$、$c_2$、$c_3$为任意常数）。　(3-9)

练习 3.2

1. 判断下列说法是否正确。

(1) 若 x_1、x_2是齐次方程组 $Ax=O$ 的解，则 x_1+x_2，kx_1，也是 $Ax=O$ 的解。

(2) 若 x_1、x_2是非齐次方程组 $Ax=b$ 的解，则 x_1-x_2是 $Ax=O$ 的解。

(3) 若 $Ax=b$ 有唯一解，则 $Ax=O$ 只有零解。

(4) 若 $Ax=b$ 有无穷多解，则 $Ax=O$ 有非零解。

(5) 上面 (3)、(4) 的说法反之也成立。

2. 若线性方程组 $Ax=b$ 的增广矩阵（A　b）经初等变换化为

$$(A\quad b)\rightarrow\cdots\rightarrow\begin{pmatrix}0&0&1&1\\1&0&0&3\\0&1&0&2\end{pmatrix}$$

求出此线性方程组的解。

3. 设线性方程组 $Ax=b$ 的增广矩阵（A，b）经过一系列初等变换化为如下形式：

$$(A,\ b)\rightarrow\cdots\rightarrow\begin{pmatrix}1&0&1&4&-1\\0&1&3&2&1\\0&0&0&\lambda(\lambda+1)&\lambda(\lambda-1)\end{pmatrix}$$

λ 为何值时，线性方程组无解；λ 为何值时，线性方程组有无穷多解。

4. 若矩阵 $B=\begin{pmatrix}1&2&-1&3\\0&0&1&2\\2&4&-1&8\\1&-2&0&0\end{pmatrix}$是一个非齐次线性方程组的增广矩阵，求出此线性方程组的解。

5. 设 $A=\begin{pmatrix}1&2&1\\2&3&t+2\\1&t&-2\end{pmatrix}$，$b=\begin{pmatrix}1\\3\\0\end{pmatrix}$，$x=\begin{pmatrix}x_1\\x_2\\x_3\end{pmatrix}$。

(1) 齐次方程组 $Ax=O$ 只有零解，则 t 值是多少？

(2) 线性方程组 $Ax=b$ 无解，则 t 值是多少？

3.3　线性相关性

对于线性方程组，有三个核心问题：方程组有没有解？如何求解？求解结果如何表示？利用矩阵的初等行变换、阶梯形矩阵、行最简阶梯形矩阵和矩阵的秩已经解决了前两个问题。回顾3.2 节中例3.7 ~例3.10 线性方程组有无穷多解，全部的解可以由已知向量的线性关系式表出，如例 3.8 齐次线性方程组全部的解为

$$\begin{pmatrix} x_1 \\ x_2 \\ x_3 \\ x_4 \end{pmatrix} = k_1 \begin{pmatrix} -2 \\ 1 \\ 0 \\ 0 \end{pmatrix} + k_2 \begin{pmatrix} \frac{1}{5} \\ 0 \\ -\frac{3}{10} \\ 1 \end{pmatrix} = k_1\boldsymbol{\beta}_1 + k_2\boldsymbol{\beta}_2$$

即 $\boldsymbol{x} = k_1\boldsymbol{\beta}_1 + k_2\boldsymbol{\beta}_2$。

它表示任意常数 k_1、k_2 一经确定一组值，$k_1\boldsymbol{\beta}_1 + k_2\boldsymbol{\beta}_2$ 就是方程组的一个具体的解了，而向量 $\boldsymbol{\beta}_1 = \begin{pmatrix} -2 \\ 1 \\ 0 \\ 0 \end{pmatrix}$，$\boldsymbol{\beta}_2 = \begin{pmatrix} \frac{1}{5} \\ 0 \\ -\frac{3}{10} \\ 1 \end{pmatrix}$ 也是方程组的解。为了能清晰描述线性方程组解的结构，需要了解线性相关的概念。

3.3.1 向量的线性相关性

定义 5 给出向量组 $\boldsymbol{\alpha}_1, \boldsymbol{\alpha}_2, \cdots, \boldsymbol{\alpha}_m$ 和向量 $\boldsymbol{b}$，如果存在一组数 $\lambda_1, \lambda_2, \cdots, \lambda_m$，使

$$\boldsymbol{b} = \lambda_1\boldsymbol{\alpha}_1 + \lambda_2\boldsymbol{\alpha}_2 + \cdots + \lambda_m\boldsymbol{\alpha}_m$$

则称向量 $\boldsymbol{b}$ 是向量组 $\boldsymbol{\alpha}_1, \boldsymbol{\alpha}_2, \cdots, \boldsymbol{\alpha}_m$ 的线性组合，或向量 $\boldsymbol{b}$ 能由向量组 $\boldsymbol{\alpha}_1, \boldsymbol{\alpha}_2, \cdots, \boldsymbol{\alpha}_m$ 线性表示。

对于线性方程组（3-5），令 $\boldsymbol{\alpha}_i = \begin{pmatrix} a_{1i} \\ a_{2i} \\ \vdots \\ a_{mi} \end{pmatrix} (i = 1, 2, \cdots, n)$，即 $\boldsymbol{\alpha}_i$ 为线性方程组中未知数 x_i 的系数向量，则方程组（3-5）可表示为如下向量形式：

$$\boldsymbol{\alpha}_1 x_1 + \boldsymbol{\alpha}_2 x_2 + \cdots + \boldsymbol{\alpha}_n x_n = \boldsymbol{b} \tag{3-10}$$

由方程组（3-10）可见，向量 $\boldsymbol{b}$ 能否由向量组 $\boldsymbol{\alpha}_1, \boldsymbol{\alpha}_2, \cdots, \boldsymbol{\alpha}_n$ 线性表示等价于线性方程组（3-5）是否有解的问题。我们知道，线性方程组 $\boldsymbol{Ax} = \boldsymbol{b}$ 有解的充要条件是 $r(\boldsymbol{A}) = r(\boldsymbol{A}, \boldsymbol{b})$，故有：

定理 4 向量 $\boldsymbol{b}$ 能由向量组 $\boldsymbol{\alpha}_1, \boldsymbol{\alpha}_2, \cdots, \boldsymbol{\alpha}_n$ 的线性表示的充分必要条件是矩阵 $\boldsymbol{A} = [\boldsymbol{\alpha}_1, \boldsymbol{\alpha}_2, \cdots, \boldsymbol{\alpha}_n]$ 的秩与矩阵 $[\boldsymbol{A}, \boldsymbol{b}] = [\boldsymbol{\alpha}_1, \boldsymbol{\alpha}_2, \cdots, \boldsymbol{\alpha}_n, \boldsymbol{b}]$ 的秩相等。

例 3.11 设向量 $\boldsymbol{\alpha}_1 = \begin{pmatrix} 1 \\ 2 \\ -1 \\ 5 \end{pmatrix}$，$\boldsymbol{\alpha}_2 = \begin{pmatrix} 2 \\ -1 \\ 1 \\ 1 \end{pmatrix}$，$\boldsymbol{b} = \begin{pmatrix} 4 \\ 3 \\ -1 \\ 11 \end{pmatrix}$，证明向量 $\boldsymbol{b}$ 能由向量组 $\boldsymbol{\alpha}_1$，$\boldsymbol{\alpha}_2$ 线性表示，并求出表示式。

解 根据定理 4，要证矩阵 $\boldsymbol{A} = [\boldsymbol{\alpha}_1, \boldsymbol{\alpha}_2]$ 与矩阵 $[\boldsymbol{A}, \boldsymbol{b}] = [\boldsymbol{\alpha}_1, \boldsymbol{\alpha}_2, \boldsymbol{b}]$ 的秩相等。为此，把矩阵 $[\boldsymbol{\alpha}_1, \boldsymbol{\alpha}_2, \boldsymbol{b}]$ 化为行最简阶梯形矩阵，即

$$[\boldsymbol{\alpha}_1,\boldsymbol{\alpha}_2,\boldsymbol{b}]=\begin{pmatrix}1&2&4\\2&-1&3\\-1&1&-1\\5&1&11\end{pmatrix}\sim\begin{pmatrix}1&2&4\\0&-5&-5\\0&3&3\\0&-9&-9\end{pmatrix}\sim\begin{pmatrix}1&2&4\\0&1&1\\0&0&0\\0&0&0\end{pmatrix}\sim\begin{pmatrix}1&0&2\\0&1&1\\0&0&0\\0&0&0\end{pmatrix}$$

得 $r(\boldsymbol{A})=r(\boldsymbol{A},\ \boldsymbol{b})=2$。因此，向量 $\boldsymbol{b}$ 能由向量组 $\boldsymbol{\alpha}_1$，$\boldsymbol{\alpha}_2$线性表示。此时，设 $\boldsymbol{b}=x_1\boldsymbol{\alpha}_1+x_2\boldsymbol{\alpha}_2$，由行最简阶梯形矩阵可知，$x_1=2$，$x_2=1$，所以，$\boldsymbol{b}=2\boldsymbol{\alpha}_1+\boldsymbol{\alpha}_2$。

定义 6 给定向量组 $\boldsymbol{\alpha}_1$，$\boldsymbol{\alpha}_2$，…，$\boldsymbol{\alpha}_m$，如果存在一组不全为 0 的数 λ_1，λ_2，…，λ_m，使

$$\lambda_1\boldsymbol{\alpha}_1+\lambda_2\boldsymbol{\alpha}_2+\cdots+\lambda_m\boldsymbol{\alpha}_m=0$$

则称向量组 $\boldsymbol{\alpha}_1$，$\boldsymbol{\alpha}_2$，…，$\boldsymbol{\alpha}_m$线性相关，否则称它们线性无关。

向量组线性相关与线性无关概念可以移用到线性方程组。当方程组中有某个方程可以由其他方程表示时，这个方程就是多余的，此时，称方程组的各个方程是线性相关的；当方程组中没有多余方程，就称方程组的各个方程是线性无关的（或线性独立）。显然，线性方程组 $\boldsymbol{Ax}=\boldsymbol{b}$ 线性相关的充分必要条件是增广矩阵［$\boldsymbol{A}$，$\boldsymbol{b}$］的行向量组线性相关。

3.3.2 基础解系与齐次线性方程组的解的结构

定义 7 设 $\boldsymbol{\xi}_1$，$\boldsymbol{\xi}_2$，…，$\boldsymbol{\xi}_s$是齐次线性方程组 $\boldsymbol{Ax}=\boldsymbol{O}$ 的一组解向量，并且

1）$\boldsymbol{\xi}_1$，$\boldsymbol{\xi}_2$，…，$\boldsymbol{\xi}_s$线性无关。

2）方程组 $\boldsymbol{Ax}=\boldsymbol{O}$ 的任一解向量 $\boldsymbol{\xi}$ 都可以由向量组 $\boldsymbol{\xi}_1$，$\boldsymbol{\xi}_2$，…，$\boldsymbol{\xi}_s$线性表示，则称 $\boldsymbol{\xi}_1$，$\boldsymbol{\xi}_2$，…，$\boldsymbol{\xi}_s$是齐次线性方程组 $\boldsymbol{Ax}=\boldsymbol{O}$ 的一个基础解系。

定理 5 若 n 元齐次线性方程组 $\boldsymbol{Ax}=\boldsymbol{O}$ 系数矩阵 $\boldsymbol{A}$ 的秩 $r(\boldsymbol{A})<n$，那么 $\boldsymbol{Ax}=\boldsymbol{O}$ 有基础解系，且基础解系所含的解向量的个数等于 $n-r$。$\boldsymbol{Ax}=\boldsymbol{O}$ 的全部解可由它的一个基础解系 $\boldsymbol{\xi}_1$，$\boldsymbol{\xi}_2$，…，$\boldsymbol{\xi}_{n-r}$线性表示，即

$$\boldsymbol{x}=k_1\boldsymbol{\xi}_1+k_2\boldsymbol{\xi}_2+\cdots+k_{n-r}\boldsymbol{\xi}_{n-r} \tag{3-11}$$

其中，k_1，k_2，…，k_{n-r}为任意常数。

注意

1. 式（3-11）表示了齐次线性方程组解的结构。所以，要求齐次线性方程组的通解，只需求出它的一个基础解系。

2. 齐次线性方程组 $\boldsymbol{Ax}=\boldsymbol{O}$ 的基础解系不唯一，但它们包含的解向量的个数相同。

例 3.12 求齐次线性方程组

$$\begin{cases}x_1+2x_2-x_3+x_4=0\\2x_1-3x_2+x_3-2x_4=0\\4x_1+x_2-x_3+\ =0\end{cases}$$

的基础解系。

解 对系数矩阵作初等行变换化为行最简阶梯形矩阵，即

$$\boldsymbol{A}=\begin{pmatrix}1&2&-1&1\\2&-3&1&-2\\4&1&-1&0\end{pmatrix}\xrightarrow[r_3-4r_1]{r_2-2r_1}\begin{pmatrix}1&2&-1&1\\0&-7&3&-4\\0&-7&3&-4\end{pmatrix}\xrightarrow[-\frac{1}{7}\times r_2]{r_3-r_2}\begin{pmatrix}1&2&-1&1\\0&1&-\frac{3}{7}&\frac{4}{7}\\0&0&0&0\end{pmatrix}$$

$$\xrightarrow{r_1-2r_2}\begin{pmatrix}1&0&-\frac{1}{7}&-\frac{1}{7}\\0&1&-\frac{3}{7}&\frac{4}{7}\\0&0&0&0\end{pmatrix}$$

此时，$r(\boldsymbol{A})=2<n=4$，故 $\boldsymbol{Ax}=\boldsymbol{O}$ 有基础解系，且基础解系包含 2 个（$n-r=4-2=2$）解向量。

行最简形矩阵对应的同解方程组为

$$\begin{cases}x_1=\frac{1}{7}x_3+\frac{1}{7}x_4\\x_2=\frac{3}{7}x_3-\frac{4}{7}x_4\end{cases}\tag{3-12}$$

令自由未知数$\begin{pmatrix}x_3\\x_4\end{pmatrix}=\begin{pmatrix}1\\0\end{pmatrix}$，$\begin{pmatrix}0\\1\end{pmatrix}$，代入方程组（3-12），得$\begin{pmatrix}x_1\\x_2\end{pmatrix}=\begin{pmatrix}\frac{1}{7}\\\frac{3}{7}\end{pmatrix}$，$\begin{pmatrix}\frac{1}{7}\\-\frac{4}{7}\end{pmatrix}$，所以，基础解系为

$$\boldsymbol{\xi}_1=\begin{pmatrix}\frac{1}{7}\\\frac{3}{7}\\1\\0\end{pmatrix},\ \boldsymbol{\xi}_2=\begin{pmatrix}\frac{1}{7}\\-\frac{4}{7}\\0\\1\end{pmatrix}$$

方程组的全部解为

$$\boldsymbol{x}=k_1\begin{pmatrix}\frac{1}{7}\\\frac{3}{7}\\1\\0\end{pmatrix}+k_2\begin{pmatrix}\frac{1}{7}\\-\frac{4}{7}\\0\\1\end{pmatrix}=k_1\boldsymbol{\xi}_1+k_2\boldsymbol{\xi}_2\quad(k_1、k_2\text{ 为任意常数})$$

也可以令自由未知数$\begin{pmatrix}x_3\\x_4\end{pmatrix}=\begin{pmatrix}7\\0\end{pmatrix}$，$\begin{pmatrix}0\\7\end{pmatrix}$，代入式（3-12），得$\begin{pmatrix}x_1\\x_2\end{pmatrix}=\begin{pmatrix}1\\3\end{pmatrix}$，$\begin{pmatrix}1\\-4\end{pmatrix}$，此时基础解系为

$$\boldsymbol{\xi}_1=\begin{pmatrix}1\\3\\7\\0\end{pmatrix},\ \boldsymbol{\xi}_2=\begin{pmatrix}1\\-4\\0\\7\end{pmatrix}$$

所以方程组的全部解为

$$x = k_1\begin{pmatrix}1\\3\\7\\0\end{pmatrix} + k_2\begin{pmatrix}1\\-4\\0\\7\end{pmatrix} \quad (k_1、k_2 \text{ 为任意常数})$$

注意

例 3.11 提供了求基础解系的一种方法。在行最简形对应的方程组中，分别令一个自由未知数不为 0（如取 1 或其他整数），其余自由未知数为 0，便可得到基础解系。

3.3.3 非齐次线性方程组的解的结构

例 3.7、例 3.10 的通解，都是由两部分组成：带任意常数部分及不带任意常数部分。不带常数的部分 $\boldsymbol{\beta}_0$ 是当任意常数均为 0 时方程组的解。带常数部分 $\boldsymbol{\beta}_1$、$\boldsymbol{\beta}_2$、$\boldsymbol{\beta}_3$ 不是方程组的解，而是对应的齐次方程组的解，并且构成齐次方程组的基础解系。

关于非齐次线性方程组的解的结构，可以证明有如下定理。

定理 6　设 $\boldsymbol{\beta}$ 是非齐次线性方程组 $\boldsymbol{Ax}=\boldsymbol{b}$ 的一个解，$\boldsymbol{\beta}_1$，$\boldsymbol{\beta}_2$，…，$\boldsymbol{\beta}_{n-r}$ 是对应的齐次方程组 $\boldsymbol{Ax}=\boldsymbol{O}$ 的基础解系，则非齐次线性方程组 $\boldsymbol{Ax}=\boldsymbol{b}$ 的通解为

$$\boldsymbol{x} = \boldsymbol{\beta}_0 + k_1\boldsymbol{\beta}_1 + k_2\boldsymbol{\beta}_2 + \cdots + k_{n-r}\boldsymbol{\beta}_{n-r} \quad (k_1, k_2, \cdots, k_{n-r} \text{ 为任意常数})$$

练习 3.3

1. 若非齐次线性方程组 $\boldsymbol{Ax}=\boldsymbol{b}$ 的增广矩阵（$\boldsymbol{A}$，$\boldsymbol{b}$）经过一系列初等行变换后，化为 $\begin{pmatrix}1&1&1&2\\0&0&1&1\\0&0&0&0\\0&0&0&0\end{pmatrix}$，由此可得 $r(\boldsymbol{A})=$______，基础解系包含______个线性无关的向量，$\boldsymbol{Ax}=\boldsymbol{b}$ 的通解为______。

2. 判断向量组 $\boldsymbol{\alpha}_1=\begin{pmatrix}1\\0\\1\end{pmatrix}$，$\boldsymbol{\alpha}_2=\begin{pmatrix}0\\0\\-1\end{pmatrix}$，$\boldsymbol{\alpha}_3=\begin{pmatrix}1\\-2\\0\end{pmatrix}$ 是否线性相关。

3. 求齐次线性方程组 $\begin{cases}x_1-8x_2+10x_3+2x_4=0\\2x_1+4x_2+5x_3-x_4=0\\3x_1+8x_2+6x_3-2x_4=0\end{cases}$ 的基础解系，并写出通解。

4. 求解非齐次线性方程组 $\begin{cases}x_1+2x_2=5\\2x_1+x_2+x_3+2x_4=1\\5x_1+3x_2+2x_3+2x_4=3\end{cases}$。

拓展阅读一

约翰·卡尔·弗里德里希·高斯

约翰·卡尔·弗里德里希·高斯（Johann Carl Friedrich Gauss，1777—1855）是德国著

名数学家、物理学家、天文学家、大地测量学家，如图3-3所示。高斯是近代数学奠基者之一，被认为是历史上最重要的数学家之一，并享有“数学王子”之称。高斯和阿基米德、牛顿、欧拉并列为“世界四大数学家”。高斯一生成就极为丰硕，以他名字“高斯”命名的成果达110个，属数学家中之最。他对数论、代数、统计、分析、微分几何、大地测量学、地球物理学、力学、静电学、天文学、矩阵理论和光学皆有贡献。

高斯是一对贫穷夫妇的唯一的孩子。他的母亲罗捷雅是一个贫穷石匠的女儿，虽然十分聪明，但却没有接受过教育。在成为高斯父亲的第二个妻子之前，她从事女佣工作。他的父亲格尔恰尔德·迪德里赫曾做过园丁、工头、商人的助手和一个小保险公司的评估师。

高斯三岁时便能够纠正他父亲的借债账目的错误，这已经成为一个逸事流传至今。他曾说，他在麦仙翁堆上学会计算。能够在头脑中进行复杂的计算，是上帝赐予他一生的天赋。

父亲对高斯要求极为严厉，甚至有些过分。高斯尊重他的父亲，并且秉承了其父诚实、谨慎的性格。高斯有一位鼎力支持他成才的母亲。高斯一生下来，就对一切现象和事物十分好奇，而且决心弄个水落石出，这已经超出了一个孩子能被许可的范围。当丈夫为此训斥孩子时，她总是支持高斯，坚决反对顽固的丈夫把儿子变得跟他一样无知。

在成长过程中，幼年的高斯主要得力于他的母亲罗捷雅和舅舅弗里德里希。弗里德里希富有智慧，为人热情而又聪明能干，投身于纺织贸易颇有成就。他发现姐姐的儿子聪明伶俐，因此他就把一部分精力花在这位小天才身上，用生动活泼的方式开发高斯的智力。

若干年后，已成年并成就显赫的高斯回想起舅舅为他所做的一切，深感对他成才之重要。他想到舅舅多才的思想，不无伤感地说，舅舅去世使“我们失去了一位天才”。正是由于弗里德里希慧眼识英才，经常劝导姐夫让孩子向学者方面发展，才使得高斯没有成为园丁或者泥瓦匠。高斯家乡的纪念雕像如图3-4所示。

图 3-3

图 3-4

罗捷雅真的希望儿子能干出一番伟大的事业，她对高斯的才华极为珍视。然而，她也不敢轻易地让儿子投入不能养家糊口的数学研究中。在高斯19岁那年，尽管他已做出了许多伟大的数学成就，但她仍向数学界的朋友W. 波尔约问道：高斯将来会有出息吗？波尔约说她的儿子将是“欧洲最伟大的数学家”，为此她激动得热泪盈眶。

高斯7岁开始上学。10岁的时候，他进入了学习数学的班级，这是一个首次创办的班，孩子们在这之前都没有听说过数学这么一门课程。数学教师是布特纳，他对高斯的成长也起了一定作用。

一天，老师布置了一道题：1+2+3+…+100等于多少？

高斯很快就算出了答案，起初高斯的老师布特纳并不相信高斯算出了正确答案：“你一定是算错了，回去再算算。”高斯说答案就是5050，他是这样算的：$1+100=101$，$2+99=101$……加到100有50组这样的数，所以$50\times101=5050$。

布特纳对他刮目相看。他特意从汉堡买了最好的算术书送给高斯，说：“你已经超过了我，我没有什么东西可以教你了。”之后，高斯与布特纳的助手巴特尔斯建立了真诚的友谊，直到巴特尔斯逝世。他们一起学习，互相帮助，高斯由此开始了真正的数学研究。

1788年，11岁的高斯进入了文科学校，他在新的学校里，所有的功课都极好，特别是古典文学、数学尤为突出。他的教师们把他推荐给伯伦瑞克公爵，希望公爵能资助这位聪明的孩子上学。

公爵卡尔·威廉·斐迪南召见了14岁的高斯。这位朴实、聪明但家境贫寒的孩子赢得了公爵的同情，公爵慷慨地提出愿意做高斯的资助人，让他继续学习。

高斯具有浓厚的宗教感情、贵族的举止和保守的倾向。他一直远离他那个时代的进步政治潮流。在高斯身上表现出的矛盾是与他实际上的和谐结合在一起的。高斯身为才华横溢的数学家，对于数具有非凡的记忆力。他既是一个深刻的理论家，又是一个杰出的数学实践家。教学是他最讨厌的事，因此他只有少数几个学生。但他的那些影响数学发展进程的论著（大约155篇）却使他呕心沥血。有3个原则指导他的工作：少说些，但要成熟些；不留下进一步要做的事；极为严格的要求。

从他死后出版的著作中可以看出，他有许多重要和内容广泛的论文从未发表，因为按他的意见，它们都不符合那三个原则。高斯所追求的数学研究题目都是那些他能在其中预见到具有某种有意义联系的概念和结果，它们由于优美和普遍而值得称道。

高斯对代数的重要贡献是证明了代数基本定理，他的“存在性证明”开创了数学研究的新途径。事实上，在高斯之前有许多数学家认为已给出了这个结果的证明，可是没有一个证明是严密的。高斯把前人证明的缺失一一指出来，然后提出自己的见解。高斯在1816年左右就找到“非欧几何”的原理。他还深入研究复变函数，建立了一些基本概念并发现了著名的“柯西积分定理”。他还发现椭圆函数的双周期性，但这些理论在他生前都没发表出来。

在物理学方面，高斯最引人注目的成就是在1833年和物理学家韦伯发明了有线电报，这使高斯的声望超出了学术圈而进入公众社会。除此以外，高斯在力学、测地学、水工学、电动学、磁学和光学等方面均有杰出的贡献。

高斯不仅对数学做出了意义深远的贡献，而且对19世纪的天文学、大地测量学和电磁学的实际应用也做出了重要的贡献。

高斯开辟了许多新的数学领域，从最抽象的代数数论到内蕴几何学，都留下了他的足迹。从研究风格、方法乃至所取得的具体成就方面，他都是18、19世纪的中坚人物。

如果把18世纪的数学家想象为一系列的高山峻岭，那么最后一个令人肃然起敬的巅峰就是高斯；如果把19世纪的数学家想象为一条条江河，那么其源头就是高斯。高斯头像和高斯的花体亲笔签名如图3-5和图3-6所示。

图 3-5

图 3-6

德国发行了三种邮票用以纪念高斯。第一种邮票（见图 3-7）发行于 1955 年——他死后的第 100 年；另外两种邮票（第 1246 号和第 1811 号）发行于 1977 年——他诞辰 200 周年。1989 年到 2001 年年底，高斯的头像和他所写的正态曲线印制在德国 10 马克的钞票上，如图 3-8 所示。

图 3-7

图 3-8

拓展阅读二

线性方程组的应用——投入产出模型

投入产出模型由美国经济学家列昂惕夫（W. Leontief）于 1931 年开始研究，并于 1936 年发表第一篇研究成果。此后数十年间，其成果被越来越多的国家采用并取得良好效果，列昂惕夫因此获得 1973 年的诺贝尔经济学奖。投入产出模型是研究经济系统各部门的投入产出平衡关系的数学模型，经济系统中各部门的经济活动是相互依存、相互影响的。每个部门在生产过程中都要消耗自身和其他部门提供的产品或服务（称之为投入），同时每个部门也向其他部门或自身提供自己的产品或服务（称之为产出）。

例如，假设将某城市的煤矿、电力、地方铁路三个企业作为一个经济系统，每个部门都要用系统内部各部门的产品来加工生成本部门产品，如电厂生产电的时候既要用煤还要用到一定的铁路运能，系统每个部门既是生产部门也是消耗部门，消耗系统内部的产品为投入，生产所得本部门产品为产出。某一周期内三个企业的投入产出数据见表 3-1。

表 3-1　投入产出表

投入 \ 产出		系统内部消耗（需求）			系统外部需求（订单等）	总产品
		煤矿	电力	铁路		
生产部门	煤矿	0.00	0.40	0.45	d_1	x_1
	电力	0.25	0.05	0.10	d_2	x_2
	铁路	0.35	0.20	0.10	d_3	x_3

表中数据称为直接消耗系数，用矩阵表示如下：

$$\boldsymbol{M}=\begin{pmatrix}0 & 0.40 & 0.45\\ 0.25 & 0.05 & 0.10\\ 0.35 & 0.20 & 0.10\end{pmatrix}$$

这个矩阵 $\boldsymbol{M}$ 称为**直接消耗矩阵**，其中 m_{ij} 表示每生产单位价值的第 j 种产品所要消耗的第 i 种产品价值。如 $m_{32}=0.20$ 表示每生产单位价值的电力要直接消耗 0.20 元价值的地方铁路运能，第 3 列元素表示每生产单位价值的铁路运能要消耗掉 0.45 元价值的煤，0.10 元价值的电，0.10 元价值的铁路运能。

通常一个企业生产出的总产品首先是投入维持系统内部的正常运行，其次是满足系统外部的订单需求。假设某一周期这三个企业收到的订单分别是：煤矿 d_1、电力 d_2、铁路 d_3；三个企业应生产的总产出分别是 x_1、x_2、x_3，根据投入产出表可得到下列关系：

$$\begin{cases}x_1=0x_1+0.4x_2+0.45x_3+d_1\\ x_2=0.25x_1+0.05x_2+0.1x_3+d_2\\ x_3=0.35x_1+0.2x_2+0.1x_3+d_3\end{cases}\tag{3-13}$$

将各企业总产出和外部需求（如订单）用向量表示：

$$\boldsymbol{x}=\begin{pmatrix}x_1\\ x_2\\ x_3\end{pmatrix},\ \boldsymbol{d}=\begin{pmatrix}d_1\\ d_2\\ d_3\end{pmatrix}$$

则线性方程组（3-13）可表示为矩阵形式，即

$$\boldsymbol{x}=\boldsymbol{M}\boldsymbol{x}+\boldsymbol{d}\tag{3-14}$$

或写成

$$(\boldsymbol{E}-\boldsymbol{M})\boldsymbol{x}=\boldsymbol{d}\tag{3-15}$$

其中，$\boldsymbol{E}$ 为与直接消耗矩阵 $\boldsymbol{M}$ 同阶的单位阵，这个方程组表示总产出的一部分用于系统生产运作，另一部分用于满足订单，称为分配平衡方程；$(\boldsymbol{E}-\boldsymbol{M})$ 为列昂惕夫矩阵。

直接消耗矩阵 $\boldsymbol{M}=\begin{pmatrix}0 & 0.4 & 0.45\\ 0.25 & 0.05 & 0.1\\ 0.35 & 0.2 & 0.1\end{pmatrix}$，则 $(\boldsymbol{E}-\boldsymbol{M})=\begin{pmatrix}1 & -0.4 & -0.45\\ -0.25 & 0.95 & -0.1\\ -0.35 & -0.2 & 0.9\end{pmatrix}$。

当已知企业订单数额，用高斯消元法或逆矩阵就可求出总产品向量，即

$$\boldsymbol{x}=(\boldsymbol{E}-\boldsymbol{M})^{-1}\boldsymbol{d}$$

若已知煤矿、电力、铁路运力的订单需求为 $\boldsymbol{d}=\begin{pmatrix}d_1\\d_2\\d_3\end{pmatrix}=\begin{pmatrix}530\\420\\360\end{pmatrix}$，那么总产品

$$\boldsymbol{x}=(\boldsymbol{E}-\boldsymbol{M})^{-1}\boldsymbol{d}=\begin{pmatrix}1.4941 & 0.8052 & 0.8365\\0.4652 & 1.3286 & 0.3802\\0.6844 & 0.6084 & 1.5209\end{pmatrix}\begin{pmatrix}530\\420\\360\end{pmatrix}=\begin{pmatrix}1431.2\\941.4\\1165.8\end{pmatrix}$$

即煤矿、电力、地方铁路应生产总产品分别为1431.2单位、941.4单位、1165.8单位。

只要矩阵方程（3-15）有非负解，这个经济系统就是可行的。

在实际生产过程中，经济系统各部门之间除了存在直接消耗关系外，还存在间接消耗关系，如生产1元的铁路运能要直接消耗0.45元的煤、0.10元的电，而被消耗的0.45元煤和0.10元电又要消耗电，就有了一个确定每生产1元的铁路运能总共消耗多少电的完全消耗系数问题。

完全消耗系数为 c_{ij}，表示每生产单位价值的第 j 种产品时消耗的第 i 种产品的总量，完全消耗是直接消耗与间接消耗之和。

完全消耗矩阵形式

$$\boldsymbol{C}=\begin{pmatrix}c_{11} & c_{12} & c_{13}\\c_{21} & c_{22} & c_{23}\\c_{31} & c_{32} & c_{33}\end{pmatrix}$$

直接消耗矩阵形式

$$\boldsymbol{M}=\begin{pmatrix}m_{11} & m_{12} & m_{13}\\m_{21} & m_{22} & m_{23}\\m_{31} & m_{32} & m_{33}\end{pmatrix}$$

间接消耗可理解为生产单位价值第 j 种产品要直接消耗第 r 种产品，即 m_{rj}，而为生产价值为 m_{rj} 的第 r 种产品完全消耗第 i 种产品价值为 $c_{ir}m_{rj}$。

所以，$c_{ij}=m_{ij}+c_{i1}m_{1j}+c_{i2}m_{2j}+c_{i3}m_{3j}=m_{ij}+\sum_{r=1}^{3}c_{ir}m_{rj}$

用矩阵形式表示为

$$\boldsymbol{C}=\boldsymbol{M}+\boldsymbol{CM} \tag{3-16}$$

或

$$\boldsymbol{C}(\boldsymbol{E}-\boldsymbol{M})=\boldsymbol{M} \tag{3-17}$$

利用逆矩阵，由式（3-17）解得

$$\boldsymbol{C}=\boldsymbol{M}(\boldsymbol{E}-\boldsymbol{M})^{-1}=(\boldsymbol{E}-(\boldsymbol{E}-\boldsymbol{M}))(\boldsymbol{E}-\boldsymbol{M})^{-1}=(\boldsymbol{E}-\boldsymbol{M})^{-1}-\boldsymbol{E}$$

将 $(\boldsymbol{E}-\boldsymbol{M})^{-1}$ 数据代入，得

$$\boldsymbol{C}=\begin{pmatrix}0.4941 & 0.8052 & 0.8365\\0.4652 & 0.3286 & 0.3802\\0.6844 & 0.6084 & 0.5209\end{pmatrix}$$

$c_{32}=0.6084$ 表示生产1元的电要完全消耗铁路运能0.6084元。

为便于理解投入产出模型的概念和方法，表3-1是将实际问题和数字简化之后的投入产

出表。一般地，经济系统的价值型投入产出表的结构见表 3-2。

表 3-2　价值型投入产出表

投入　部门间流量　产出		消耗部门（系统内部需求）				最终产品（系统外部需求）				总产品
		1	2	…	n	消费	积累	…	合计	
生产部门	1	x_{11}	x_{12}	…	x_{1n}				d_1	x_1
	2	x_{21}	x_{22}	…	x_{2n}				d_2	x_2
	⋮	⋮	⋮	⋮	⋮				⋮	⋮
	n	x_{n1}	x_{n2}	…	x_{nn}				d_n	x_n
净产值	劳动报酬	v_1	v_2	…	v_n					
	纯收入	m_1	m_2	…	m_n					
	合计	z_1	z_2	…	z_n					
总产值		x_1	x_2	…	x_n					

x_j表示第 j 部门的总产品价值，x_{ij}表示在生产过程中直接消耗第 i 部门的产品价值量，第 j 部门生产单位价值产品所消耗第 i 部门的产品价值量为$\frac{x_{ij}}{x_j}$，称为第 j 部门对第 i 部门的直接消耗系数。

- 直接消耗系数矩阵的经济意义：若 $\boldsymbol{M}$ 表示直接消耗系数矩阵，那么系统为生产最终产品 d 所直接消耗的本系统产品为 $\boldsymbol{M}d$。
- 完全消耗系数矩阵的经济意义：若 $\boldsymbol{C}$ 表示完全消耗系数矩阵，那么系统为生产最终产品 d 所完全消耗的本系统产品为 $\boldsymbol{C}d$。

第4章

特征值与特征向量

本章介绍特征值、 特征向量、 相似矩阵及矩阵对角化的概念及其应用。

4.1 节介绍矩阵的特征值与特征向量的含义、 几何意义与性质。

4.2 节介绍矩阵相似、 矩阵对角化的条件和方法。

4.3 节介绍马尔可夫链。

线性代数依其内容可分为两部分：第一部分，通过引进各种数学工具，如向量、矩阵、行列式、初等变换等，对线性方程组进行求解，研究它有解的条件和解的结构；第二部分，对第一部分引进的数学工具和一些概念，如向量、向量空间等做进一步的研究发展，发展出特征值与特征向量、相似矩阵与矩阵对角化、二次型的标准型与规范型、合同变换与合同矩阵等更深层次的知识和应用。第二部分不仅丰富了数学知识体系本身，而且是物理学、信息技术研究中不可缺少的有力工具。

4.1 特征值与特征向量

4.1.1 特征值与特征向量的含义

例2.3介绍了线性变换 $\boldsymbol{y}=\boldsymbol{A}\boldsymbol{x}$，通过 $\boldsymbol{y}=\boldsymbol{A}\boldsymbol{x}$ 有可能使向量 $\boldsymbol{x}$ 往各个方向变化。但通常会有某些特殊向量，$\boldsymbol{A}$ 对这些向量的作用是很简单的。

例如，$\boldsymbol{A}=\begin{pmatrix}1 & 6\\5 & 2\end{pmatrix}$，$\boldsymbol{x}_1=\begin{pmatrix}6\\-5\end{pmatrix}$，$\boldsymbol{x}_2=\begin{pmatrix}1\\1\end{pmatrix}$，$\boldsymbol{x}_3=\begin{pmatrix}3\\-2\end{pmatrix}$，则

$$Ax_1=\begin{pmatrix}1&6\\5&2\end{pmatrix}\begin{pmatrix}6\\-5\end{pmatrix}=\begin{pmatrix}-24\\20\end{pmatrix}=-4\begin{pmatrix}6\\-5\end{pmatrix}=-4x_1$$

$$Ax_2=\begin{pmatrix}1&6\\5&2\end{pmatrix}\begin{pmatrix}1\\1\end{pmatrix}=\begin{pmatrix}7\\7\end{pmatrix}=7\begin{pmatrix}1\\1\end{pmatrix}=7x_2$$

$$Ax_3=\begin{pmatrix}1&6\\5&2\end{pmatrix}\begin{pmatrix}3\\-2\end{pmatrix}=\begin{pmatrix}-9\\11\end{pmatrix}\neq k\begin{pmatrix}3\\-2\end{pmatrix}$$

从计算结果看到，线性变换 $y=Ax$ 对向量 x_1、x_2 的作用仅仅是“拉伸”了向量 x_1、x_2，而没有改变它们的方向，却把向量 x_3 变成了另一个长度和方向都不同的新向量。

在这一节中，研究将向量 x 变成自身数倍的线性变换，即 $Ax=\lambda x$，并寻找这样的向量 x。

定义 1　设 A 是 n 阶方阵，如果数 λ 和 n 维非零向量 x 使

$$Ax=\lambda x$$

成立，则称数 λ 为方阵 A 的**特征值**（Characteristic Value）或**本征值**（Eigenvalue），非零向量 x 称为 A 相应于特征值 λ 的**特征向量**（Characteristic Vector）或**本征向量**（Eigenvector）。

例 4.1　验证向量 $x_1=\begin{pmatrix}3\\1\end{pmatrix}$，$x_2=\begin{pmatrix}-1\\1\end{pmatrix}$是矩阵 $A=\begin{pmatrix}2&-3\\-1&4\end{pmatrix}$分别属于特征值 $\lambda_1=1$、$\lambda_2=5$ 的特征向量。

解　$Ax_1=\begin{pmatrix}2&-3\\-1&4\end{pmatrix}\begin{pmatrix}3\\1\end{pmatrix}=\begin{pmatrix}3\\1\end{pmatrix}=1x_1$

$Ax_2=\begin{pmatrix}2&-3\\-1&4\end{pmatrix}\begin{pmatrix}-1\\1\end{pmatrix}=\begin{pmatrix}-5\\5\end{pmatrix}=5\begin{pmatrix}-1\\1\end{pmatrix}=5x_2$

根据特征值特征向量的定义，x_1、x_2 是矩阵 A 分别属于特征值 $\lambda_1=1$、$\lambda_2=5$ 的特征向量。

给定方阵 $A=(a_{ij})_{n\times n}$，如何求 A 的特征值和特征向量呢？把定义式 $Ax=\lambda x$ 改写成

$$(A-\lambda E)x=0$$

这是一个齐次线性方程组，n 阶方阵 A 的特征值 λ，就是使齐次线性方程组 $(A-\lambda E)x=0$ 有非零解的值。齐次线性方程组有非零解的条件是系数矩阵的秩小于未知数的个数，即 $r(A)<n$，等价于系数行列式等于 0，即

$$|A-\lambda E|=\begin{vmatrix}a_{11}-\lambda&a_{12}&\cdots&a_{1n}\\a_{21}&a_{22}-\lambda&\cdots&a_{2n}\\\vdots&\vdots&&\vdots\\a_{n1}&a_{n2}&\cdots&a_{nn}-\lambda\end{vmatrix}=0$$

$|A-\lambda E|=0$ 称为方阵 A 的**特征方程**。解特征方程求出的全部根，就是 A 的特征值，然后解齐次线性方程组 $(A-\lambda E)x=0$ 的非零解就是 A 的特征向量。

注意

特征方程 $|\lambda E-A|=0$ 与 $|A-\lambda E|=0$ 有相同的解，A 对应于特征值 λ 的特征向量是齐次线性方程组 $(A-\lambda E)x=0$ 的非零解，也是 $(\lambda E-A)x=0$ 的非零解，在实际计算特征值和特征向量时，为了避免特征多项式的最高次数项系数是负的，常采用 $(\lambda E-A)x=0$。

例 4.2 求矩阵 $A=\begin{pmatrix}3 & 1\\5 & -1\end{pmatrix}$ 的特征值和特征向量。

解 A 的特征方程如下：

$$|\lambda E-A|=\begin{vmatrix}\lambda-3 & -1\\-5 & \lambda+1\end{vmatrix}=(\lambda-4)(\lambda+2)=0$$

所以 A 的特征值为 $\lambda_1=4$，$\lambda_2=-2$。

当 $\lambda_1=4$ 时，有

$$\lambda E-A=\begin{pmatrix}1 & -1\\-5 & 5\end{pmatrix}\to\begin{pmatrix}1 & -1\\0 & 0\end{pmatrix}$$

同解方程为 $x_1-x_2=0$，求得通解 $\begin{cases}x_1=k_1\\x_2=k_1\end{cases}$ $(k_1\neq0)$，即 $x=\begin{pmatrix}x_1\\x_2\end{pmatrix}=k_1\begin{pmatrix}1\\1\end{pmatrix}$，得基础解系 $p_1=\begin{pmatrix}1\\1\end{pmatrix}$，故矩阵 A 属于 $\lambda_1=4$ 的全部特征向量为 $k_1p_1=k_1\begin{pmatrix}1\\1\end{pmatrix}$ $(k_1\neq0)$。

当 $\lambda_2=-2$ 时，有

$$\lambda E-A=\begin{pmatrix}-5 & -1\\-5 & -1\end{pmatrix}\to\begin{pmatrix}5 & 1\\0 & 0\end{pmatrix}$$

同解方程为 $5x_1+x_2=0$，求得通解 $\begin{cases}x_1=k_2\\x_2=-5k_2\end{cases}$ $(k_2\neq0)$，即 $x=\begin{pmatrix}x_1\\x_2\end{pmatrix}=k_2\begin{pmatrix}1\\-5\end{pmatrix}$，基础解系 $p_2=\begin{pmatrix}1\\-5\end{pmatrix}$，故矩阵 A 属于 $\lambda_2=-2$ 的全部特征向量为 $k_2p_2=k_2\begin{pmatrix}1\\-5\end{pmatrix}$ $(k_2\neq0)$。

例 4.3 设 $A=\begin{pmatrix}2 & 1 & -1\\0 & 3 & 2\\0 & 0 & -4\end{pmatrix}$，求 A 特征值和特征向量。

解 $|\lambda E-A|=\begin{vmatrix}\lambda-2 & -1 & 1\\0 & \lambda-3 & -2\\0 & 0 & \lambda+4\end{vmatrix}=(\lambda-2)(\lambda-3)(\lambda+4)$

由 $(\lambda-2)(\lambda-3)(\lambda+4)=0$，得 A 的特征值为 $\lambda_1=2$，$\lambda_2=3$，$\lambda_3=-4$。

当 $\lambda_1=2$ 时，有

$$2E-A=\begin{pmatrix}0 & -1 & 1\\0 & -1 & -2\\0 & 0 & 6\end{pmatrix}\xrightarrow{r_2-r_1}\begin{pmatrix}0 & -1 & 1\\0 & 0 & -3\\0 & 0 & 6\end{pmatrix}\xrightarrow[\substack{-1\times r_1\\-1/3\times r_2}]{r_3+2r_2}\begin{pmatrix}0 & 1 & -1\\0 & 0 & 1\\0 & 0 & 0\end{pmatrix}\xrightarrow{r_1+r_2}\begin{pmatrix}0 & 1 & 0\\0 & 0 & 1\\0 & 0 & 0\end{pmatrix}$$

同解方程组为 $\begin{cases}x_2=0\\x_3=0\end{cases}$，得通解 $\begin{cases}x_1=k_1\\x_2=0\\x_3=0\end{cases}$ $(k_1\neq0)$，即 $x=\begin{pmatrix}x_1\\x_2\\x_3\end{pmatrix}=k_1\begin{pmatrix}1\\0\\0\end{pmatrix}$，基础解系 $p_1=\begin{pmatrix}1\\0\\0\end{pmatrix}$，则矩阵 A 属于 $\lambda_1=2$ 的全部特征向量为 $k_1p_1(k_1\neq0)$。

当 $\lambda_2=3$ 时，有

$$3E-A=\begin{pmatrix}1&-1&1\\0&0&-2\\0&0&7\end{pmatrix}\xrightarrow[-1/2\times r_2]{r_3+7/2\times r_2}\begin{pmatrix}1&-1&1\\0&0&1\\0&0&0\end{pmatrix}\xrightarrow{r_1-r_2}\begin{pmatrix}1&-1&0\\0&0&1\\0&0&0\end{pmatrix}$$

对应的齐次线性方程组为$\begin{cases}x_1-x_2=0\\x_3=0\end{cases}$，通解为$\begin{cases}x_1=k_2\\x_2=k_2(k_2\neq0)\\x_3=0\end{cases}$，即 $\boldsymbol{x}=\begin{pmatrix}x_1\\x_2\\x_3\end{pmatrix}=k_2\begin{pmatrix}1\\1\\0\end{pmatrix}$，得基础解系 $\boldsymbol{p}_2=\begin{pmatrix}1\\1\\0\end{pmatrix}$，则矩阵 $\boldsymbol{A}$ 属于 $\lambda_2=3$ 的全部特征向量为 $k_2\boldsymbol{p}_2$（$k_2\neq0$）。

当 $\lambda_3=-4$ 时，有

$$-4E-A=\begin{pmatrix}-6&-1&1\\0&-7&-2\\0&0&0\end{pmatrix}\xrightarrow{-2/7\times r_2}\begin{pmatrix}-6&-1&1\\0&1&\frac{2}{7}\\0&0&0\end{pmatrix}\xrightarrow{r_1+r_2}\begin{pmatrix}-6&0&\frac{9}{7}\\0&1&\frac{2}{7}\\0&0&0\end{pmatrix}$$

$$\xrightarrow{-1/6\times r_1}\begin{pmatrix}1&0&-\frac{3}{14}\\0&1&\frac{2}{7}\\0&0&0\end{pmatrix}$$

同解方程组为$\begin{cases}x_1-\frac{3}{14}x_3=0\\x_2+\frac{2}{7}x_3=0\end{cases}$，得通解为$\begin{cases}x_1=\frac{3}{14}k_3\\x_2=-\frac{2}{7}k_3\\x_3=k_3\end{cases}$（$k_3\neq0$），即 $\boldsymbol{x}=\begin{pmatrix}x_1\\x_2\\x_3\end{pmatrix}=k_3\begin{pmatrix}\frac{3}{14}\\-\frac{2}{7}\\1\end{pmatrix}$，基础解系 $\boldsymbol{p}_3=\begin{pmatrix}\frac{3}{14}\\-\frac{2}{7}\\1\end{pmatrix}$，矩阵 $\boldsymbol{A}$ 属于 $\lambda_3=-4$ 的全部特征向量为 $k_3\boldsymbol{p}_3$（$k_3\neq0$）。

注意

上三角矩阵、下三角矩阵、对角矩阵的特征值一般等于其主对角线上的元素。

例 4.4　设 $\boldsymbol{A}=\begin{pmatrix}3&-1&-2\\2&0&-2\\2&-1&-1\end{pmatrix}$，**求 $\boldsymbol{A}$ 特征值和特征向量。**

解　$|\lambda E-A|=\begin{vmatrix}\lambda-3&1&2\\-2&\lambda&2\\-2&1&\lambda+1\end{vmatrix}=\lambda^3-2\lambda^2+\lambda=\lambda(\lambda-1)^2$

由 $\lambda(\lambda-1)^2=0$，得 $\boldsymbol{A}$ 的特征值为 $\lambda_1=0$，$\lambda_2=\lambda_3=1$。

当 $\lambda_1=0$ 时，有

$$0\boldsymbol{E}-\boldsymbol{A}=\begin{pmatrix}-3&1&2\\-2&0&2\\-2&1&1\end{pmatrix}\xrightarrow[-1/2r_1]{r_1\leftrightarrow r_2}\begin{pmatrix}1&0&-1\\-3&1&2\\-2&1&1\end{pmatrix}\xrightarrow[r_3+2r_1]{r_2+3r_1}\begin{pmatrix}1&0&-1\\0&1&-1\\0&1&-1\end{pmatrix}\xrightarrow{r_3-r_2}\begin{pmatrix}1&0&-1\\0&1&-1\\0&0&0\end{pmatrix}$$

同解方程组为 $\begin{cases}x_1=x_3\\x_2=x_3\end{cases}$，求得通解 $\begin{cases}x_1=k_1\\x_2=k_1\ (k_1\neq0)\\x_3=k_1\end{cases}$，即 $\boldsymbol{x}=\begin{pmatrix}x_1\\x_2\\x_3\end{pmatrix}=k_1\begin{pmatrix}1\\1\\1\end{pmatrix}$，基础解系 $\boldsymbol{p}_1=\begin{pmatrix}1\\1\\1\end{pmatrix}$，矩阵 $\boldsymbol{A}$ 属于 $\lambda_1=0$ 的全部特征向量为 $k_1\boldsymbol{p}_1(k_1\neq0)$。

当 $\lambda_2=\lambda_3=1$ 时，有

$$\boldsymbol{E}-\boldsymbol{A}=\begin{pmatrix}-2&1&2\\-2&1&2\\-2&1&2\end{pmatrix}\xrightarrow[r_3-r_1]{r_2-r_1}\begin{pmatrix}-2&1&2\\0&0&0\\0&0&0\end{pmatrix}$$

同解方程为 $-2x_1+x_2+2x_3=0$，求得通解 $\begin{cases}x_1=k_2\\x_2=2k_2-2k_3\ (k_2、k_3\text{ 不全为 }0)\\x_3=k_3\end{cases}$，即 $x=\begin{pmatrix}x_1\\x_2\\x_3\end{pmatrix}=k_2\begin{pmatrix}1\\2\\0\end{pmatrix}+k_3\begin{pmatrix}0\\-2\\1\end{pmatrix}$，得基础解系：$\boldsymbol{p}_2=\begin{pmatrix}1\\2\\0\end{pmatrix}$、$\boldsymbol{p}_3=\begin{pmatrix}0\\-2\\1\end{pmatrix}$，则矩阵 $\boldsymbol{A}$ 属于 $\lambda_2=\lambda_3=1$ 的全部特征向量为 $k_2\boldsymbol{p}_2+k_3\boldsymbol{p}_3$（$k_2$、$k_3$不全为 0）。

注意

n 阶矩阵的特征方程一般有 n 个根，可以只有单根，也可能出现重根或复数根。

4.1.2 特征值和特征向量的几何意义

特征值和特征向量的定义 $\boldsymbol{Ax}=\lambda\boldsymbol{x}$ 从几何意义上讲，特征向量乘上矩阵 $\boldsymbol{A}$ 之后，除了长度有伸缩变化以外，方向不发生改变。这里的长度变化倍率就是特征值 λ。所以，如果矩阵对某个向量或某些向量只发生伸缩变换，那么这些向量就是这个矩阵的特征向量，伸缩的比例是矩阵的特征值。

在图形识别的研究中，面对对象的诸多特征，需要分析哪些是主要特征，哪些是次要特征。如果矩阵特征向量线性无关，它们就可以作空间的坐标轴，特征值代表轴的长短，越长的轴特征越显性，可作主要方向，短轴就是次要方向，属于隐性特征了。

4.1.3 特征值和特征向量的性质

可以证明，矩阵 $\boldsymbol{A}$ 的特征值有以下性质：

1）$\boldsymbol{A}$ 和 $\boldsymbol{A}^{\mathrm{T}}$ 有相同的特征值。

2）若 λ 是 $\boldsymbol{A}$ 的特征值，那么 λ^k 是 $\boldsymbol{A}^k$ 的特征值；当 $\boldsymbol{A}$ 可逆时，$\dfrac{1}{\lambda}$ 是 $\boldsymbol{A}^{-1}$ 的特征值。

3）矩阵的特征值可以不等于 0 也可以等于 0，当矩阵 $\boldsymbol{A}$ 有特征值 0 时，$\det(\boldsymbol{A})=0$，$\boldsymbol{A}$ 不可逆。

4）方阵 $\boldsymbol{A}$ 的 n 个特征值 λ_1，λ_2，…，λ_n 满足：$\boldsymbol{A}$ 的全体特征值的和等于 $\boldsymbol{A}$ 的主对角线上元素之和，而 $\boldsymbol{A}$ 的全体特征值的积等于 $\boldsymbol{A}$ 的行列式值，即

$$\lambda_1+\lambda_2+\cdots+\lambda_n=a_{11}+a_{22}+\cdots+a_{nn}\qquad \lambda_1\lambda_2\cdots\lambda_n=|\boldsymbol{A}|$$

$\boldsymbol{A}$ 的全体特征值之和 $a_{11}+a_{22}+\cdots+a_{nn}$ 称为**矩阵 $\boldsymbol{A}$ 的迹**（Trace），记作 $\mathrm{tr}(\boldsymbol{A})$。

5）不同特征值所对应的特征向量线性无关。

例 4.5　已知矩阵 $\boldsymbol{A}=\begin{pmatrix}-2&1&1\\0&2&0\\-4&1&x\end{pmatrix}$ 的特征值为 -1、2、2，试求 x 的值。

解　因为矩阵 $\boldsymbol{A}$ 的特征值为 -1、2、2，由特征值性质，得 $|\boldsymbol{A}|=-1\times2\times2=-4$，则

$$|\boldsymbol{A}|=\begin{vmatrix}-2&1&1\\0&2&0\\-4&1&x\end{vmatrix}=-4x+8$$

所以，$-4x+8=-4$，得 $x=3$。

练习 4.1

1. 证明：5 不是 $\boldsymbol{A}=\begin{pmatrix}6&-3&1\\3&0&5\\2&2&6\end{pmatrix}$ 的特征值。

2. 如果三阶方阵 $\boldsymbol{A}$ 的特征值为 1、-2、3，求 $\boldsymbol{A}^{\mathrm{T}}$、$\boldsymbol{A}^2$、$\boldsymbol{A}^{-1}$ 的特征值。

3. 求矩阵 $\boldsymbol{A}=\begin{pmatrix}3&4\\5&2\end{pmatrix}$ 的特征值和特征向量。

4. 求矩阵 $\boldsymbol{A}=\begin{pmatrix}-2&1&1\\0&2&0\\-4&1&3\end{pmatrix}$ 的特征值和特征向量。

5．已知 $\lambda_1=0$ 是矩阵 $\boldsymbol{A}=\begin{pmatrix}1&0&1\\0&2&0\\1&0&a\end{pmatrix}$ 的特征值，求 a 及的特征值 λ_2、λ_3。

4.2　矩阵相似与矩阵对角化

我们知道对角矩阵是一类最简单的矩阵。它的运算性质与数的运算性质类似，它的行列式、逆矩阵、幂、特征值以及特征向量的计算非常简便。能否借助对角矩阵来简化方阵的相关运算？它们之间需要建立什么关系呢？我们引入矩阵相似的概念，讨论矩阵对角化问题。

4.2.1　矩阵相似

定义 2　设 $\boldsymbol{A}$、$\boldsymbol{B}$ 都是 n 阶方阵，若存在可逆矩阵 $\boldsymbol{P}$，使

$$P^{-1}AP=B$$

则称 $\boldsymbol{B}$ 是 $\boldsymbol{A}$ 的相似矩阵，并称矩阵 $\boldsymbol{A}$ 与 $\boldsymbol{B}$ 相似，记作 $\boldsymbol{A}\sim\boldsymbol{B}$。

对 $\boldsymbol{A}$ 进行 $\boldsymbol{P}^{-1}\boldsymbol{AP}$ 运算称为对矩阵 $\boldsymbol{A}$ 进行相似变换，称可逆矩阵 $\boldsymbol{P}$ 为相似变换矩阵。

矩阵的相似关系，满足

1）自反性：对任意 n 阶方阵 $\boldsymbol{A}$，有 $\boldsymbol{A}$ 与 $\boldsymbol{A}$ 相似。

2）对称性：若矩阵 $\boldsymbol{A}$ 与 $\boldsymbol{B}$ 相似，则 $\boldsymbol{B}$ 与 $\boldsymbol{A}$ 相似。

3）传递性：若矩阵 $\boldsymbol{A}$ 与 $\boldsymbol{B}$ 相似，$\boldsymbol{B}$ 与 $\boldsymbol{C}$ 相似，则 $\boldsymbol{A}$ 与 $\boldsymbol{C}$ 相似。

例 4.6 设有矩阵 $\boldsymbol{A}=\begin{pmatrix}3 & 1\\ 5 & -3\end{pmatrix}$，$\boldsymbol{B}=\begin{pmatrix}4 & 0\\ 0 & -2\end{pmatrix}$，试验证可逆矩阵 $\boldsymbol{P}=\begin{pmatrix}1 & 1\\ 1 & -5\end{pmatrix}$，使得 $\boldsymbol{A}$ 与 $\boldsymbol{B}$ 相似。

证明 $\boldsymbol{P}$ 可逆，$\boldsymbol{P}^{-1}=\begin{pmatrix}1 & 1\\ 1 & -5\end{pmatrix}^{-1}=\begin{pmatrix}\frac{5}{6} & \frac{1}{6}\\ \frac{1}{6} & -\frac{1}{6}\end{pmatrix}$，由

$$\boldsymbol{P}^{-1}\boldsymbol{AP}=\begin{pmatrix}\frac{5}{6} & \frac{1}{6}\\ \frac{1}{6} & -\frac{1}{6}\end{pmatrix}\begin{pmatrix}3 & 1\\ 5 & -1\end{pmatrix}\begin{pmatrix}1 & 1\\ 1 & -5\end{pmatrix}=\begin{pmatrix}4 & 0\\ 0 & -2\end{pmatrix}=\boldsymbol{B}$$

故 $\boldsymbol{A}$ 与 $\boldsymbol{B}$ 相似。

1. 矩阵间的相似关系实质上是考虑矩阵的一种分解。特别地，若矩阵 $\boldsymbol{A}$ 与对角矩阵 $\boldsymbol{\Lambda}$ 相似，则有 $\boldsymbol{A}=\boldsymbol{P}^{-1}\boldsymbol{\Lambda P}$，这种分解对于计算 $|\boldsymbol{A}|$、$\boldsymbol{A}^k$ 十分方便，这也是线性代数很多应用中的一个基本思想。

2. 矩阵相似关系是一种等价关系，相似矩阵一定有相似的性质。

- 相似矩阵的性质。

若 n 阶矩阵 $\boldsymbol{A}$ 与 $\boldsymbol{B}$ 相似，则

1）$\boldsymbol{A}$ 与 $\boldsymbol{B}$ 有相同的特征多项式，从而它们有相同的特征值，即 $|\boldsymbol{A}-\lambda\boldsymbol{E}|=|\boldsymbol{B}-\lambda\boldsymbol{E}|$。

2）相似矩阵的行列式相等，即 $|\boldsymbol{A}|=|\boldsymbol{B}|$。

3）相似矩阵的秩相等，即 $r(\boldsymbol{A})=r(\boldsymbol{B})$。

4）相似矩阵具有相同的可逆性，当它们可逆时，它们的逆矩阵也相似。

5）若矩阵 $\boldsymbol{A}$ 与对角矩阵 $\boldsymbol{\Lambda}=\mathrm{diag}(\lambda_1,\lambda_2,\cdots,\lambda_n)$ 相似，则 $\lambda_1,\lambda_2,\cdots,\lambda_n$ 一定是矩阵 $\boldsymbol{A}$ 的全部特征值。

例 4.7 证明相似矩阵性质第 1 条。

证明 因为 $\boldsymbol{A}$ 与 $\boldsymbol{B}$ 相似，故存在可逆矩阵 $\boldsymbol{P}$ 使得 $\boldsymbol{P}^{-1}\boldsymbol{AP}=\boldsymbol{B}$，则

$$|\boldsymbol{B}-\lambda\boldsymbol{E}|=|\boldsymbol{P}^{-1}\boldsymbol{AP}-\boldsymbol{P}^{-1}(\lambda\boldsymbol{E})\boldsymbol{P}|=|\boldsymbol{P}^{-1}(\boldsymbol{A}-\lambda\boldsymbol{E})\boldsymbol{P}|=|\boldsymbol{P}^{-1}|\times|\boldsymbol{A}-\lambda\boldsymbol{E}|\times|\boldsymbol{P}|=|\boldsymbol{A}-\lambda\boldsymbol{E}|$$

即 $\boldsymbol{A}$ 与 $\boldsymbol{B}$ 有相同的特征多项式，因而也有相同的特征值。

证明中常用到如下变换：

$$\boldsymbol{P}^{-1}\boldsymbol{ABP}=(\boldsymbol{P}^{-1}\boldsymbol{AP})(\boldsymbol{P}^{-1}\boldsymbol{BP}),\ \lambda\boldsymbol{E}=\boldsymbol{P}^{-1}(\lambda\boldsymbol{E})\boldsymbol{P}$$

4.2.2　矩阵与对角矩阵相似的条件

定义 3　对于 n 阶矩阵 $\boldsymbol{A}$，若存在可逆矩阵 $\boldsymbol{P}$，使得$\boldsymbol{P}^{-1}\boldsymbol{AP}=\boldsymbol{\Lambda}$，其中 $\boldsymbol{\Lambda}$ 为对角矩阵，则称矩阵 $\boldsymbol{A}$ 可相似对角化。

定理 1　n 阶矩阵 $\boldsymbol{A}$ 与对角矩阵 $\boldsymbol{\Lambda}=\mathrm{diag}(\lambda_1, \lambda_2, \cdots, \lambda_n)$ 相似的充要条件是矩阵 $\boldsymbol{A}$ 有 n 个线性无关的特征向量。

证明　必要性。若 $\boldsymbol{A}$ 与 $\boldsymbol{\Lambda}$ 相似，则存在可逆矩阵 $\boldsymbol{P}$，使得 $\boldsymbol{P}^{-1}\boldsymbol{AP}=\boldsymbol{\Lambda}$，设 $\boldsymbol{P}=(\boldsymbol{p}_1, \boldsymbol{p}_2, \cdots, \boldsymbol{p}_n)$，则由 $\boldsymbol{P}^{-1}\boldsymbol{AP}=\boldsymbol{\Lambda}$ 得 $\boldsymbol{AP}=\boldsymbol{P\Lambda}$。
所以

$$\boldsymbol{A}(\boldsymbol{p}_1,\boldsymbol{p}_2,\cdots,\boldsymbol{p}_n)=(\boldsymbol{p}_1, \boldsymbol{p}_2, \cdots,\boldsymbol{p}_n)\begin{pmatrix}\lambda_1 & & & \\ & \lambda_2 & & \\ & & \ddots & \\ & & & \lambda_n\end{pmatrix}$$

即 $\boldsymbol{Ap}_i=\lambda_i\boldsymbol{p}_i$ $(i=1, 2, \cdots, n)$。
因 $\boldsymbol{P}$ 可逆，则 $|\boldsymbol{P}|\neq 0$，得 $\boldsymbol{p}_i$都是非零向量，故 $\boldsymbol{p}_1$，$\boldsymbol{p}_2$，$\cdots$，$\boldsymbol{p}_n$都是 $\boldsymbol{A}$ 的特征向量，且它们线性无关。

充分性。设 $\boldsymbol{p}_1$，$\boldsymbol{p}_2$，$\cdots$，$\boldsymbol{p}_n$为 $\boldsymbol{A}$ 的 n 个线性无关的特征向量，它们的特征值分别是λ_1，λ_2，$\cdots$，λ_n，则有

$$\boldsymbol{Ap}_i=\lambda_i\boldsymbol{p}_i \quad (i=1, 2, \cdots, n)$$

令 $\boldsymbol{P}=(\boldsymbol{p}_1, \boldsymbol{p}_2, \cdots, \boldsymbol{p}_n)$，因 $\boldsymbol{p}_1$，$\boldsymbol{p}_2$，$\cdots$，$\boldsymbol{p}_n$线性无关，故 $|\boldsymbol{P}|\neq 0$，$\boldsymbol{P}$ 可逆，且

$$\begin{aligned}\boldsymbol{AP}&=\boldsymbol{A}(\boldsymbol{p}_1,\boldsymbol{p}_2,\cdots,\boldsymbol{p}_n)=(\boldsymbol{Ap}_1,\boldsymbol{Ap}_2,\cdots,\boldsymbol{Ap}_n)\\&=(\lambda_1\boldsymbol{p}_1,\lambda_2\boldsymbol{p}_2,\cdots,\lambda_n\boldsymbol{p}_n)=(\boldsymbol{p}_1,\boldsymbol{p}_2,\cdots,\boldsymbol{p}_n)\begin{pmatrix}\lambda_1 & & & \\ & \lambda_2 & & \\ & & \ddots & \\ & & & \lambda_n\end{pmatrix}=\boldsymbol{P\Lambda}\end{aligned}$$

用 $\boldsymbol{P}^{-1}$左乘上式两边得 $\boldsymbol{P}^{-1}\boldsymbol{AP}=\boldsymbol{\Lambda}$，即 $\boldsymbol{A}$ 与 $\boldsymbol{\Lambda}$ 相似。证毕。

推论　若 n 阶矩阵 $\boldsymbol{A}$ 有 n 个互不相同的特征值 λ_1，λ_2，$\cdots$，λ_n，则 $\boldsymbol{A}$ 与对角矩阵 $\boldsymbol{\Lambda}=\mathrm{diag}(\lambda_1, \lambda_2, \cdots, \lambda_n)$相似。

利用矩阵 $\boldsymbol{A}$ 与对角矩阵 $\boldsymbol{\Lambda}$ 相似的关系，可方便计算 $\boldsymbol{A}^n$。若有可逆矩阵 $\boldsymbol{P}$，使得 $\boldsymbol{P}^{-1}\boldsymbol{AP}=\boldsymbol{\Lambda}$ 那么，$\boldsymbol{A}=\boldsymbol{P\Lambda P}^{-1}$，有 $\boldsymbol{A}^n=\boldsymbol{P\Lambda}^n\boldsymbol{P}^{-1}$。

$$\boldsymbol{\Lambda}^n=\begin{pmatrix}\lambda_1 & & & \\ & \lambda_2 & & \\ & & \ddots & \\ & & & \lambda_n\end{pmatrix}^n=\begin{pmatrix}\lambda_1^n & & & \\ & \lambda_2^n & & \\ & & \ddots & \\ & & & \lambda_n^n\end{pmatrix}$$

定理的证明过程实际上已经给出了把矩阵 $\boldsymbol{A}$ 对角化的方法。其步骤如下：

1）求矩阵 $\boldsymbol{A}$ 的全部特征值，即求 $|\lambda\boldsymbol{E}-\boldsymbol{A}|=0$ 的根 λ_1，λ_2，…，λ_n。

2）对于每一个特征值 λ_i，由 $(\lambda\boldsymbol{E}-\boldsymbol{A})\boldsymbol{x}=\boldsymbol{O}$ 求出基础解系 $\boldsymbol{p}_1$，$\boldsymbol{p}_2$，…，$\boldsymbol{p}_n$。

3）作 $\boldsymbol{P}=(\boldsymbol{p}_1, \boldsymbol{p}_2, \cdots, \boldsymbol{p}_n)$，则

$$\boldsymbol{P}^{-1}\boldsymbol{AP}=\boldsymbol{\Lambda}=\begin{pmatrix}\lambda_1 & & & \\ & \lambda_2 & & \\ & & \ddots & \\ & & & \lambda_n\end{pmatrix}$$

相似对角变换矩阵 $\boldsymbol{P}$ 由矩阵 $\boldsymbol{A}$ 特征向量构成，$\boldsymbol{P}$ 中列向量的次序要与对角矩阵 $\boldsymbol{\Lambda}$ 对角线上的特征值的次序相对应。

例 4.8 设矩阵 $\boldsymbol{A}=\begin{pmatrix}3 & 1\\ 5 & -1\end{pmatrix}$，判断 $\boldsymbol{A}$ 是否可以对角化，若可以，求出相似对角化变换矩阵 $\boldsymbol{P}$，并求出 $\boldsymbol{A}^5$。

解 从例 4.2 求得矩阵 $\boldsymbol{A}=\begin{pmatrix}3 & 1\\ 5 & -1\end{pmatrix}$ 有两个互不相同的特征值 $\lambda_1=4$，$\lambda_2=-2$，其对应的基础解系分别为

$$\boldsymbol{p}_1=\begin{pmatrix}1\\ 1\end{pmatrix},\ \boldsymbol{p}_2=\begin{pmatrix}1\\ -5\end{pmatrix}$$

$\boldsymbol{A}$ 有两个线性无关的特征向量 $\boldsymbol{p}_1$、$\boldsymbol{p}_2$，由定理 1 知 $\boldsymbol{A}$ 可以对角化，相似对角化变换矩阵为 $\boldsymbol{P}=(\boldsymbol{p}_1, \boldsymbol{p}_2)=\begin{pmatrix}1 & 1\\ 1 & -5\end{pmatrix}$。

$$\boldsymbol{P}^{-1}\boldsymbol{AP}=\begin{pmatrix}1 & 1\\ 1 & -5\end{pmatrix}^{-1}\begin{pmatrix}3 & 1\\ 5 & -1\end{pmatrix}\begin{pmatrix}1 & 1\\ 1 & -5\end{pmatrix}=-\frac{1}{6}\begin{pmatrix}-5 & -1\\ -1 & 1\end{pmatrix}\begin{pmatrix}3 & 1\\ 5 & -1\end{pmatrix}\begin{pmatrix}1 & 1\\ 1 & -5\end{pmatrix}$$

$$=-\frac{1}{6}\begin{pmatrix}-20 & -4\\ 2 & -2\end{pmatrix}\begin{pmatrix}1 & 1\\ 1 & -5\end{pmatrix}=-\frac{1}{6}\begin{pmatrix}-24 & 0\\ 0 & 12\end{pmatrix}=\begin{pmatrix}4 & 0\\ 0 & -2\end{pmatrix}=\boldsymbol{\Lambda}$$

所以

$$\boldsymbol{A}=\boldsymbol{P\Lambda P}^{-1}$$

$$\boldsymbol{A}^5=(\boldsymbol{P\Lambda P}^{-1})^5=\boldsymbol{P\Lambda P}^{-1}\boldsymbol{P\Lambda P}^{-1}\boldsymbol{P\Lambda P}^{-1}\boldsymbol{P\Lambda P}^{-1}\boldsymbol{P\Lambda P}^{-1}=\boldsymbol{P\Lambda}^5\boldsymbol{P}^{-1}$$

由于

$$\boldsymbol{P}^{-1}=-\frac{1}{6}\begin{pmatrix}-5 & -1\\ -1 & 1\end{pmatrix}$$

所以

$$\boldsymbol{A}^5=\begin{pmatrix}1 & 1\\ 1 & -5\end{pmatrix}\begin{pmatrix}4 & 0\\ 0 & -2\end{pmatrix}^5\times\left(-\frac{1}{6}\right)\begin{pmatrix}-5 & -1\\ -1 & 1\end{pmatrix}=-\frac{1}{6}\begin{pmatrix}1 & 1\\ 1 & -5\end{pmatrix}\begin{pmatrix}4^5 & 0\\ 0 & (-2)^5\end{pmatrix}\begin{pmatrix}-5 & -1\\ -1 & 1\end{pmatrix}$$

$$= -\frac{1}{6}\begin{pmatrix} -5\times4^5-(-2)^5 & -4^5+(-2)^5 \\ -5\times4^5+5\times(-2)^5 & -1\times4^5-5\times(-2)^5 \end{pmatrix}=\begin{pmatrix} 848 & 176 \\ 880 & 144 \end{pmatrix}$$

例 4.9　设矩阵 $\boldsymbol{A}=\begin{pmatrix} 2 & 1 & -1 \\ 0 & 3 & 2 \\ 0 & 0 & -4 \end{pmatrix}$，判断 $\boldsymbol{A}$ 是否可以对角化，并求出 $\boldsymbol{A}^n$。

解　从例 4.3 求得矩阵 $\boldsymbol{A}$ 的三个特征值为 $\lambda_1=2$，$\lambda_2=3$，$\lambda_3=-4$，对应的特征向量依次为

$$\boldsymbol{p}_1=\begin{pmatrix} 1 \\ 0 \\ 0 \end{pmatrix},\ \boldsymbol{p}_2=\begin{pmatrix} 1 \\ 1 \\ 0 \end{pmatrix},\ \boldsymbol{p}_3=\begin{pmatrix} 3 \\ -4 \\ 14 \end{pmatrix}$$

这三个特征向量线性无关，所以 $\boldsymbol{A}$ 能对角化，这时

$$\boldsymbol{P}=\begin{pmatrix} 1 & 1 & 3 \\ 0 & 1 & -4 \\ 0 & 0 & 14 \end{pmatrix}$$

矩阵 $\boldsymbol{A}$ 相似于对角矩阵

$$\boldsymbol{\Lambda}=\begin{pmatrix} 2 & 0 & 0 \\ 0 & 3 & 0 \\ 0 & 0 & -4 \end{pmatrix}$$

由于

$$\boldsymbol{P}^{-1}=\begin{pmatrix} 1 & -1 & -\frac{1}{2} \\ 0 & 1 & \frac{2}{7} \\ 0 & 0 & \frac{1}{14} \end{pmatrix}$$

所以

$$\boldsymbol{A}^n=\boldsymbol{P}\boldsymbol{\Lambda}^n\boldsymbol{P}^{-1}=\begin{pmatrix} 1 & 1 & 3 \\ 0 & 1 & -4 \\ 0 & 0 & 14 \end{pmatrix}\begin{pmatrix} 2^n & 0 & 0 \\ 0 & 3^n & 0 \\ 0 & 0 & (-4)^n \end{pmatrix}\begin{pmatrix} 1 & -1 & -\frac{1}{2} \\ 0 & 1 & \frac{2}{7} \\ 0 & 0 & \frac{1}{14} \end{pmatrix}$$

$$=\begin{pmatrix} 2^n & -2^n+3^n & -\frac{1}{2}\times2^n+\frac{2}{7}\times3^n+\frac{3}{14}(-4)^n \\ 0 & 3^n & \frac{2}{7}\times3^n-\frac{2}{7}\times(-4)^n \\ 0 & 0 & (-4)^n \end{pmatrix}$$

练习 4.2

1. 若矩阵 $\boldsymbol{A}$ 与对角矩阵 $\begin{pmatrix} 2 & 0 & 0 \\ 0 & 1 & 0 \\ 0 & 0 & 3 \end{pmatrix}$ 相似，则 $\boldsymbol{A}$ 的特征值分别为________。

2. 设矩阵 $\boldsymbol{A}=\begin{pmatrix}2&0&1\\3&1&x\\4&0&5\end{pmatrix}$可以对角化，求 x。

3. 设三阶矩阵 $\boldsymbol{A}$ 的特征值为$\lambda_1=2$，$\lambda_2=-2$，$\lambda_3=1$，对应的特征向量依次为

$$\boldsymbol{p}_1=\begin{pmatrix}0\\1\\1\end{pmatrix},\ \boldsymbol{p}_2=\begin{pmatrix}1\\1\\1\end{pmatrix},\ \boldsymbol{p}_3=\begin{pmatrix}1\\1\\0\end{pmatrix}$$

求矩阵 $\boldsymbol{A}$。

4. 用相似对角化法求矩阵 $\boldsymbol{A}=\begin{pmatrix}2&1\\2&3\end{pmatrix}$的 $\boldsymbol{A}^k$。

4.3 马尔可夫链（Markov Chain）

现实世界中有很多这样的现象：某一系统在已知现在情况的条件下，系统未来时刻的情况只与现在有关，而与过去的历史无直接关系。

比如，研究一个商店的累计销售额，如果现在时刻的累计销售额已知，则未来某一时刻的累计销售额与现在时刻以前的任一时刻累计销售额无关。

又如，人口普查，下一次人口普查的数据只依赖于本次人口普查的数据结果，与本次之前的普查数据无关。描述这类随机现象的数学模型称为马尔可夫链。马尔可夫链广泛用于处理概率状态的转移情况。通过下面的示例我们来了解马尔可夫链的相关概念。

例 4.10 根据统计资料，了解到某地区人口流动状况是：每年城市 A 有 10% 的人口留向城市 B，城市 B 有 20% 的人口流向城市 A。假定人口总数及迁移比例均不变，经过许多年后该地区人口将会怎样？

解 设城市 A 和城市 B 的原有人口分别是a_0、b_0，根据题意，一年后城市 A 人口a_1，城市 B 的人口b_1 分别为

$$a_1=0.9\,a_0+0.2\,b_0,\ b_1=0.1\,a_0+0.8\,b_0$$

用矩阵形式表示为

$$\begin{pmatrix}a_1\\b_1\end{pmatrix}=\begin{pmatrix}0.9&0.2\\0.1&0.8\end{pmatrix}\begin{pmatrix}a_0\\b_0\end{pmatrix} \tag{4-1}$$

依题意，两年、三年、四年后城市 A、城市 B 的人口分别为

$$\begin{pmatrix}a_2\\b_2\end{pmatrix}=\begin{pmatrix}0.9&0.2\\0.1&0.8\end{pmatrix}\begin{pmatrix}a_1\\b_1\end{pmatrix},\ \begin{pmatrix}a_3\\b_3\end{pmatrix}=\begin{pmatrix}0.9&0.2\\0.1&0.8\end{pmatrix}\begin{pmatrix}a_2\\b_2\end{pmatrix},\ \begin{pmatrix}a_4\\b_4\end{pmatrix}=\begin{pmatrix}0.9&0.2\\0.1&0.8\end{pmatrix}\begin{pmatrix}a_3\\b_3\end{pmatrix} \tag{4-2}$$

由此，n 年后城市 A 人口a_n，城市 B 的人口b_n为

$$\begin{pmatrix}a_n\\b_n\end{pmatrix}=\begin{pmatrix}0.9&0.2\\0.1&0.8\end{pmatrix}\begin{pmatrix}a_{n-1}\\b_{n-1}\end{pmatrix}$$

$$=\begin{pmatrix}0.9&0.2\\0.1&0.8\end{pmatrix}^n\begin{pmatrix}a_0\\b_0\end{pmatrix} \tag{4-3}$$

令 $\boldsymbol{M}=\begin{pmatrix}0.9&0.2\\0.1&0.8\end{pmatrix}$，可求得矩阵 $\boldsymbol{M}$ 的特征值为 1、0.7，且 $\boldsymbol{M}$ 对应于特征值 1 的特征向

量为 $\boldsymbol{p}_1=\begin{pmatrix}\frac{2}{3}\\ \frac{1}{3}\end{pmatrix}$，$\boldsymbol{M}$ 对应于特征值 0.7 的特征向量为 $\boldsymbol{p}_2=\begin{pmatrix}\frac{1}{3}\\ -\frac{1}{3}\end{pmatrix}$，令 $\boldsymbol{P}=\begin{pmatrix}\frac{2}{3} & \frac{1}{3}\\ \frac{1}{3} & -\frac{1}{3}\end{pmatrix}$，则 $\boldsymbol{P}$ 为可逆矩阵，且 $\boldsymbol{P}^{-1}=\begin{pmatrix}1 & 1\\ 1 & -2\end{pmatrix}$，$\boldsymbol{P}^{-1}\boldsymbol{M}\boldsymbol{P}=\begin{pmatrix}1 & 0\\ 0 & 0.7\end{pmatrix}$，所以有

$$\boldsymbol{M}^n=\begin{pmatrix}0.9 & 0.2\\ 0.1 & 0.8\end{pmatrix}^n=\boldsymbol{P}\begin{pmatrix}1 & 0\\ 0 & 0.7\end{pmatrix}^n\boldsymbol{P}^{-1}=\begin{pmatrix}\frac{2}{3} & \frac{1}{3}\\ \frac{1}{3} & -\frac{1}{3}\end{pmatrix}\begin{pmatrix}1 & 0\\ 0 & 0.7^n\end{pmatrix}\begin{pmatrix}1 & 1\\ 1 & -2\end{pmatrix}$$

$$=\frac{1}{3}\begin{pmatrix}2+0.7^n & 2-2\times0.7^n\\ 1-0.7^n & 1+2\times0.7^n\end{pmatrix}$$

当 $n\to\infty$ 时，$0.7^n\to0$，$\boldsymbol{M}^n=\frac{1}{3}\begin{pmatrix}2+0.7^n & 2-2\times0.7^n\\ 1-0.7^n & 1+2\times0.7^n\end{pmatrix}=\frac{1}{3}\begin{pmatrix}2 & 2\\ 1 & 1\end{pmatrix}$。

所以

$$\begin{pmatrix}a_\infty\\ b_\infty\end{pmatrix}=\frac{1}{3}\begin{pmatrix}2 & 2\\ 1 & 1\end{pmatrix}\begin{pmatrix}a_0\\ b_0\end{pmatrix}=\begin{pmatrix}\frac{2}{3}(a_0+b_0)\\ \frac{1}{3}(a_0+b_0)\end{pmatrix} \tag{4-4}$$

这说明，经过许多年后该地区城市 A 与城市 B 的人口之比是 2∶1，趋于稳定的分布状态。

例 4.10 是一个关于人口迁移的马尔可夫链。其中矩阵 $\boldsymbol{M}=\begin{pmatrix}0.9 & 0.2\\ 0.1 & 0.8\end{pmatrix}$ 由 A、B 城市之间人口迁移比例组成，如图 4-1 所示。矩阵 $\boldsymbol{M}$ 称为**转移概率矩阵**，$\boldsymbol{M}$ 的第一列为城市 A 的迁出人口比例，第二列为城市 B 的迁出人口比例，并且每一列比例值的和等于 1，如图 4-2 所示。

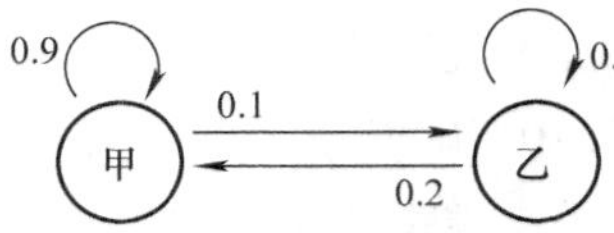

图 4-1

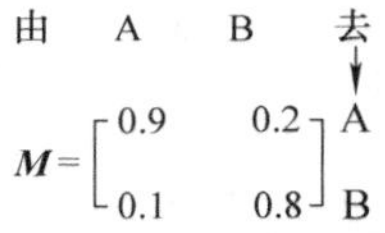

图 4-2

若转移概率矩阵记作 $\boldsymbol{P}$，$\boldsymbol{P}$ 有以下特征：

1）每一个元素是不大于 1 的非负数，即 $0\leqslant p_{ij}\leqslant1$。

2）矩阵中每一列概率之和等于 1，即 $\sum_{i=1}^{n}p_{ij}=1$。

式（4-2）、式（4-3）表示了一个马尔可夫链。式（4-1）中，a_0、b_0 表示 A、B 城市原有的人口数，也可以是原有人口数的比例。

马尔可夫链是一个状态向量序列 $\boldsymbol{x}_0$，$\boldsymbol{x}_1$，$\boldsymbol{x}_2$，…和一个转移概率矩阵 $\boldsymbol{P}$，使得

$$\boldsymbol{x}_1=\boldsymbol{P}\boldsymbol{x}_0,\boldsymbol{x}_2=\boldsymbol{P}\boldsymbol{x}_1,\boldsymbol{x}_3=\boldsymbol{P}\boldsymbol{x}_2,\boldsymbol{x}_4=\boldsymbol{P}\boldsymbol{x}_3\cdots$$

一般地 $\boldsymbol{x}_{k+1}=\boldsymbol{P}\boldsymbol{x}_k$（$k=0, 1, 2, 3\cdots$）

因此，有

$$\boldsymbol{x}_{k+1}=\boldsymbol{P}^{k+1}\boldsymbol{x}_0 \ (k=0, 1, 2, 3\cdots)$$

建立了马尔可夫链，就可以探讨该链长期（$k\to\infty$ 时）行为的结果。式（4-4）表明无论原有人口a_0、b_0情况如何，经过许多年，城市 A 与城市 B 的人口比例将稳定于2∶1。这种无论初始分布如何，只要经过一定时间，总能趋于某个平稳分布，这样的分布称为极限分布。

例 4.11 民主投票。

假设用三维向量 $\boldsymbol{x}$ 表示在某一固定选区每两年进行的国会选举投票结果，即

$$\boldsymbol{x}=\begin{pmatrix}\text{D 党得票率}\\ \text{R 党得票率}\\ \text{L 党得票率}\end{pmatrix}$$

每次选举结果仅依赖前一次选举结果。在一次选举中为某党投票的人在下一次选举将如何投票的百分比如图 4-3 所示。

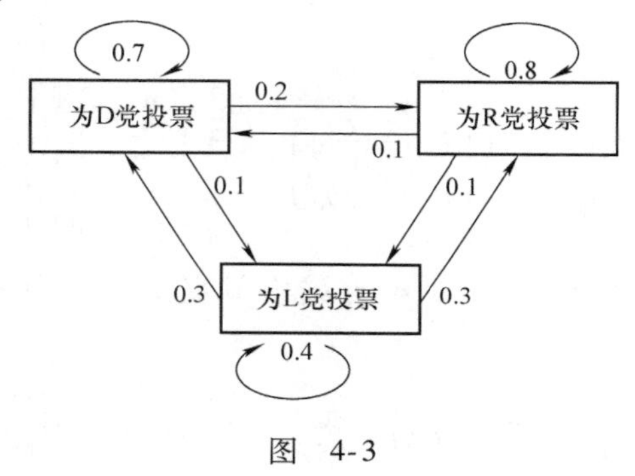

图 4-3

可得转移概率矩阵为

$$\begin{matrix} & \text{从}\quad \text{D} & \text{R} & \text{L} & \text{到}\\ \boldsymbol{P}= & \begin{pmatrix}0.70 & 0.10 & 0.30\\ 0.20 & 0.80 & 0.30\\ 0.10 & 0.10 & 0.40\end{pmatrix} & & & \begin{matrix}\text{D}\\ \text{R}\\ \text{L}\end{matrix}\end{matrix}$$

如果这些转移百分比保持为常数，则每一次投票结果向量构成马尔可夫链。假设在一次选举中结果为

$$\boldsymbol{x}_0=\begin{pmatrix}0.55\\ 0.40\\ 0.05\end{pmatrix}$$

求出下一次可能的结果和再下一次的可能的结果。

解 下一次、再下一次选举结果分别用状态向量 $\boldsymbol{x}_1$、$\boldsymbol{x}_2$ 表示，有

$$\boldsymbol{x}_1=\boldsymbol{P}\boldsymbol{x}_0=\begin{pmatrix}0.70 & 0.10 & 0.30\\ 0.20 & 0.80 & 0.30\\ 0.10 & 0.10 & 0.40\end{pmatrix}\begin{pmatrix}0.55\\ 0.40\\ 0.05\end{pmatrix}=\begin{pmatrix}0.440\\ 0.445\\ 0.115\end{pmatrix}$$

$$x_2 = Px_1 = \begin{pmatrix} 0.70 & 0.10 & 0.30 \\ 0.20 & 0.80 & 0.30 \\ 0.10 & 0.10 & 0.40 \end{pmatrix}\begin{pmatrix} 0.440 \\ 0.445 \\ 0.115 \end{pmatrix} = \begin{pmatrix} 0.3870 \\ 0.4875 \\ 0.1345 \end{pmatrix}$$

即下一次有44%的人将投 D 的票，44.5%的人将投 R 的票，11.5%的人将投 L 的票，再下一次有38.7%的人将投 D 的票，48.75%的人将投 R 的票，13.45%的人将投 L 的票。

马尔可夫链最有趣的方面是对该链长期行为的研究。我们想知道经过多次选举后，投票的情况会怎样变化？各党得票率会不会逐步趋于某种平稳状态？

- 平稳分布。

通常情况下分布是随时间的变化而变化的。但有些分布较为特殊，它们从初始分布起就始终不变，我们把这类初始分布称为**平稳分布**。就是说，如果向量 $\boldsymbol{q}$ 满足 $\boldsymbol{Pq}=\boldsymbol{q}$，它就属于平稳分布，或称 $\boldsymbol{q}$ 是 $\boldsymbol{P}$ 的一个**稳态向量**。

事实上，任何一个转移概率矩阵 $\boldsymbol{P}$ 都存在相应的平稳分布。

定理 2　若 $\boldsymbol{P}$ 是一个 n 阶转移概率矩阵，则 $\boldsymbol{P}$ 具有唯一的平稳分布 $\boldsymbol{q}$。

或者说，若 $\boldsymbol{x}_0$是任一个起始状态，且 $\boldsymbol{x}_{k+1}=\boldsymbol{Px}_k$（$k=0，1，2\cdots$），则当 $k\to\infty$ 时，马尔可夫链收敛到 $\boldsymbol{q}$。

例 4.12　求转移概率矩阵 $\boldsymbol{P}=\begin{pmatrix} 1/2 & 0 & 1/5 \\ 1/2 & 2/3 & 0 \\ 0 & 1/3 & 4/5 \end{pmatrix}$的平稳分布。

解　设平稳分布为 $\boldsymbol{x}_0=\begin{pmatrix} a \\ b \\ c \end{pmatrix}$，代入 $\boldsymbol{Px}_0=\boldsymbol{x}_0$，则

$$\begin{pmatrix} 1/2 & 0 & 1/5 \\ 1/2 & 2/3 & 0 \\ 0 & 1/3 & 4/5 \end{pmatrix}\begin{pmatrix} a \\ b \\ c \end{pmatrix} = \begin{pmatrix} a \\ b \\ c \end{pmatrix}$$

得到方程组$\begin{cases} \dfrac{1}{2}a+\dfrac{1}{5}c=a \\ \dfrac{1}{2}a+\dfrac{2}{3}b=b \\ \dfrac{1}{3}a+\dfrac{4}{5}c=c \end{cases}$。

化简得 $a=\dfrac{1}{5}c$，$b=\dfrac{3}{5}c$。

还要考虑 $\boldsymbol{x}_0$应当满足 $a+b+c=1$，将 $a=\dfrac{1}{5}c$，$b=\dfrac{3}{5}c$ 代入这个条件，求得

$$a=0.2，\ b=0.3，\ c=0.5$$

所以，转移概率矩阵 $\boldsymbol{P}$ 的平稳分布为

$$\boldsymbol{x}_0=\begin{pmatrix} 0.2 \\ 0.3 \\ 0.5 \end{pmatrix}$$

同理，可以计算例 4.11 民主投票中平稳分布。令 $\boldsymbol{x}_0=\begin{pmatrix}a\\b\\c\end{pmatrix}$，代入 $\boldsymbol{P}\boldsymbol{x}_0=\boldsymbol{x}_0$，则

$$\begin{pmatrix}0.70 & 0.10 & 0.30\\0.20 & 0.80 & 0.30\\0.10 & 0.10 & 0.40\end{pmatrix}\begin{pmatrix}a\\b\\c\end{pmatrix}=\begin{pmatrix}a\\b\\c\end{pmatrix}$$

即 $\begin{cases}-0.3a+0.1b+0.3c=0\\0.2a-0.2b+0.3c=0\\0.1a+0.1b-0.6c=0\end{cases}$。

每个方程两边乘以 10，得

$$\begin{cases}-3a+b+3c=0\\2a-2b+3c=0\\a+b-6c=0\end{cases}$$

该方程组有无穷多解：

$$\begin{cases}a=\dfrac{4}{9}k\\b=\dfrac{15}{4}k\\c=k\end{cases}$$

向量 $\boldsymbol{x}_0$ 还应当满足 $a+b+c=1$，所以得到 $a=0.32$，$b=0.54$，$c=0.14$。

向量 $\boldsymbol{x}_0=\begin{pmatrix}0.32\\0.54\\0.14\end{pmatrix}$ 的元素刻画由现在开始多年之后进行的一次选举中得票分布。因此可以说最终 D 党得票率大约是 32%，R 党得票率大约是 54%，L 党得票率大约是 14%。

例 4.13 PageRank 的计算方法（本例摘自吴军著《数学之美》）。

大家可能知道，Google 革命性的发明是它名为“PageRank”的网页算法，这项技术圆满解决了以往搜索的相关性排序不好的问题。Google 的“PageRank”及其网页算法详细介绍请参阅第 5 章的拓展阅读二、三。

佩奇和布林他们先假定所有网页排名是相同的，根据这个初始值，算出各网页的第一次迭代排名，然后再根据第一次迭代排名算出第二次迭代排名，依次类推。他们俩从理论上证明了不论初始值如何选取，这种算法都保证了网页排名的估计值能收敛到排名的真实值，并且这种算法完全没有人工干预。

设向量
$$\boldsymbol{B}=(b_1,\ b_2,\ \cdots,\ b_N)^{\mathrm{T}} \tag{4-5}$$
为第一，第二，…，第 N 个网页排名。矩阵

$$\boldsymbol{A}=\begin{pmatrix}a_{11} & \cdots & a_{1n} & \cdots & a_{1N}\\\vdots & & \vdots & & \vdots\\a_{m1} & \cdots & a_{mn} & \cdots & a_{mN}\\\vdots & & \vdots & & \vdots\\a_{N1} & \cdots & a_{Nn} & \cdots & a_{NN}\end{pmatrix} \tag{4-6}$$

为网页之间的链接数目，其中a_{mn}表示第 m 个网页指向第 n 个网页的链接数。$\boldsymbol{A}$ 是已知的，$\boldsymbol{B}$ 是所要计算的。

假定$\boldsymbol{B}_i$是第 i 次迭代结果，那么

$$\boldsymbol{B}_i=\boldsymbol{A}\boldsymbol{B}_{i-1} \tag{4-7}$$

初始假设所有网页的排名都是$\frac{1}{N}$，即$\boldsymbol{B}_0=\left(\frac{1}{N},\frac{1}{N},\cdots,\frac{1}{N}\right)^{\mathrm{T}}$。显然通过式（4-7）可以得到$\boldsymbol{B}_1$，$\boldsymbol{B}_2\cdots$可以证明$\boldsymbol{B}_i$最终会收敛于$\boldsymbol{B}$，此时$\boldsymbol{B}=\boldsymbol{B}\times\boldsymbol{A}$。当两次迭代的结果$\boldsymbol{B}_i$和$\boldsymbol{B}_{i-1}$之间的差异非常小，接近于0时，停止迭代运算，算法结束。一般来讲，只要10次左右的迭代基本上就收敛了。

练习 4.3

1. 写出如图 4-4 所示的转移概率矩阵和它的平稳分布。

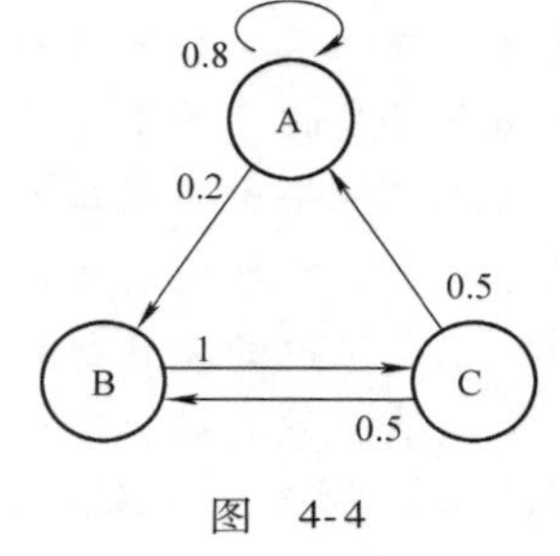

图　4-4

2. 在某国，每年有比例为 p 的农村居民移居城镇，有比例为 q 的居民移居农村。假设该国人口总数不变，且上述人口迁移的比例规律也不变，把 n 年后农村人口和城镇人口占总人口的比例依次记为x_n，y_n（$x_n+y_n=1$）。

（1）求$\begin{pmatrix}x_{n+1}\\y_{n+1}\end{pmatrix}=\boldsymbol{A}\begin{pmatrix}x_n\\y_n\end{pmatrix}$中转移概率矩阵$\boldsymbol{A}$。

（2）设目前农村人口和城镇人口相等，即$\begin{pmatrix}x_0\\y_0\end{pmatrix}=\begin{pmatrix}0.5\\0.5\end{pmatrix}$，$p=0.03$，$q=0.05$，求$\begin{pmatrix}x_n\\y_n\end{pmatrix}$。

（3）$n\to\infty$时，求$\begin{pmatrix}x_n\\y_n\end{pmatrix}$。

（4）求$\boldsymbol{A}$ 的平稳分布。

拓展阅读

线性代数发展史简介

如果研究关联着多个因素的量所引起的问题，则需要考察多元函数。如果所研究的关联性是线性的，那么称这个问题为线性问题。历史上线性代数的第一个问题是关于解线性方程组的问题，而线性方程组理论的发展又促成了作为工具的矩阵论和行列式理论的创立与发展，这些内容已成为线性代数教材的主要部分。最初的线性方程组问题大都来源于生活实践，正是实际问题刺激了线性代数这一学科的诞生与发展。另外，近现代数学分析与几何学等数学分支的要求也促进了线性代数的发展。

线性代数有三个基本计算单元：向量（组），矩阵，行列式。研究它们的性质和相关定理，能够求解线性方程组，实现行列式与矩阵计算和线性变换，构建向量空间和欧式空间。线性代数的两个基本方法是构造（分解）和代数法，基本思想是化简（降解）和同构变换。

1. 行列式

行列式出现于线性方程组的求解，它最早是一种速记的表达式，现在已经是数学中一种非常有用的工具。行列式是由莱布尼茨和日本数学家关孝和发明的。1693 年 4 月，莱布尼

茨在写给洛比达的一封信中使用并给出了行列式，还给出方程组的系数行列式为零的条件。同时代的日本数学家关孝和在其著作《解伏题元法》中也提出了行列式的概念与算法。

1750 年，瑞士数学家克莱姆在其著作《线性代数分析导言》中，对行列式的定义和展开法则给出了比较完整、明确的阐述，并给出了现在我们所称的解线性方程组的克莱姆法则。稍后，数学家贝祖（Bezout，1730—1783）将确定行列式每一项符号的方法进行了系统化，利用系数行列式概念指出了如何判断一个齐次线性方程组有非零解。

总之，在很长一段时间内，行列式只是作为解线性方程组的一种工具使用，并没有人意识到它可以独立于线性方程组之外，单独形成一门理论加以研究。

在行列式的发展史上，第一个对行列式理论做出连贯、逻辑的阐述，即把行列式理论与线性方程组求解相分离的人，是法国数学家范德蒙（Vandermonde，1735—1796）。范德蒙自幼在父亲的指导下学习音乐，但对数学有浓厚的兴趣，后来终于成为法兰西科学院院士。特别地，他给出了用二阶子式和它们的余子式来展开行列式的法则。就行列式本身这一点来说，他是这门理论的奠基人。1772 年，拉普拉斯在一篇论文中证明了范德蒙提出的一些规则，推广了他的展开行列式的方法。

继范德蒙之后，在行列式的理论方面，又一位做出突出贡献的就是法国大数学家柯西。1815 年，柯西在一篇论文中给出了行列式的第一个系统的、几乎是近代的处理。其中主要结果之一是行列式的乘法定理。另外，他第一个把行列式的元素排成方阵，采用双足标记法，并引入了行列式特征方程的术语，还给出了相似行列式概念，改进了拉普拉斯的行列式展开定理并给出了一个证明等。

19 世纪的半个多世纪中，对行列式理论研究始终不渝的学者之一是詹姆士·西尔维斯特（J. Sylvester，1814—1894）。他是一个活泼、敏感、兴奋、热情，甚至容易激动的人，他用火一般的热情介绍他的学术思想。他的重要成就之一是改进了从一个次和一个次的多项式中消去未知数的方法，他称之为配析法，并给出形成的行列式为零时这两个多项式方程有公共根的充分必要条件这一结果，但没有给出证明。

继柯西之后，在行列式理论方面最多产的人就是德国数学家雅可比（Jacobi，1804—1851），他引进了函数行列式，即“雅可比行列式”，指出函数行列式在多重积分的变量替换中的作用，并给出了函数行列式的导数公式。雅可比的著名论文《论行列式的形成和性质》标志着行列式系统理论的建成。由于行列式在数学分析、几何学、线性方程组理论、二次型理论等多方面的应用，促使行列式理论自身在 19 世纪得到了很大发展。整个 19 世纪都有行列式的新结果。除了一般行列式的大量定理之外，还相继得到许多有关特殊行列式的其他定理。

2. 矩阵

矩阵是数学中的一个重要的基本概念，是代数学的一个主要研究对象，也是数学研究和应用的一个重要工具。“矩阵”这个词是由西尔维斯特首先使用的，他是为了将数字的矩形阵列区别于行列式而发明了这个术语。实际上，矩阵这个课题在诞生之前就已经发展得很好了。从行列式的大量工作中明显表现出来，为了很多目的，不论行列式的值是否与问题有关，矩阵本身都可以研究和使用，矩阵的许多基本性质也是在行列式的发展中建立起来的。在逻辑上，矩阵的概念应先于行列式的概念，然而在历史上次序正好相反。

英国数学家凯莱（Cayley，1821—1895）一般被公认为矩阵论的创立者，因为他首先把矩阵作为一个独立的数学概念提出来，并首先发表了关于这个题目的一系列文章。为了同研究线性变换下的不变量相结合，凯莱首先引进矩阵以简化记号。1858 年，他发表了关于这一课题的第一篇论文《矩阵论的研究报告》，系统地阐述了关于矩阵的理论。文中他定义了矩阵的相等、矩阵的运算法则、矩阵的转置以及矩阵的逆等一系列基本概念，指出了矩阵加法的可交换性与可结合性。另外，凯莱还给出了方阵的特征方程和特征根（特征值）以及有关矩阵的一些基本结果。凯莱出生于一个古老而有才能的英国家庭，在剑桥大学三一学院大学毕业后留校讲授数学，三年后他转从律师职业，工作卓有成效，并利用业余时间研究数学。凯莱曾任剑桥哲学会、伦敦数学会、皇家天文学会的会长，在数学、理论力学、天文学方面发表了近千篇论文，他的数学论文几乎涉及纯粹数学的所有领域，他一生得到那个时代一个科学家可能得到的每一个荣誉。

1855 年，埃米特（Hermite，1822—1901）证明了别的数学家发现的一些矩阵类的特征根的特殊性质，如现在称为“埃米特矩阵”的特征根性质等。后来，克莱伯施（Clebsch，1831—1872）、布克海姆（Buchheim）等证明了对称矩阵的特征根性质。泰伯（Taber）引入矩阵的迹的概念并给出了一些有关的结论。

在矩阵论的发展史上，弗罗伯纽斯（Frobenius，1849—1917）的贡献是不可磨灭的。他讨论了最小多项式问题，引进了矩阵的秩、不变因子和初等因子、正交矩阵、矩阵的相似变换、合同矩阵等概念，以合乎逻辑的形式整理了不变因子和初等因子的理论，并讨论了正交矩阵与合同矩阵的一些重要性质。1854 年，约当（Jordan）研究了矩阵化为标准型的问题。1892 年，梅茨勒（Metzler）引进了矩阵的超越函数概念并将其写成矩阵的幂级数的形式。傅里叶、西尔和庞加莱的著作中还讨论了无限阶矩阵问题，这主要是适用方程发展的需要而开始的。

矩阵本身所具有的性质依赖于元素的性质。矩阵最初作为一种工具，经过两个多世纪的发展，现在已成为独立的一门数学分支——矩阵论。而矩阵论又可分为矩阵方程论、矩阵分解论和广义逆矩阵论等矩阵的现代理论。矩阵及其理论现已广泛地应用于现代科技的各个领域。

3. 方程组

线性方程组的解法，早在中国古代的数学著作《九章算术》中已做了比较完整的论述。其中所述方法实质上相当于现代的对方程组的增广矩阵施行初等行变换从而消去未知量的方法，即高斯消元法。在西方，线性方程组的研究是在 17 世纪后期由莱布尼茨开创的。他曾研究含两个未知量的三个线性方程组组成的方程组。麦克劳林在 18 世纪上半叶研究了具有二、三、四个未知量的线性方程组，得到了现在称为“克莱姆法则”的结果。克莱姆不久也发表了这个法则。18 世纪下半叶，法国数学家贝祖对线性方程组理论进行了一系列研究，证明了齐次线性方程组有非零解的条件是系数行列式等于零。

19 世纪，英国数学家史密斯（Smith）和道奇森（Dodgson）继续研究线性方程组理论，前者引进了方程组的增广矩阵和非增广矩阵的概念，后者证明了未知数个方程的方程组相容的充分必要条件是系数矩阵和增广矩阵的秩相同。这正是现代方程组理论中的重要结果之一。

大量的科学技术问题，最终往往归结为解线性方程组。因此在线性方程组的数值解法得到发展的同时，线性方程组解的结构等理论性工作也取得了令人满意的进展。现在，线性方程组的数值解法在计算数学中占有重要地位。

4. 二次型

二次型也称为“二次形式”，数域 P 上的 n 元二次齐次多项式称为数域 P 上的 n 元二次型。二次型的系统研究是从18世纪开始的，它起源于对二次曲线和二次曲面分类问题的讨论。将二次曲线和二次曲面的方程变形，选有主轴方向的轴作为坐标轴以简化方程的形状，这个问题是在18世纪引进的。柯西在其著作中给出结论：当方程是标准型时，二次曲面用二次项的符号来进行分类。然而，那时并不太清楚，在化简成标准型时，为何总是得到同样数目的正项和负项。西尔维斯特回答了这个问题，他给出了变数的二次型的惯性定律，但没有证明。这个定律后来被雅可比重新发现和证明。1801年，高斯在《算术研究》中引进了二次型的正定、负定、半正定和半负定等术语。

二次型化简的进一步研究涉及二次型或行列式的特征方程的概念。特征方程的概念隐含地出现在欧拉的著作中，拉格朗日在其关于线性微分方程组的著作中首先明确地给出了这个概念。而三个变数的二次型的特征值的实性则是由阿歇特（Hachette）、蒙日和泊松（Poisson，1781—1840）建立的。

柯西在别人著作的基础上，着手研究化简变数的二次型问题，并证明了特征方程在直角坐标系的任何变换下不变性。后来，他又证明了个变数的两个二次型能用同一个线性变换同时化成平方和。

1851年，西尔维斯特在研究二次曲线和二次曲面的切触和相交时进行了这种二次曲线和二次曲面束的分类。在分类方法中他引进了初等因子和不变因子的概念，但他没有证明“不变因子组成两个二次型的不变量的完全集”这一结论。

1858年，魏尔斯特拉斯对同时化两个二次型成平方和给出了一个一般的方法，并证明，如果二次型之一是正定的，那么即使某些特征根相等，这个化简也是可能的。魏尔斯特拉斯比较系统地完成了二次型的理论并将其推广到双线性型。

5. 群论

求根问题是方程理论的一个中心课题。16世纪，数学家们解决了三、四次方程的求根公式，对于更高次方程的求根公式是否存在，成为当时的数学家们探讨的又一个问题。这个问题花费了不少数学家们大量的时间和精力。经历了屡次失败，但总是摆脱不了困境。

到了18世纪下半叶，拉格朗日认真总结和分析了前人失败的经验，深入研究了高次方程的根与置换之间的关系，提出了预解式概念，并预见到预解式和各根在排列置换下的形式不变性有关。但他最终没能解决高次方程问题。拉格朗日的弟子鲁菲尼（Ruffini，1765—1862）也做了许多努力，但都以失败告终。高次方程的根式解的讨论，在挪威杰出数学家阿贝尔（Abel，1802—1829）那里取得了很大进展。阿贝尔只活了27岁，他一生贫病交加，但却留下了许多创造性工作。1824年，阿贝尔证明了次数大于四次的一般代数方程不可能有根式解。但问题仍没有彻底解决，因为有些特殊方程可以用根式求解。因此，高于四次的代数方程何时没有根式解，是需要进一步解决的问题。这一问题由法国数学家伽罗瓦（Galois，1811—1832）全面、透彻地给予了解决。

伽罗瓦仔细研究了拉格朗日和阿贝尔的著作，建立了方程的根的“容许”置换，提出了置换群的概念，得到了代数方程用根式解的充分必要条件是置换群的自同构群可解。从这种意义上，我们说伽罗瓦是群论的创立者。伽罗瓦出身于巴黎附近一个富裕的家庭，幼时受到良好的家庭教育，只可惜这位天才的数学家英年早逝。1832 年 5 月，由于政治和爱情的纠葛，他在一次决斗中被打死，年仅 21 岁。

置换群的概念和结论是最终产生抽象群的第一个主要来源。抽象群产生的第二个主要来源则是戴德金（Dedekind，1831—1916）和克罗内克（Kronecker，1823—1891）的有限群及有限交换群的抽象定义以及凯莱（Kayley，1821—1895）关于有限抽象群的研究工作。另外，克莱因（Clein，1849—1925）和庞加莱（Poincare，1854—1912）给出了无限变换群和其他类型的无限群。19 世纪 70 年代，李（Lie，1842—1899）开始研究连续变换群，并建立了连续群的一般理论，这些工作构成了抽象群论的第三个主要来源。

1882—1883 年，迪克（Vondyck，1856—1934）的论文把上述三个主要来源的工作纳入抽象群的概念之中，建立了（抽象）群的定义。到 19 世纪 80 年代，数学家们终于成功地概括出抽象群论的公理体系。

20 世纪 80 年代，群的概念已经普遍地被认为是数学及其许多应用中最基本的概念之一。它不但渗透到诸如几何学、代数拓扑学、函数论、泛函分析及其他许多数学分支中而起着重要的作用，还形成了一些新学科，如拓扑群、李群、代数群等，它们还具有与群结构相联系的其他结构，如拓扑、解析流形、代数簇等，并在结晶学、理论物理、量子化学以及编码学、自动机理论等方面有重要作用。

第5章

图与网络分析

本章介绍图的基本概念和图的应用。

5.1 节介绍图的基本概念、模型、计算和欧拉图。

5.2 节介绍表示图的邻接矩阵和关联矩阵。

5.3 节介绍图的连通性、哈密尔顿图和旅行商问题。

5.4 节介绍最短路径问题的算法。

5.5 节介绍树、根树、二叉树的相关概念和计算。

5.6 节介绍最小连接问题的算法。

图论起源于1736年，这一年欧拉（Euler）研究了哥尼斯堡（Königsberg）七桥问题（见图5-1），发表了图论的首篇论文。在俄罗斯一个叫哥尼斯堡的城内，有一条名为普雷格尔（Pregel）的河贯穿城内，河中有两个小岛。为方便人们通行和游玩，河上架设有七座桥，从而使河中的两个小岛与河两岸城区联结起来。当时，当地居民热衷于这样一个游戏：从河岸或岛上任一地方出发，每一座桥恰好通过一次，能否再回到出发地？这就是著名的哥尼斯堡七桥问题。这虽然是一个游戏，但从它发展出了很有实际意义的数学模型。欧拉研究了这个游戏，他用四个点 A、B、C、D 表示两岸和两个小岛，用两点间的连线表示桥，如图5-2所示。于是问题转化为在图5-2中，从任何一点出发，每条线段恰好通过一次，能否再回到出发点？这个问题相当于“一笔画问题”，即从任一点开始，能否一笔画出这个图而且落笔于开始点？

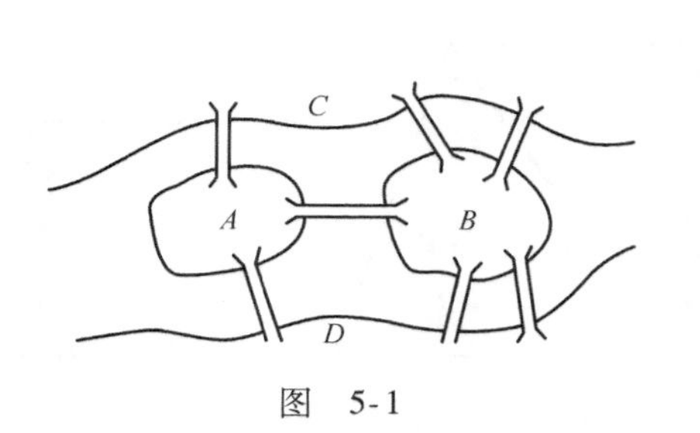

图　5-1

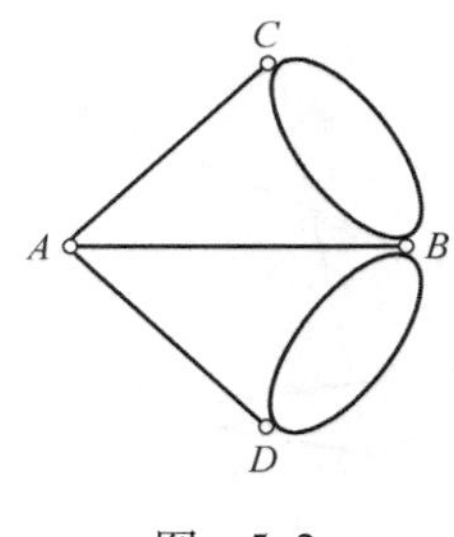

图　5-2

图论是采用图形的方式分析和处理问题的一种数学方法。在图论中用“结点”表示事物，用“边”表示事物之间的联系，由结点和边构成的逻辑结构和连通性表示所研究的问题。最短路径问题、中国邮路问题、旅行商问题、匹配问题、四色问题等都是体现图论思想方法的经典问题，数学建模中也常用到图论知识和方法解决网络最优化问题。

5.1　图的基本概念与模型

我们先通过几个直观的例子，来感性地认识什么是图。

例 5.1　图 5-3 所画的是某地区的铁路交通图。显然，对于一位只关心自甲站到乙站需经过哪些站的旅客来说，图 5-4 比图 5-3 更为清晰。但这两个图有很大的差异，图 5-4 中不仅略去了对了解铁路交通毫无关系的河流、湖泊，而且铁路线的长短、曲直及铁路上各站间的相对位置都有了改变。不过，可以看到，图 5-3 的连通关系在图 5-4 中丝毫没有改变。

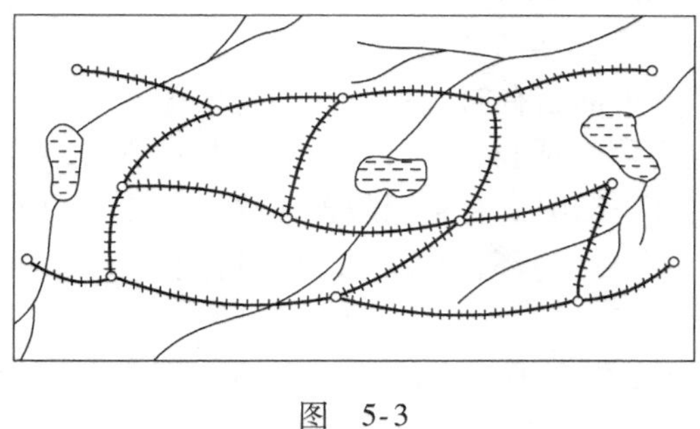
图　5-3

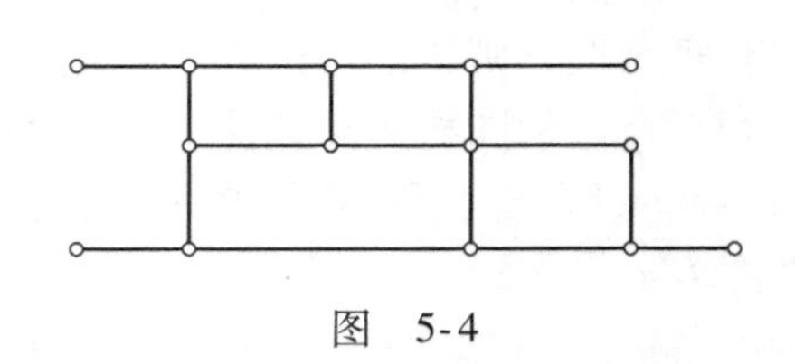
图　5-4

例 5.2　（描述企业之间的业务往来）有六家企业 1 ~ 6，相互之间的业务往来关系为 1 与 2、3、4 有业务往来；2 与 3、5 有业务往来；4 还与 5 有往来；6 不与任何企业有业务联系。

将六家企业用六个点表示，如果两个企业之间有业务往来，就用一条线连接，则六家企业业务往来关系如图 5-5 所示。因为要描述的是企业之间的关系，与每个点的位置无关，只与点线之间的关系有关，因此图 5-5 与图 5-6 是等价的。

例 5.3　若从发货地 x_1 可运送物资到收货地 y_1 和 y_2，从发货地 x_2 可运送物资到收货地 y_1、y_2 和 y_3，从发货地 x_3 可运送物资到收货地 y_1 和 y_3，用点表示发货地和收货地，带方向的边表示物资运送方向，物资的收发关系如图 5-7 所示。

由这几个例子可知，一个图由一个表示具体事物的点的集合和表示事物之间联系的边的集合组成。

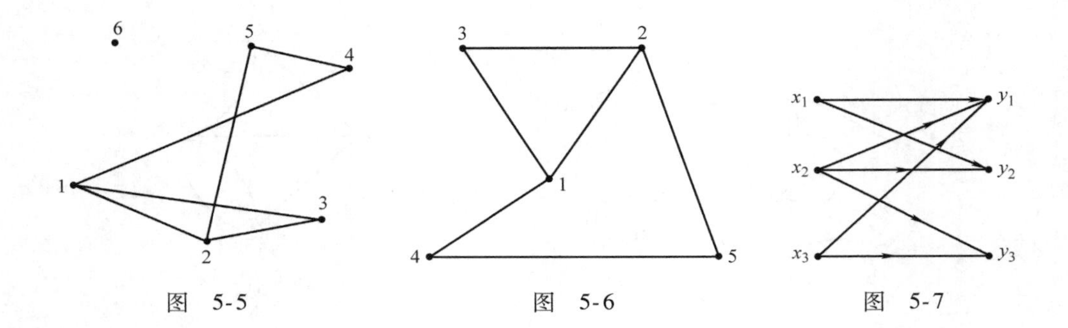

图 5-5　　　　图 5-6　　　　图 5-7

5.1.1 图的基本概念

定义 1 图 G（graph）是一个二元组，记作 $G=<V, E>$，其中 $V=\{v_1, v_2, \cdots, v_n\}$ 为非空点集，$E=\{e_1, e_2, \cdots, e_m\}$ 为边集。

图可以用集合、图形和矩阵表示。图用图形表示时，结点也称为顶点，用小圆圈或实心黑点表示，点与点之间的连线用直线段或曲线段表示边。具有 n 个顶点，m 条边组成的图称为（n, m）图。

例 5.4 如图 5-8 所示，$G=<V, E>$，G 是（5, 10）图，其中 $V=\{v_1, v_2, \cdots, v_5\}$，$E=\{e_1, e_2, \cdots, e_{10}\}$，每条边可用一个结点对表示，即

$e_1=<v_1, v_2>$、$e_2=<v_3, v_2>$、$e_3=(v_3, v_3)$、$e_4=<v_4, v_3>$、$e_5=<v_4, v_2>$、$e_6=<v_4, v_2>$、$e_7=<v_5, v_2>$、$e_8=<v_2, v_5>$、$e_9=(v_3, v_5)$、$e_{10}=(v_3, v_5)$

尖括号 < > 结点对表示有向边，圆括号（）结点对表示无向边。

每条边都是无向边的图称为**无向图**，每条边都是有向边的图称为**有向图**。

若一条边的两个顶点相同，则称这条边为**环**（或自回路、圈）。在无向图中，若两个顶点之间有多条边，则称这些边为**平行边**。在有向图中，有**相同起点和终点**的多条边称为**平行边**。含有平行边的图称为**多重图**。如图 5-8 中，e_3 为环，e_9 和 e_{10} 是平行边，e_5 和 e_6 是平行边，而 e_7 和 e_8 因方向不同而不是平行边。

在图 $G=(V, E)$ 中，若结点集 V 可划分为两个不相交的子集 V_1 和 V_2，对于边集 E 中的任意一条边，与其关联的两个结点分别在 V_1 和 V_2 之中，则称图 G 为**偶图**，如图 5-9 所示。

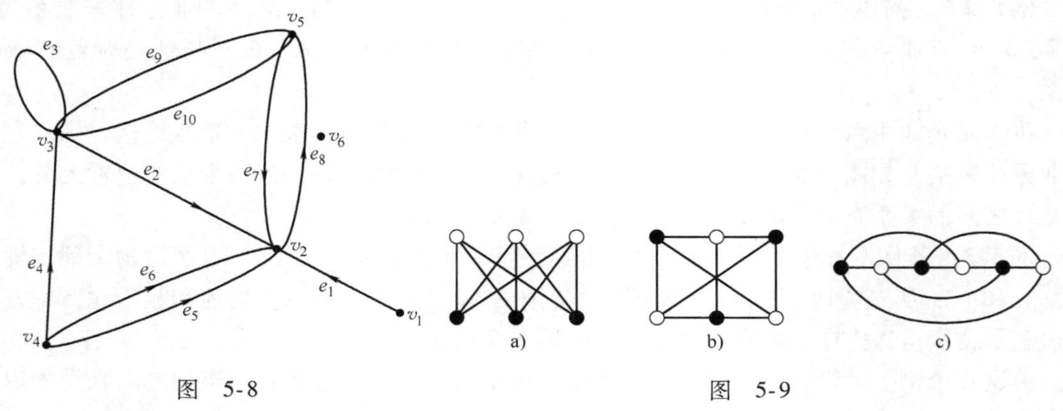

图 5-8　　　　图 5-9

定义 2 图 $G=<V, E>$ 与 $G'=<V', E'>$ 间如果有 $V'\subseteq V$ 及 $E'\subseteq E$，则称 G' 是 G 的子图。若 G' 是 G 的子图，并且 $V'=V$，则称 G' 为 G 的生成子图。

定义 3 设 $G=<V, E>$ 与 $G'=<V', E'>$ 是两个图，若在 V' 与 V 之间存在一一映射 f: $V\to V'$，使得图 G 中任意的结点对 u 和 v 当且仅当 $f(u)$ 和 $f(v)$ 在图 G' 中时连接，则称 G 和 G' 同构。

例 5.5 如图 5-10 所示，图 $G=<V, E>$ 与图 $G'=<V', E'>$ 是同构的。其中 $V=\{1, 2, 3, 4, 5\}$，$V'=\{a, b, c, d, e\}$，点集 V 与点集 V' 之间建立如下一一映射关系 f:

$$f(1)=a, f(2)=b, f(3)=c, f(4)=d, f(5)=e$$

f 满足对于任意的边 $(u, v)\in E$，当且仅当 $[f(u), f(v)]\in E'$。

两个同构的图，除了各点的符号不同、位置不同之外，本质上是一样的。如果用火柴梗来摆图形，一个图形就能变成另一个图形。图 5-9abc 是同构的。

两个图同构显然要满足：结点的数目相同、边数相同、度数相同的结点数目相同。

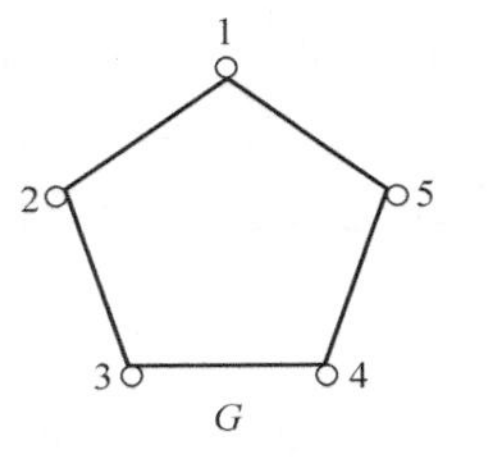

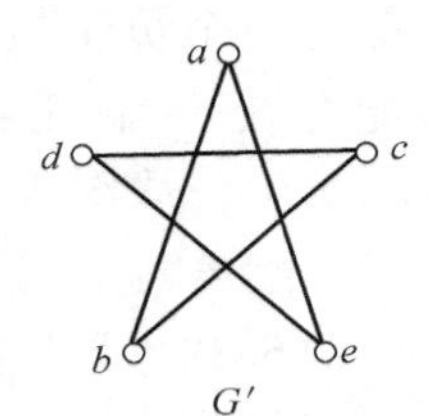

图 5-10

5.1.2 图的模型

例 5.6 线路图。

用图描述线路，结点表示道路交叉点，边表示道路，无向边表示双向道路，有向边表示单行道，多重无向边表示连接相同交叉路口的多条双向道路，多重有向边表示从一个交叉点开始到第二个交叉点结束的多条单行道，环表示环形路。

例 5.7 人的相识关系（拉姆齐问题）。

试证明：在任意六个人的聚会上，要么有三个人曾相识，要么有三人不曾相识。

证明 用 A、B、C、D、E、F 代表这六个人，若二人曾相识，则代表这二人的两点间连一条实线边，否则连一条虚线边。于是原来的问题等价于证明这样得到的图必含有实线边或虚线边三角形。考察某一顶点，选点 F，与 F 关联的边中必有三条实线或虚线。不妨设它们是三条实线 FA、FB、FC，如图 5-11a 所示。再看三角形 ABC，如果它有一条实线边，则 FAB 是实线三角形，如图 5-11b 所示。如果三角形 ABC 没有实线边，则它本身是虚线三角形，如图 5-11c 所示。

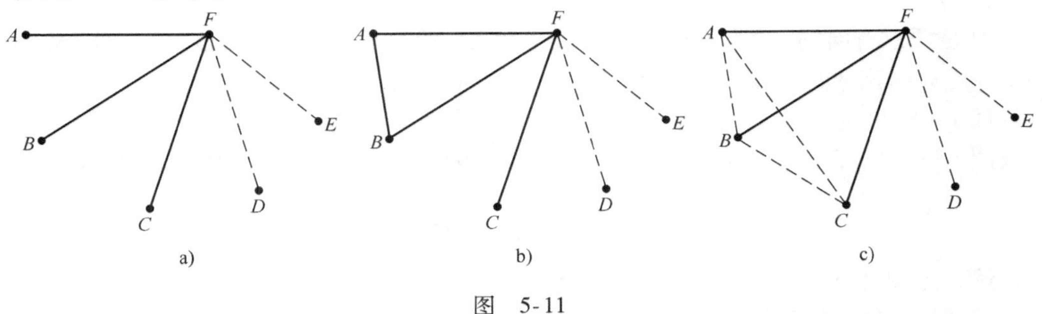

图 5-11

例 5.8 网络图。

互联网可以用有向图来建模，其中结点表示网页，并且若有从网页 a 指向网页 b 的链接，则用以 a 为起点、以 b 为终点的有向边表示。因为几乎每秒钟都有新页面在网络上某处产生，并且有其他页面被删除，所以网络图几乎是连续变化的。

例 5.9 任务分配。

假设某小组有 4 名员工 L、W、Z、H，他们要合作完成一个项目，这个项目有 4 种工作要做：需求分析、架构、实现、测试。已知 L 可以完成需求分析和测试；W 可以完成架构、实现和测试；Z 可以完成需求分析、架构和实现；H 只能完成需求分析。为了完成项目，必须给员工分配任务，以满足每个任务都有一个员工接手，而且每个员工最多只能分配一个任务。用偶图建模，如图 5-12所示，从图中可找到完成上述任务的一种分配方案。

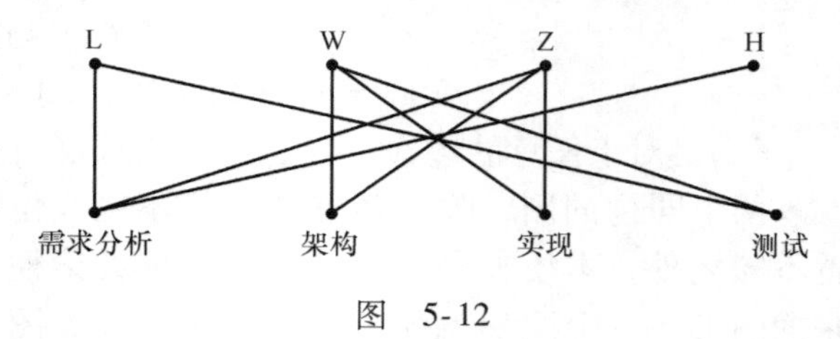

图 5-12

例 5.10 局域网。

在教学用的机房里，教师机与学生机以及打印机和绘图仪等外部设备，都可以用局域网来连接。局域网通常基于星形拓扑结构（所有设备都连接到中央设备）、基于环形拓扑结构（所有计算机首尾相连，逐级传输数据，形成一个闭环）、基于星形和环形结合的星形环拓扑结构（通常以环形拓扑结构为主干，将星形拓扑结构的网络作为结点接入环中，提升了环形拓扑的扩展性）如图 5-13 所示。

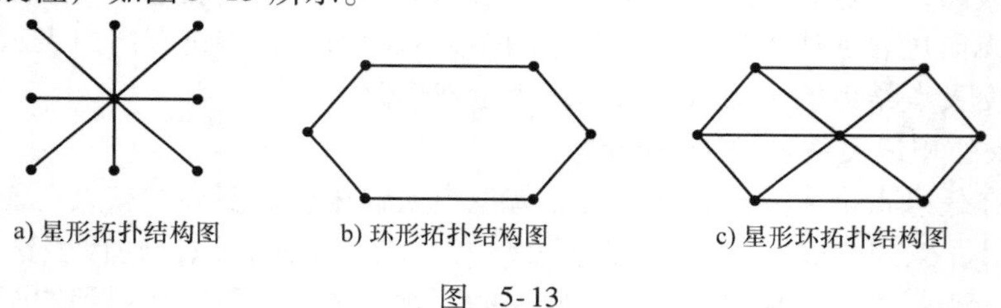

a) 星形拓扑结构图　　b) 环形拓扑结构图　　c) 星形环拓扑结构图

图 5-13

5.1.3 图的有关计算

定义 4 设 G 是任意图，v 为 G 的任一结点，与结点 v 关联的边数称为 v 的**度**（degree），记作 $\deg(v)$。

设 D 是任意有向图，v 为 G 的任一结点，射入 v 的边数称为 v 的**入度**（in - degree），记作 $\deg^+(v)$，射出 v 的边数称为 v 的**出度**（out - degree），记作 $\deg^-(v)$。

定理 1 握手定理。

设图 $G = <V, E>$ 是（n，m）图，则所有结点度数的总和等于边数的 2 倍，即

$$\sum_{i=1}^{n} \deg(v_i) = 2m$$

显然，图中每条边都有两个端点，一条边提供 2 度，共有 m 条边，因而共提供 $2m$ 度。

由定理 1 可得到以下推论。

推论 一个图中度为奇数的点的个数为偶数。

定理 2　在有向图中，各结点的出度之和等于入度之和，即

$$\sum_{i=1}^{n} \deg^{-}(v_i) = \sum_{i=1}^{n} \deg^{+}(v_i) = m$$

例 5.11　设 $V=\{u, v, w, x, y\}$，画出下列无向图和有向图，并计算各点的总度数或入度与出度。

(1) $E=\{(u, v), (u, x), (v, y), (x, y), (w, x)\}$。

(2) $E=\{<u, v>, <u, x>, <v, y>, <x, y>, <w, x>\}$。

解　1) 从图 5-14a 看到：$\deg x=3$，$\deg u=\deg v=\deg y=2$，$\deg w=1$，$\deg u+\deg v+\deg x+\deg y+\deg w=3+2+2+2+1=10$，边数 $m=5$，满足 $\sum_{i=1}^{n}\deg(v_i)=2m$。

2) 从图 5-14b 中看到：$\deg^{+}u=0$，$\deg^{-}u=1$，$\deg^{+}v=1$，$\deg^{-}v=1$，$\deg^{+}x=1$，$\deg^{-}x=1$，$\deg^{+}y=3$，$\deg^{-}y=0$，$\deg^{+}w=0$，$\deg^{-}w=2$。入度之和 $=0+1+1+3=5$，出度之和 $=1+1+0+2=5$，满足 $\sum_{i=1}^{n}\deg^{-}(v_i)=\sum_{i=1}^{n}\deg^{+}(v_i)=m$。

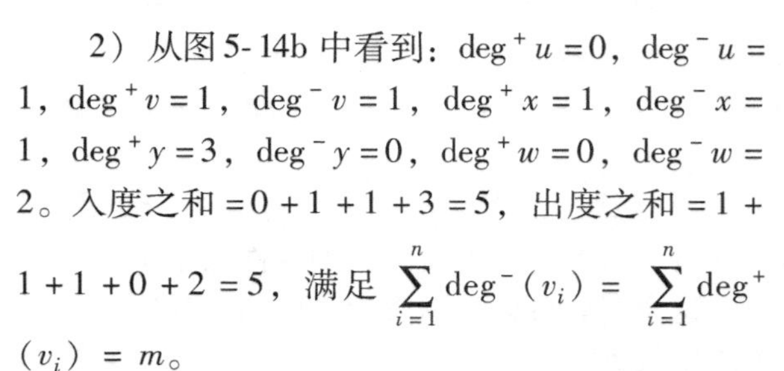

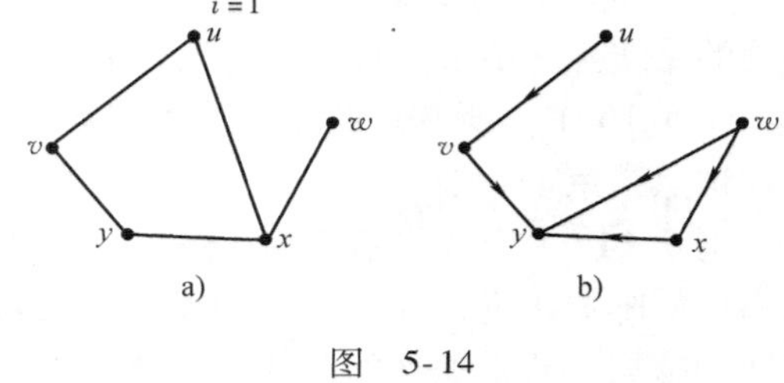

图　5-14

例 5.12　证明任何一群人中，有偶数个人认识，其中奇数个人。

证明　用 n 个顶点表示 n 个人，如果两个人相识，就用一条线把他们对应的一对顶点连起来，这样就得到了一个图 G。每一个人所认识的人的数目就是他对应的顶点的度，于是问题转化为证明图 G 中度为奇数的顶点有偶数个。

设这一群人为 v_1、v_2、…、v_n，每个人认识的人数分别为 $\deg v_1$、$\deg v_2$、…、$\deg v_n$，其中度为奇数的顶点有 k 个，其余 $n-k$ 个顶点度则为偶数，并且这 $n-k$ 个顶点的度之和也是偶数。根据握手定理，$\sum_{i=1}^{n}\deg(v_i)$ 为偶数，所以 k 个奇数度顶点的度之和必为偶数。当且仅当偶数个奇数之和才是偶数，这说明 k 为偶数，证得图 G 中度为奇数的顶点有偶数个。

5.1.4　欧拉图

在本章开始介绍了哥尼斯堡七桥问题，欧拉仔细研究了这个问题，他的研究成果奠定了图论的基础，他被公认为图论之父。为纪念欧拉，人们把“从图的某个顶点出发，经过每条边一次且仅一次，最后回到起点”这样的问题，称为欧拉图问题。包含图中所有边一次且仅一次的回路，称为欧拉回路。欧拉找到了存在欧拉回路的充要条件，给出了一个非常简单有效的判断欧拉图的方法。

定理 3　无向图 G 为欧拉图，当且仅当 G 是连通的，且所有结点的度均为偶数。

从图 5-1 看到，$\deg A=3$、$\deg B=5$、$\deg C=3$、$\deg D=3$，由定理可知不存在欧拉回路，所以，哥尼斯堡七桥问题无解。

“一笔画”的智力游戏与欧拉图有关。一笔画即经过图中所有边一次，在画图过程中要求不重复且笔尖不离开纸面将图画完。有以下判断方法：

定理 4　无向图 G 能一笔画，当且仅当 G 是连通的，且图中奇数度结点的个数为 0 或 2。

有两个奇数度结点时，两个奇数度结点是一笔画的起点和终点。

例 5.13 判断图 5-15、图 5-16 能否“一笔画”。

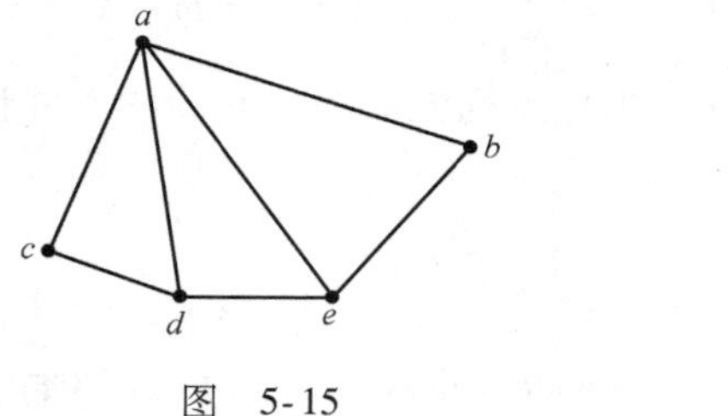

图 5-15

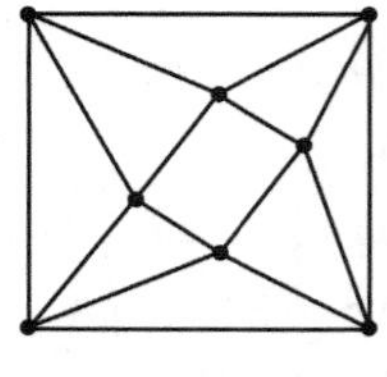

图 5-16

解 图 5-15 中，除了两个奇数度点 d、e，其余点均为偶数度，所以，从 d 开始存在一笔画的路线至 e 结束，且不止一条，如（$dcadeabe$），（$dabedcae$）。

图 5-16 中，所有点的度数均为偶数，是欧拉图，可以一笔画，从任一点出发都可以最后在这点结束。

例 5.14 中国数学家管梅谷先生 1962 年提出与欧拉图密切相关的“中国邮路问题”。邮递员从邮局出发，在其分辖的投递区域内走遍每一条街道，把信件送到收件人手里，最后又回到邮局，要走怎样的路线才能使全程最短？这个问题可以用图表示：以街道为边，以街道交叉处为图的结点，问题就是要从这样一个图中找到一条至少包含每边一次的总长最短的回路。

练习 5.1

1. 北京、上海、广州、西安的交通十分便利，任两个城市之间都有直飞航班，请用图表示四座城市的航空交通，并判断所画的图属于哪种图。

2. 设 $V=\{u,v,w,x,y\}$，$E=\{(u,v),(u,x),(v,w),(v,y),(x,y)\}$，画出无向图 $G=(V,E)$ 的图形。

3. 是否可以画出一个图，使各点的度数与下面序列一致？如可能，画出一个符合条件的图；如不能，说明原因。

（1）1, 2, 3, 4, 5　（2）1, 2, 2, 3, 4　（3）2, 2, 2, 2, 2, 2

4. 设一个图有 10 个结点且所有结点的度都为 6，求该图的边数。

5. 判断图 5-17 中哪些图是同构的。

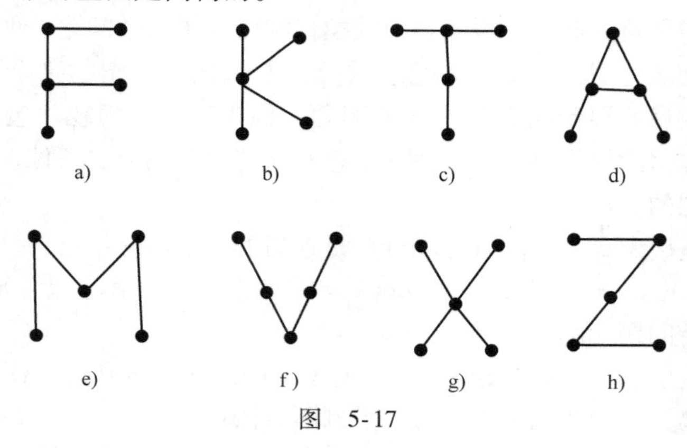

图 5-17

6. 邮递员从邮局 v_1 出发沿邮路投递信件，其邮路如图 5-18 所示。试问是否存在一条投递路线使邮递员从邮局出发经过所有路线而不重复地回到邮局。

7. 判断图 5-19 是否能一笔画。

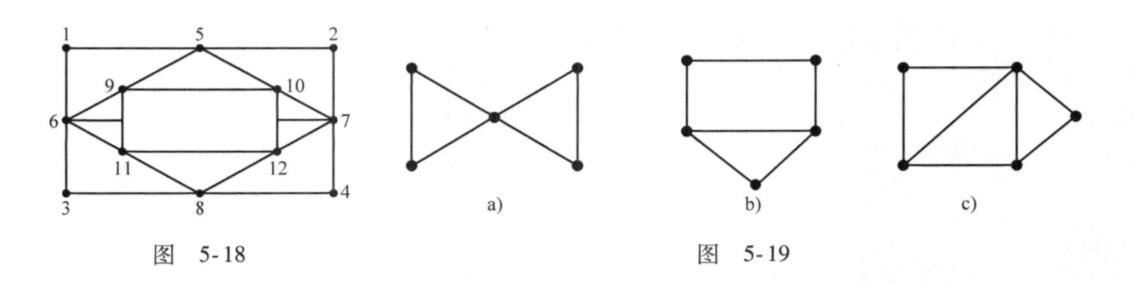

图　5-18　　　　图　5-19

8. 在一个羽毛球比赛中，n 名选手中任意两名选手之间至多比赛一次，每个选手至少比赛一次。证明：一定能找到两名选手，他们的比赛次数相同。

5.2　图的矩阵表示

为便于计算机存储和处理图，将图的问题变为计算问题，需要用矩阵来表示图。常用于表示图的矩阵有：反映点与点之间相邻关系的**邻接矩阵**，反映点与边之间关联关系的**关联矩阵**，反映图的连通性的**可达性矩阵**。

- 点与边关联、点邻接、边邻接。

若 $e_k=(v_i,\ v_j)$，不论 e_k是有向边还是无向边，都称边 e_k与点 v_i和 v_j相**关联**，称点 v_i与点 v_j **邻接**，若干条边关联于同一点，称这些边**邻接**。

5.2.1　邻接矩阵

1. 无向图的邻接矩阵

定义 5　设无向图 $G=<V,\ E>$，它有 n 个顶点 $V=<v_1,\ v_2,\ \cdots,\ v_n>$，如果 a_{ij}表示 v_i和 v_j之间的边数，则 n 阶方阵 $\boldsymbol{A}(\boldsymbol{G})=(a_{ij})_n$ 称为无向图 G 的**邻接矩阵**。

特别地，对于无向简单图，$a_{ij}=\begin{cases}1 & (v_i,\ v_j)\in E\\ 0 & (v_i,\ v_j)\notin E\end{cases}$。

例 5.15　写出图 5-20 和图 5-21 所示的无向图的邻接矩阵。

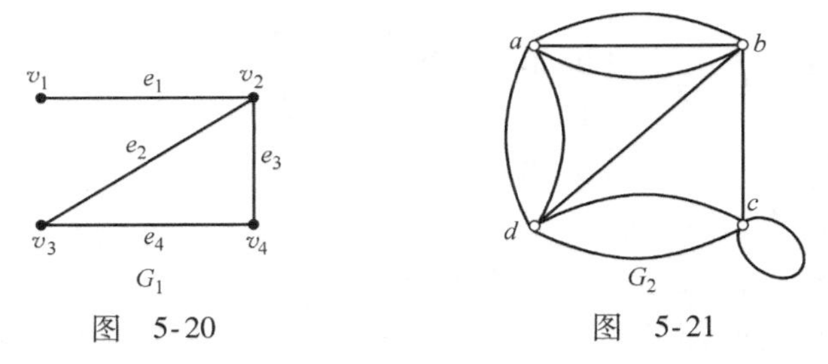

图　5-20　　　　图　5-21

解　图 5-20 是无向简单图，它的邻接矩阵为

$$A(G_1)=\begin{pmatrix}0&1&0&0\\1&0&1&1\\0&1&0&1\\0&1&1&0\end{pmatrix}$$

图 5-21 有平行边和环，确定其邻接矩阵时，环计两次

$$A(G_2)=\begin{pmatrix}0&3&0&2\\3&0&1&1\\0&1&2&2\\2&1&2&0\end{pmatrix}$$

在带圈图中，计算与圈（环）关联的结点度数时，圈（环）计两次，该结点度为2。

例 5.16 给定一个邻接矩阵，就能确定一个图。画出对应于结点顺序 a、b、c、d 的邻接矩阵的无向图。邻接矩阵为

$$A(G)=\begin{pmatrix}0&1&1&0\\1&0&1&1\\1&1&0&0\\0&1&0&0\end{pmatrix}$$

解 对应的无向图如图 5-22 所示。

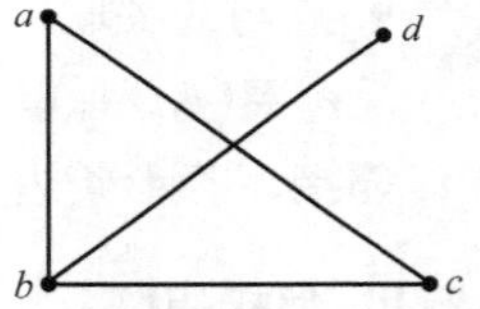

图 5-22

无向图邻接矩阵有以下特征：

1）无向图的邻接矩阵为 n 阶对称方阵（即 $A=A^{T}$），每行每列对应一个结点。

2）无向简单图的邻接矩阵主对角线上的元素全为0。

3）每行元素之和为该行对应结点的度。

2. 有向图的邻接矩阵

定义 6 设有向图 $G=<V, E>$，它有 n 个顶点 $V=<v_1, v_2, \cdots, v_n>$，如果 a_{ij} 表示以 v_i 为起点、v_j 为终点的有向边的边数，则 n 阶方阵 $A(G)=(a_{ij})_n$ 称为**有向图 G 的邻接矩阵**。

例 5.17 写出图 5-23 所示的有向图的邻接矩阵。

解 有向图 5-23 的邻接矩阵为

$$A(G)=\begin{pmatrix}1&1&0&1\\0&0&0&0\\1&1&0&1\\0&0&1&0\end{pmatrix}$$

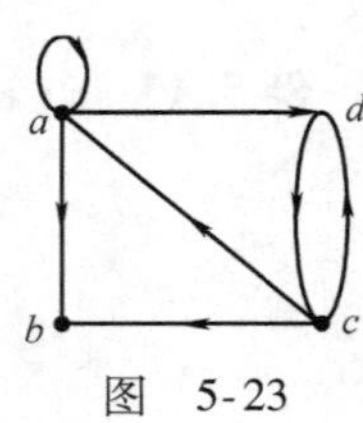

图 5-23

有向图的邻接矩阵有以下特征：

1）邻接矩阵为 n 阶方阵，但不一定是对称方阵。

2）每行元素之和为该行对应结点的出度，每列元素之和为该列对应结点的入度。

5.2.2　关联矩阵

1. 无向图的关联矩阵

定义 7　设无向图 $G=<V, E>$，它有 n 个顶点 $V=\{v_1, v_2, \cdots, v_n\}$，$m$ 条边 $E=\{e_1, e_2, \cdots, e_m\}$，如果 b_{ij}表示点 v_i与边 e_j关联的次数，则 $n\times m$ 矩阵 $\boldsymbol{M}(\boldsymbol{G})=(b_{ij})_{n\times m}$称为无向图 G 的**关联矩阵**。

例 5.18　写出图 5-24、图 5-25 的关联矩阵。

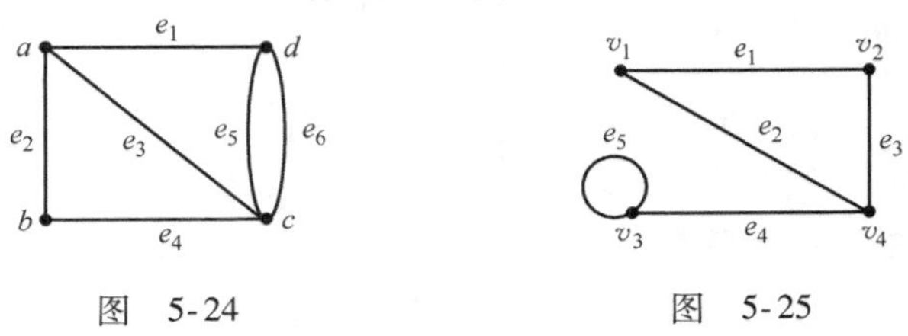

图　5-24　　　　图　5-25

解　关联矩阵每一行对应一个点，每一列对应一条边。每条边关联两个结点，环关联的两个顶点重合，这个结点与环关联为两次。

图 5-24 的关联矩阵如下

$$
\begin{array}{c} \\ \boldsymbol{M}(\boldsymbol{G})= \end{array}
\begin{array}{c} \begin{matrix} e_1 & e_2 & e_3 & e_4 & e_5 & e_6 \end{matrix} \\ \begin{pmatrix} 1 & 1 & 1 & 0 & 0 & 0 \\ 0 & 1 & 0 & 1 & 0 & 0 \\ 0 & 0 & 1 & 1 & 1 & 1 \\ 1 & 0 & 0 & 0 & 1 & 1 \end{pmatrix} \end{array}
\begin{array}{c} \\ a \\ b \\ c \\ d \end{array}
$$

图 5-25 中 e_5 是环，结点 v_3 与它关联算两次，关联矩阵如下

$$
\begin{array}{c} \\ \boldsymbol{M}(\boldsymbol{G})= \end{array}
\begin{array}{c} \begin{matrix} e_1 & e_2 & e_3 & e_4 & e_5 \end{matrix} \\ \begin{pmatrix} 1 & 1 & 0 & 0 & 0 \\ 1 & 0 & 1 & 0 & 0 \\ 0 & 0 & 0 & 1 & 2 \\ 0 & 1 & 1 & 1 & 0 \end{pmatrix} \end{array}
\begin{array}{c} \\ v_1 \\ v_2 \\ v_3 \\ v_4 \end{array}
$$

例 5.19　由关联矩阵可以确定一个图。若无向图的关联矩阵为 $\boldsymbol{M}(\boldsymbol{D}_1)$、$\boldsymbol{M}(\boldsymbol{D}_2)$，画出对应于结点顺序为 v_1、v_2、v_3、v_4，边的顺序为 e_1、e_2、e_3、e_4 的无向图。

$$
\boldsymbol{M}(\boldsymbol{D}_1)=\begin{pmatrix} 0 & 0 & 1 & 1 \\ 0 & 1 & 1 & 1 \\ 1 & 0 & 0 & 0 \\ 1 & 1 & 0 & 0 \end{pmatrix}, \boldsymbol{M}(\boldsymbol{D}_2)=\begin{pmatrix} 1 & 1 & 0 & 0 \\ 1 & 0 & 1 & 0 \\ 0 & 1 & 1 & 2 \end{pmatrix}
$$

解　关联矩阵如图 5-26 和图 5-27 所示。

无向图的关联矩阵有如下特征：

1）每列元素之和等于 2。

2）每行元素之和等于该行对应结点的度数。

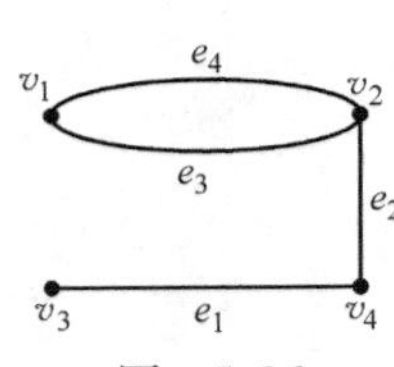

图　5-26

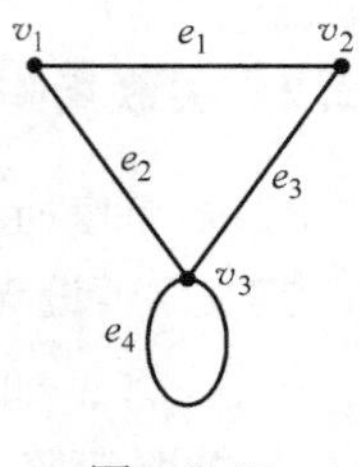

图 5-27

3）无向图关联矩阵中所有元素之和等于图中边数的 2 倍。

2. 有向图的关联矩阵

定义 8 设有向图 $D=<V, E>$，它有 n 个顶点 $V=\{v_1, v_2, \cdots, v_n\}$，$m$ 条有向边 $E=\{e_1, e_2, \cdots, e_m\}$，如果 m_{ij} 表示点 v_i 与边 e_j 关联的次数，则 $n\times m$ 矩阵 $\boldsymbol{M}(\boldsymbol{D})=(m_{ij})_{n\times m}$ 称为有向图 D 的**关联矩阵**，其中：

$$m_{ij}=\begin{cases}-2 & e_j\text{是环且关联于}v_i\\ 1 & e_j\text{以}v_i\text{为起点}\\ -1 & e_j\text{以}v_i\text{为终点}\\ 0 & e_j\text{与}v_i\text{不关联}\end{cases}$$

例 5.20 写出有向图 5-28 的关联矩阵。

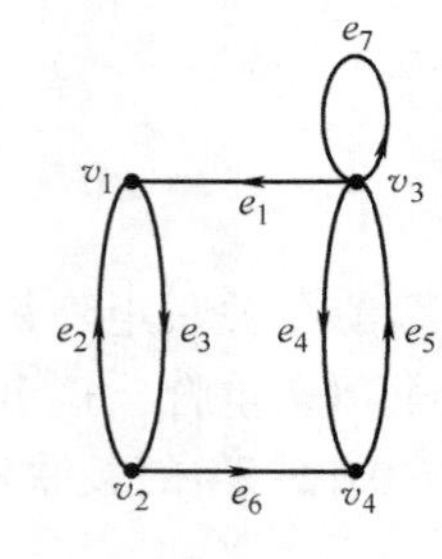

图 5-28

解 有向图 5-28 的关联矩阵如下：

$$\boldsymbol{M}(\boldsymbol{D})=\begin{pmatrix}-1 & -1 & 1 & 0 & 0 & 0 & 0\\ 0 & 1 & -1 & 0 & 0 & 1 & 0\\ 1 & 0 & 0 & 1 & 1 & 0 & -2\\ 0 & 0 & 0 & -1 & -1 & -1 & 0\end{pmatrix}$$

反过来，根据一个有向图的关联矩阵可以画出该有向图。

例 5.21 若图的关联矩阵如下：

$$\boldsymbol{M}(\boldsymbol{D})=\begin{pmatrix}1 & -1 & 0 & 0\\ 0 & 1 & 0 & -1\\ -1 & 0 & -1 & 1\\ 0 & 0 & 1 & 0\end{pmatrix}$$

画出对应于结点顺序为 v_1、v_2、v_3、v_4，边的顺序为 e_1、e_2、e_3、e_4 有向图。

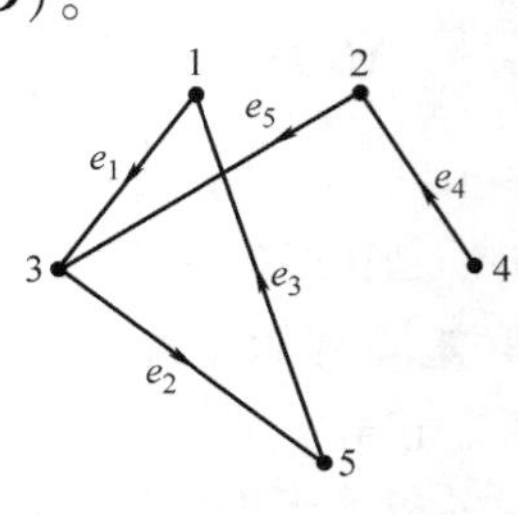

图 5-29

解 $\boldsymbol{M}(\boldsymbol{D})$ 的有向图如图 5-29 所示。

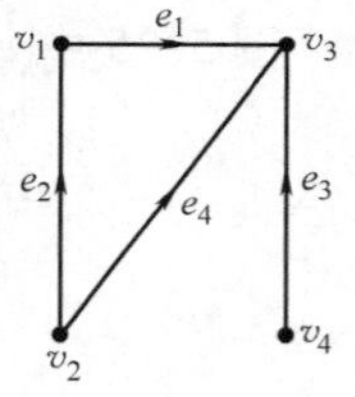

有向图的关联矩阵的特征：

1）有向无圈图每列对应一条有向边，恰有一个 1 和一个 -1。

2）每行对应一个点，1 的个数为该点的出度，-1 的个数为入度。

3）有向无圈图关联矩阵中所有元素之和等于 0，1 的个数等于 -1 的个数且等于有向图的边数。

练习 5.2

1. 写出图 5-30 的邻接矩阵 $\boldsymbol{A}(\boldsymbol{D})$ 和关联矩阵 $\boldsymbol{M}(\boldsymbol{D})$。

2. 写出图 5-31 的邻接矩阵 $\boldsymbol{A}(\boldsymbol{D})$ 和关联矩阵 $\boldsymbol{M}(\boldsymbol{D})$。

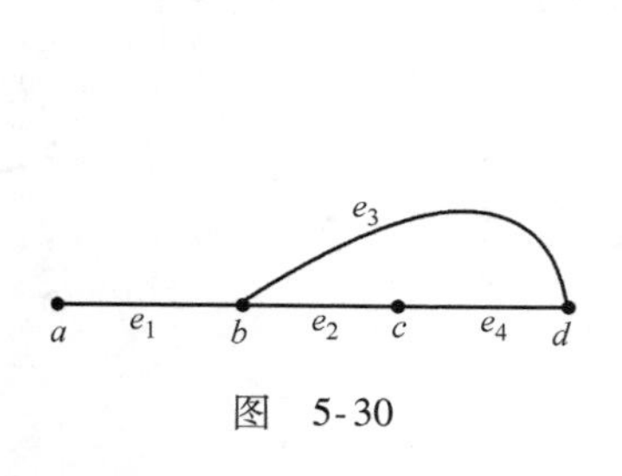

图 5-30

图 5-31

3. 画出邻接矩阵 $\boldsymbol{A}(\boldsymbol{G})=\begin{pmatrix}0&1&0&1&0\\1&2&1&0&1\\0&1&0&1&1\\1&0&1&0&1\\0&1&1&1&2\end{pmatrix}$ 对应的无向图，并从邻接矩阵求各结点的度数。

4. 有向图 D 的结点为 v_1、v_2、v_3、v_4，它的邻接矩阵如下，画出这个图。

$$\boldsymbol{A}(\boldsymbol{D})=\begin{pmatrix}0&1&1&1\\0&0&1&0\\1&1&0&1\\1&0&0&0\end{pmatrix}$$

5.3　图的连通性与哈密尔顿图

还有一种与 5.1.4 节介绍的欧拉图问题相似的著名问题——哈密尔顿问题，源于当时风靡的周游世界游戏。研究图的特性，最重要的就是其连通性，反映在客观问题中就是事物间有没有联系、有怎样的联系。

5.3.1　图连通的有关术语

1. 通道

设 v_0 和 v_n 是任意图 G 的结点，图 G 的一条结点和边交替序列 $v_0e_1v_1e_2\cdots e_nv_n$ 称为连接 v_0 到 v_n 点的一条通道。其中 $e_i(1\leqslant i\leqslant n)$ 是关联于结点 v_{i-1} 和 v_i 的边，通道可简记为（$v_0v_1v_2\cdots v_n$）。通道中边的个数称为**通道的长度**（length）。若 $v_0=v_n$，称为闭通道。

直观地说，通道就是通过相连的若干条边从一个点达到另一个点的路线。通道上点、边均可以重复出现。

2. 迹

无重复边的通道称为迹。无重复边的闭通道称为闭迹。

欧拉图就是包含了图中所有边的闭迹。包含所有边的一条迹，称为欧拉迹，具有欧拉迹的图称为半欧拉图。

3. 路

无重复点的通道称为路。除了端点外没有重复点的闭通道称为回路。

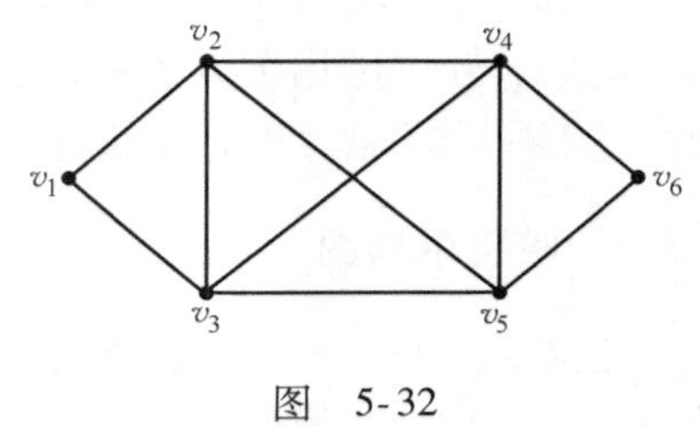

图　5-32

如果长为 n 的通道上 $n+1$ 个点各不相同，则相应的 n 条边也必然各不相同，因此，路一定是迹，回路一定是闭迹。但长为 n 的通道上 n 条边各不相同时，仍可能有重复点出现，因此，迹不一定是路，闭迹不一定是回路。在图 5-32 中，$v_1v_2v_4v_3v_2v_4v_6$ 是一条 v_1-v_6 的通道，$v_1v_2v_3v_5v_2v_4v_6$ 是一条 v_1-v_6 迹，但不是路，$v_1v_2v_4v_6$ 是一条 v_1-v_6 路，$v_1v_2v_4v_6v_5v_3v_1$ 是一条闭通道且是闭迹。

4. 无向图的连通性

无向图 G 中若存在一条 $v_i - v_j$ 通道，则称 v_i 与 v_j 是**连通的**（connected）。如果图 G 中任何两个顶点都是连通的，则称 G 是**连通图**（connected graph），否则称为**非连通图**（disconnected graph）。

连通子图：如果 H 是 G 的子图，且 H 是连通的，则称 H 为 G 的连通子图。

图 5-33 所示为连通图，图 5-34 所示为非连通图，有两个连通子图。

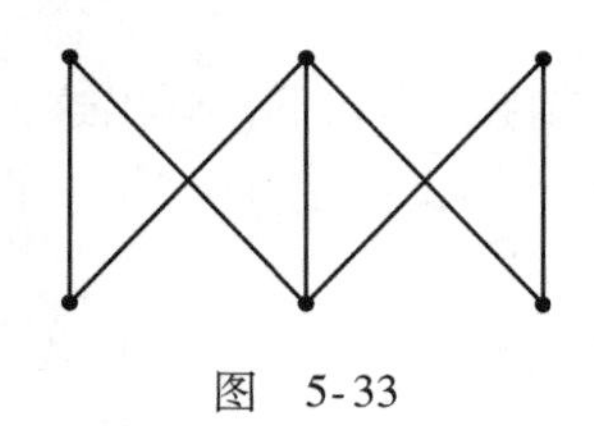

图 5-33

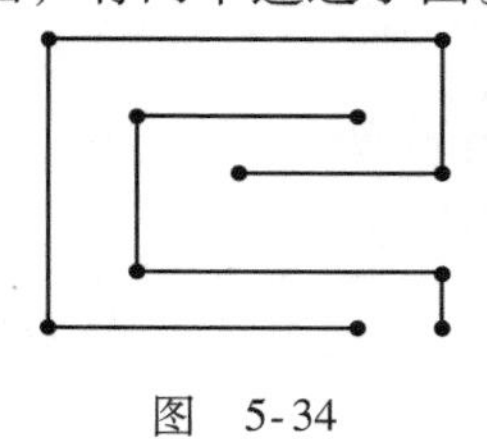

图 5-34

割点：如果删除一个结点 v 及与 v 关联的边，图将不连通，则称结点 v 为图的割点或关节点。

割边：如果删除一条边，图将不连通，则称这条边为割边或桥。

图 5-35 所示的割点是 b、c 和 e，删除这些结点中的一个及其邻边，图就不连通。割边是（a，b）和（c，e），删除其中一条边，使得图不再连通。

5. 有向图的连通性

有向图 D 中若存在一条 v_i 到 v_j 的有向路，称结点 v_i **可达**结点 v_j。

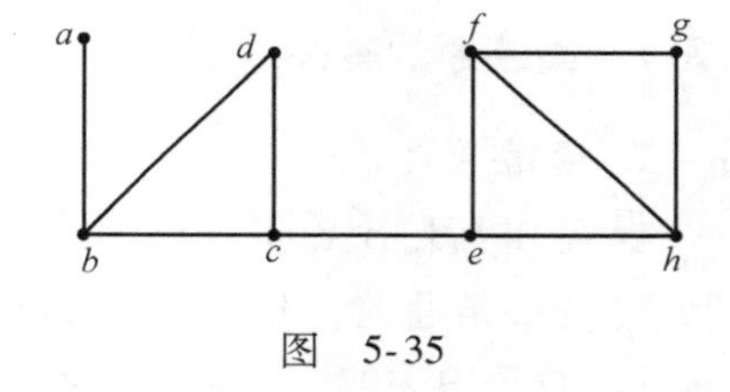

图 5-35

规定 v_i 到自身总是可达的。

对于有向图，由于其边有方向性，可达关系不一定是对称的。u 可达 v 时，不一定 v 可达 u。即使 u 可达 v 且 v 也可达 u，从 u 到 v 的有向通道与从 v 到 u 的有向通道也是不同的。因此，有向图的连通性比无向图连通性包含了更多内容。

设 D 是有向图，如果有向图 D 的任何一对结点 u、v 间，u 可达 v，同时 v 可达 u，则称这个有向图是**强连通**（strongle connected）。任何一对结点 u、v 间，或者 u 可达 v，或者 v 可达 u，则称这个有向图是**单侧连通**（unilateral connected）。若有向图 D 忽略方向后是连通图（一整块的），则称有向图 D 是**弱连通**（weakly connected）。

例如，互联网用顶点表示网页，并且用有向边表示链接。整个超大的互联网不是连通的，它有一个非常大的巨型强连通分支和许多小的强连通分支。

5.3.2 哈密尔顿图

定义 9 通过图 G 中**每个结点**一次的通道，称为**哈密尔顿路**。通过图 G 中每个结点一次的闭通道，称为**哈密尔顿回路**、具有哈密尔顿回路的图，称为**哈密尔顿图**。具有哈密尔顿路而无哈密尔顿回路的图，称为**半哈密尔顿图**。

哈密尔顿图源于 1859 年英国数学家、天文学家哈密尔顿设计的一个名叫周游世界的游戏。内容是用一个正十二面体的 20 个顶点代表地球上的 20 个城市，棱线看成连接城市的道路（见图 5-36），旅行者从一个城市出发，经过每个城市恰好一次，最后回到出发地。

将正十二面体投影在平面上得到图 5-37 所示的无向图。

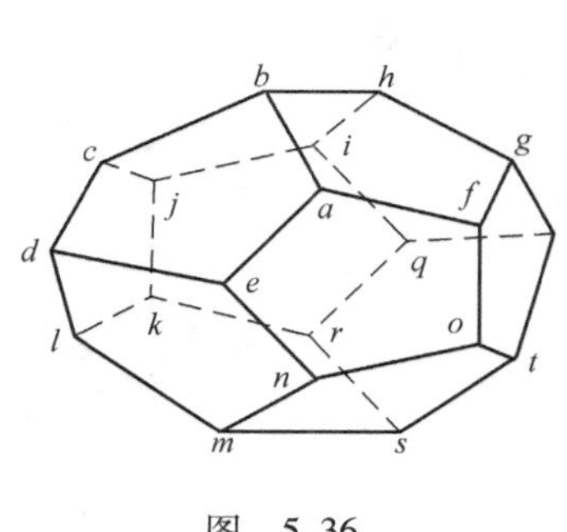

图 5-36

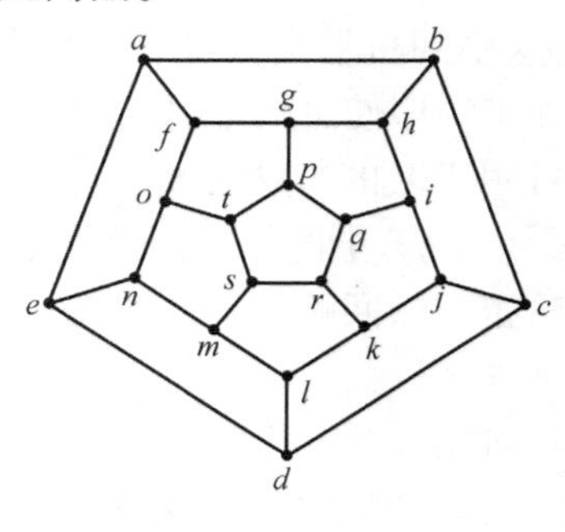

图 5-37

欧拉图和哈密尔顿图都是遍历问题，前者是遍历图的所有边，后者是遍历图的所有点。欧拉图的判断方法简单，但哈密尔顿图的判断是至今尚未解决的问题，一般采用尝试的方法解决。哈密尔顿图实质上是能将图中所有的结点排在同一个圈上。

例 5.22　判断图 5-38、图 5-39 是否有哈密尔顿路和哈密尔顿回路。

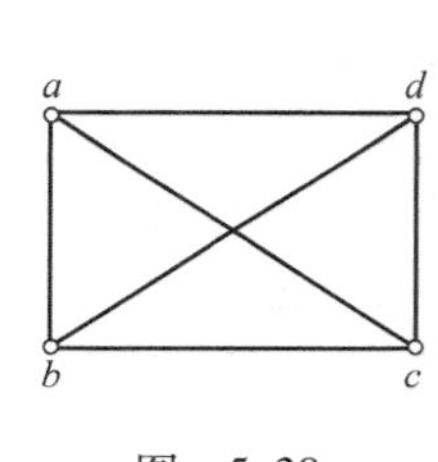

图 5-38

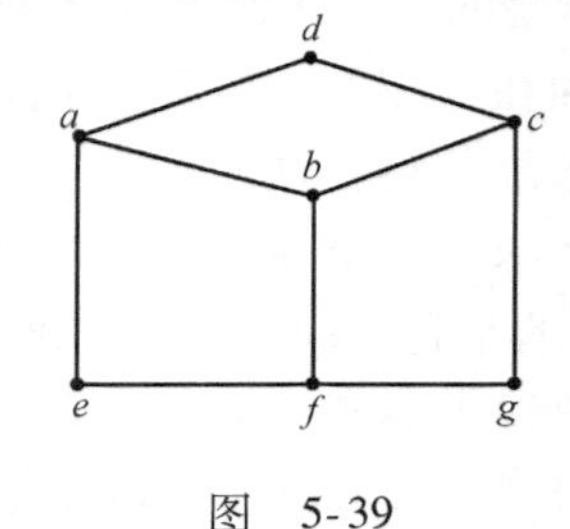

图 5-39

解　图 5-38 存在哈密尔顿路（a, b, c, d）和哈密尔顿回路（a, b, c, d, a）。

图 5-39 存在哈密尔顿路（d, a, e, f, g, c, b），但不存在哈密尔顿回路。假设存在一条哈密尔顿回路（即图中所有点都能排在一个圈上），那么在这条哈密尔顿回路上每个点的度均为 2。故图 5-39 中，需要删除度大于 2 的结点 a、b、c、f 关联的边。对点 a 而言，只能删除边（a, b）；对 f 点而言，可删除边（b, f）。此时，点 b 的度等于 1，所以不能形成哈密尔顿回路。

5.3.3 旅行商问题

旅行商问题（Traveling Salesman Problem，TSP）有个 n 城镇，其中任意两个城镇之间都有道路，一个销售商要去这个 n 城镇推销，从某城镇出发，依次访问其余 $n-1$ 个城镇且每个城镇只能访问一次，最后又回到原出发地。问销售商要如何安排经过 n 个城镇的行走路线才能使他所走的路程最短。

该问题实质是给定一个加权完全图 $\boldsymbol{G}$（顶点表示城市，边表示道路，权重表示距离或成本），找出 $\boldsymbol{G}$ 中权值之和最小的哈密尔顿回路，如图 5-40 所示。

例 5.23　TSP 问题举例。

1. 工件排序

设有 n 个工件等待在一台机床上加工，加工完 i，接着加工 j，这中间机器需要花费一定的准备时间 t_{ij}，问如何安排加工顺序使总调整时间最短？

此问题可用 TSP 的方法分析，n 个工件对应 n 个顶点，t_{ij} 表示 (i, j) 上的权，因此需求图中权最小的 H 路径（即哈密尔顿回路）。

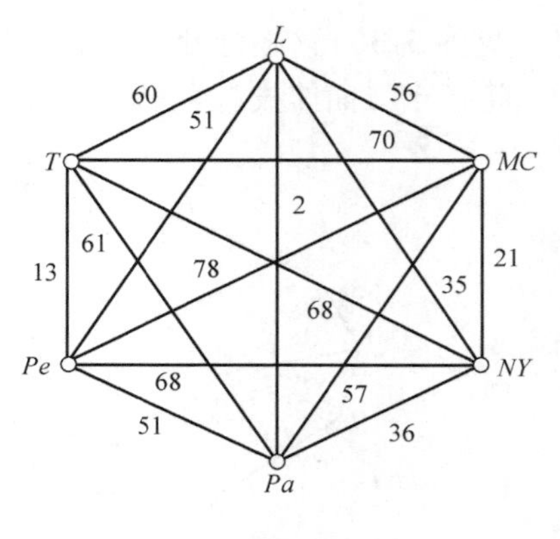

图 5-40

2. 计算机布线

一个计算机接口含几个组件，每个组件上都布置有若干管脚，这些管脚需用导线连接。考虑到以后改变方便和管脚的细小，要求每个管脚最多连两条线，为避免信号干扰以及布线的简洁，要求导线总长度尽可能小。

这个问题容易转化为 TSP 问题，每个管脚对应于图的顶点，$d(x, y)$ 代表两管脚 x 与 y 的距离，原问题即为在图中寻求最小权 H 路径。

3. 电路板钻孔

Metelco SA 是希腊的一个印制电路板 PCB 制造商。在板子上对应管脚的地方必须钻孔，以便以后电子元件焊在这板上。典型的电路板可能有 500 个管脚位置，大多数钻孔都由程序化的钻孔机完成，求最佳钻孔顺序。

此问题其实就是求 500 个顶点的完全加权图的最佳 H 圈的问题。用求解出的 H 圈来指导生产，使 Metelco 的钻孔时间缩短了 30%，提高了生产效率。

旅行商问题在算法上属于 NP 完全问题。旅行商若要去 n 城市，他可能的路线有 $n!$ 条，假如有 10 个城市，$10! = 3628800$，也就是说，需要计算的可能路线超过 300 万条。随着要去的城市数增加，可能的路线增加非常快。因此涉及城市较多时，根本无法找出最佳哈密尔顿回路，只能采取近似算法。可以这样做：选择与出发地最近的城市，然后每次选择要去的下一个城市时，都选择还没去的最近的城市。

练习 5.3

1. 无向图如图 5-41 所示，判断下列 4 个给定的顶点序列是什么（通道、迹、路）？

(1) a, e, b, c, b (2) a, d, a, d, a (3) e, b, d, a (4) b, e, c, b, d

2. 判断有向图（图 5-42、图 5-43）的连通性。

3. 判断图 5-44、图 5-45、图 5-46 是否为欧拉图或半欧拉图？是否为哈密尔顿图或半哈密尔顿图？

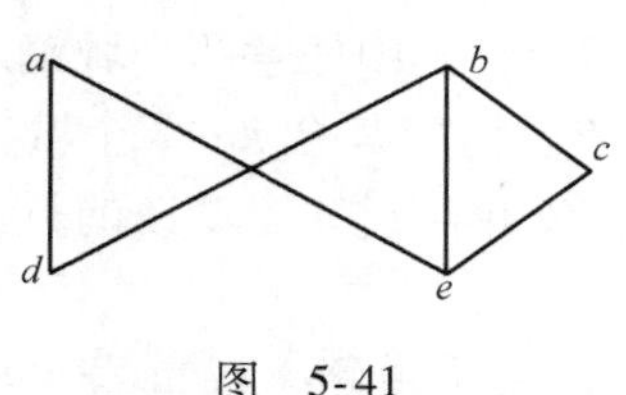

图 5-41

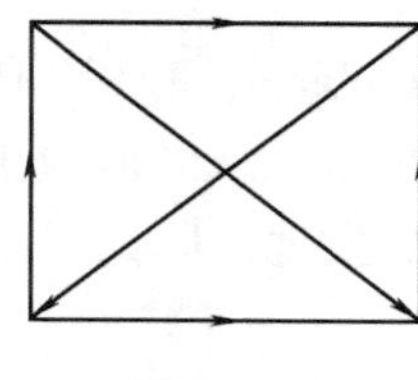

图 5-42

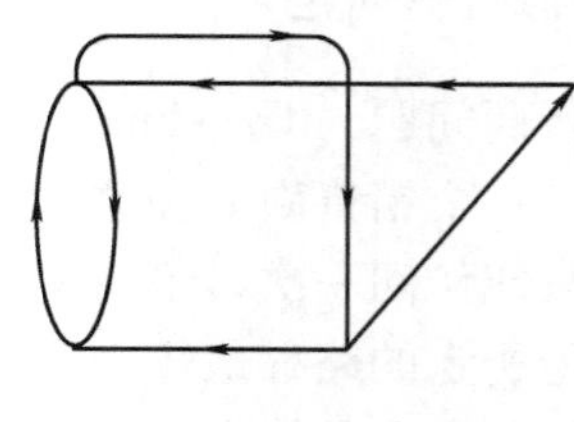

图 5-43

4. 完全图 K_n 是否为欧拉图？

5. 完全图K_n是否为哈密尔顿图?

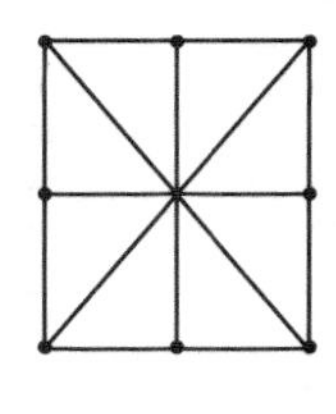

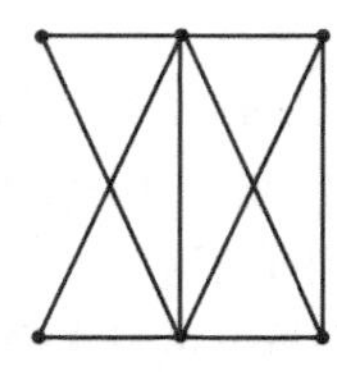

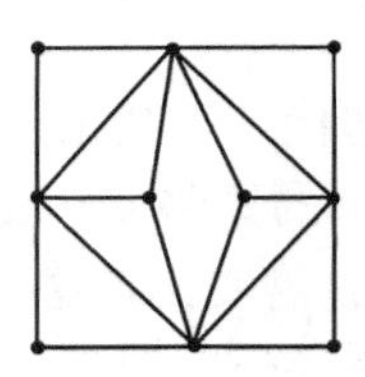

图　5-44　　图　5-45　　图　5-46

6. 某个会议邀请了 7 位国际专家 a、b、c、d、e、f、g，他们各自能用两种及以上语言交流，a：英语、德语；b：英语、汉语；c：英语、俄语、意大利语；d：汉语、日语；e：意大利语、德语；f：俄语、日语、法语；g：德语、法语。会议组织者安排专家围坐圆桌，为便于交流，相邻两人至少共通一种语言，请问组织者如何安排座位?

5.4　最短路径问题

生产实际中大量的优化问题，如管道铺设、线路安排、厂区选址和布局、设备更新、互联网的最短路由等，从数学角度考虑，等价于在图中找最短路的问题。

5.4.1　最短路径

- 赋权图和网络图。

每条边上都赋有数字的图称为**赋权图**，边上的数字称为该边的权，可表示实际问题中的距离、费用、时间、流量、成本等。赋权图也称为网络图。

定义 10　在一个赋权图 G 中，任给两点 u、v，从 u 到 v 可能有多条路，其中所带的权和最小的那条路径称为图 G 中从 u 到 v 的**最短路径**。u 到 v 的最短路径上每条边所带的权和称为 u 到 v 的距离。在赋权图中求给定两个顶点之间最短路径的问题称为**最短路径问题**。

5.4.2　求最短路径的算法——迪克斯特拉算法

最短路径问题一般归为两类：一类是求从某个顶点（源点）到其他顶点的最短路径；另一类是求图中每一对顶点之间的最短路径。关于最短路径的研究，目前已经有许多算法，但迪克斯特拉算法迄今还是大家公认的有效算法，其时间复杂度为 $\boldsymbol{O}(n^2)$，n 为图中的结点数。

下面介绍给定一个赋权图 G 和起点 v，求 v 到 G 中其他每个顶点的最短路径的迪克斯特拉算法，是由荷兰著名计算机专家迪克斯特拉在 1959 年提出的。

1. 迪克斯特拉算法的思想

1）设置两个顶点集合 S_1、S_2。S_1 存放已确定为最短路径的顶点，集合 S_2 存放尚未确定为最短路径的顶点，初始时，S_1 中只有起点 v。

2）按最短路径递增的顺序逐个将集合 S_2 的顶点加入到 S_1 中，直到从 v 出发可以达到的所有顶点都加入到集合 S_1 中。这一过程称为顶点迭代。

2. 迪克斯特拉算法的步骤

1）对各顶点初始化。考察起点 v 到其余各顶点的距离，若 v 与之邻接，v 与该点的距离等于边上的权，否则，记 v 与这点的距离为∞。从中找出与 v 距离最短的顶点，加入到 S_1 中。

2）进行顶点迭代。当某顶点 v_k 加入到集合 S_1 中后，起点 v 到 S_2 其余各顶点 v_i 的最短路径，要么是 v 到 v_i 的原路径，要么是 v 经过 v_k 到 v_i 的新路径。新路径可能比原路径短，也可能比原路径长。就需要比较这两条路径的长度。

v 到 v_i 的最短路径长度记为 $L(v_i)$，v_k 与 v_i 的边权记为 $\omega(v_k, v_i)$，因而 v 经过 v_k 到 v_i 的新路径长度为 $L(v_k)+\omega(v_k, v_i)$。比较 $L(v_i)$ 与 $L(v_k)+\omega(v_k, v_i)$，取其中更小的。对 T 中每个顶点都做这样的比较，选出其中到 v 最短的顶点，把这点从集合 S_2 中删除加入到集合 S_1 中，就完成了顶点的一次迭代。如此重复，直到所有顶点都加入到集合 S_1 中。

例 5.24 求图 5-47 顶点 v_1 到 v_6 的最小距离和最短路径。

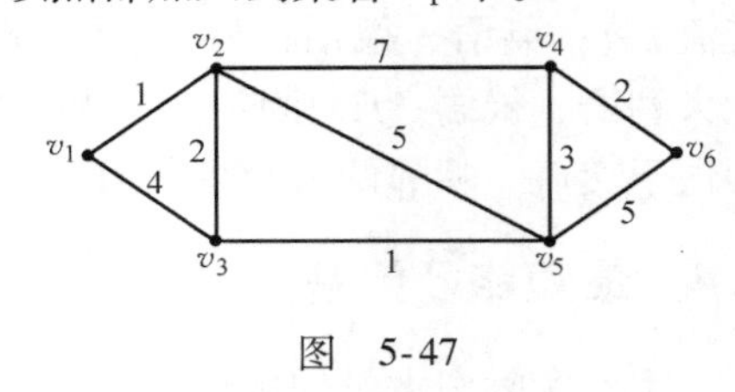

图 5-47

解 根据迪克斯特拉算法，首先把图中所有点分为两组：$S_1=\{$已经确定最短路径的顶点$\}$，$S_2=\{$有待确定最短路径上的顶点$\}$。最初 $S_1=\{v_1\}$，$S_2=\{v_2, v_3, v_4, v_5, v_6\}$，然后把 S_2 中的顶点按最短路径递增的顺序逐个加到 S_1 中，直至达到目标顶点 v_6。为叙述简洁，用表格表示寻找最短路径过程，表格中“［数字］/顶点”表示从起点出发经过这个顶点到达此列最上端顶点最近的距离。标注最近顶点便于用回溯法确定最短路径，寻找最短路径见表 5-1。

表 5-1 寻找最短路径

迭代次数 \ v_i	v_1	v_2	v_3	v_4	v_5	v_6
初始化	[0]	1	4	∞	∞	∞
1		[1]/v_1	4 3	8	6	∞
2			[3]/v_2	8	6 4	∞
3				8 7	[4]/v_3	9
4				[7]/v_5		9
5						[9]/v_4

下面用文字表述表 5-1 的比较过程。

初始化：$S_1=\{v_1\}$，$S_2=\{v_2, v_3, v_4, v_5, v_6\}$，标出起点 v_1 到其余各点的距离，不邻接两点的距离记为∞，找出 S_2 中与 v_1 最近的顶点，是 v_2，最小距离为 1，把 v_2 加入 S_1，此时最短路是 (v_1, v_2)。

第 1 次迭代：$S_1=\{v_1, v_2\}$，$S_2=\{v_3, v_4, v_5, v_6\}$。把 v_2 加入 S_1 后，从 v_1 到结点 v_3、v_4、v_5、v_6 增加了一条绕过 v_2 的新路径，把 v_1 绕经 v_2 到 v_3、v_4、v_5、v_6 的路径与初始化步骤中 v_1 到 v_3、v_4、v_5、v_6 的路径比较，选取两者中更短的。如在初始化中，v_1、v_3 的距离 $W(v_1, v_3)=4$，在第 1 次迭代中，v_1 绕经 v_2 到 v_3 的距离 $W(v_1, v_2, v_3)=3$，所以从 v_1 到 v_3 选择 $W(v_1, v_2, v_3)=3$。同理比较初始化和第 1 次迭代中 v_1 到顶点 v_4、v_5、v_6 的距离，选择其中更短的路径。比较可见，v_3、v_4、v_5、v_6 中 v_3 距 v_1 最近，把 v_3 加入 S_1，此时最短路径是 (v_1, v_2, v_3)，$W(v_1, v_2, v_3)=3$。

第 2 次迭代：$S_1=\{v_1, v_2, v_3\}$，$S_2=\{v_4, v_5, v_6\}$。把 v_3 加入 S_1 后，从 v_1 到结点 v_4、v_5、v_6 增加了一条绕过 v_3 的新路径，将新路径与上一步中的路径的距离做比较，选择其中更短的路径，找出距 v_1 最近的是 v_5。把 v_5 加入 S_1，此时最短路径是（v_1, v_2, v_3, v_5），$W(v_1, v_2, v_3, v_5)=4$。

第 3 次迭代：$S_1=\{v_1, v_2, v_3, v_5\}$，$S_2=\{v_4, v_6\}$。把 v_5 加入 S_1 后，从 v_1 到顶点 v_4、v_6 增加了一条绕过 v_5 的新路径，将新路径与上一步中的路径的距离做比较，选择其中更短的路径，并找出距 v_1 最近的是 v_4。把 v_4 加入 S_1，此时最短路径是（v_1, v_2, v_3, v_5, v_4），$W(v_1, v_2, v_3, v_5, v_4)=7$。

第 4 次迭代：$S_1=\{v_1, v_2, v_3, v_5, v_4\}$，$S_2=\{v_6\}$。同理，做出比较，把 v_6 加入 S_1。

第 5 次迭代：$S_1=\{v_1, v_2, v_3, v_5, v_4, v_6\}$，$S_2=\varnothing$，已经找到图 5-47 结点 v_1 到 v_6 的最小距离和最短路径，$W(v_1, v_2, v_3, v_5, v_4, v_6)=9$。

在求解过程中，以上文字表述的步骤可以省略，直接在表格里进行比较和选择，最后用“回溯法”寻找最短路径，即 v_6 由 v_4 而来，v_4 由 v_5 而来，v_5 由 v_3 而来，v_3 由 v_2 而来，v_2 由 v_1 而来。所以，最短路径为（$v_1, v_2, v_3, v_5, v_4, v_6$）。

以上过程不仅求得顶点 v_1 到 v_6 的最小距离和最短路径，从表格中也可写出 v_1 到其他各顶点的最小距离和最短路径。

中国数学家管梅谷先生在 1962 年提出与欧拉图密切相关的“中国邮路问题”。邮递员从邮局出发，在其分辖的投递区域内走遍每一条街道，把信件送到收件人手里，最后又回到邮局，要走怎样的路线才能使全程最短？

中国邮路问题就是在赋权图中找到一个包含全部边且权和最小的回路。较为简单的情况是：

1）若图 G 的结点度数均为偶数，则任何一条欧拉回路就是问题的解。

2）若图 G 中只有两个度数为奇数的结点 u、v，则先用迪克斯特拉算法求出 u 到 v 的最短路径，然后将最短路径上的各条边连其权重复一次，得到图 G'。图 G' 结点的度数均为偶数，所以存在欧拉回路，这就是要求的回路。

例 5.25　在图 5-48 中，求中国邮路。

解　图 5-48 中，$\deg B=3$，$\deg E=3$，其余结点度数为偶数。先求 B 到 E 的最短路径，见表 5-2。

表 5-2　B 到 E 的最短路径

迭代次数＼结点	B	A	F	C	D	E
初始化	[0]	3	8	5	∞	∞
1		[3]/B	8　7	5	∞	∞
2			7	[5]/B	10	15
3			[7]/A		10	15　13
4					[10]/C	13
5						[13]/F

回溯：B 到 E 的最短路径为（B，A，F，E），最短路的距离为13。

将 B 到 E 的最短路径上各边连边上的权重复一次，如图5-49所示，则所有结点的度数均为偶数，图中存在欧拉回路。设 A 为邮局，一条从 A 出发回到 A 欧拉回路如下：

（A，B，C，D，E，F，C，E，F，B，A，F，A），路长 $=3\times2+4\times2+6\times2+8+5+14+10+5+9=77$

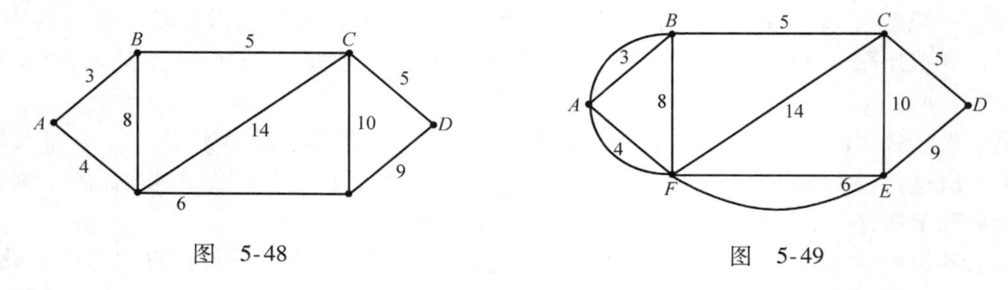

图 5-48　　图 5-49

练习5.4

求图5-50中，a 到 b、c、d、e、f、g 各点的最短路径及路长。

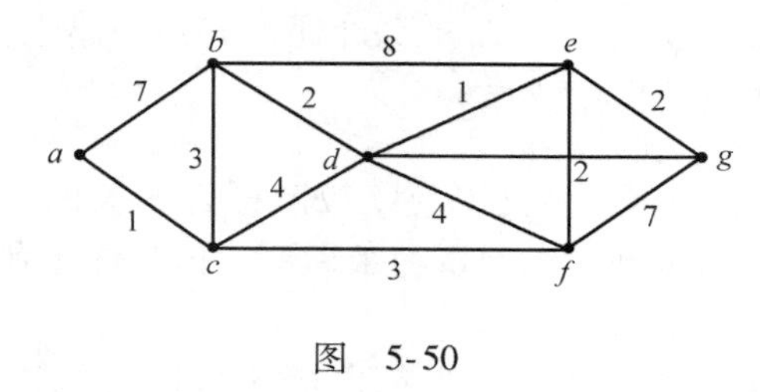

图 5-50

5.5 树

5.5.1 树的相关概念

1. 树的定义

定义11 连通无回路的无向图，称为无向树，简称**树**（Tree），用 T 表示。T 中度为1的结点称为**树叶**，度大于1的结点称为**分支点**或**内点**，每个连通分图都是树的非连通图称为**森林**。

例5.26 图5-51中，图5-51ab是树，因为它们连通又不包含回路。图5-51cd均不是树，图5-51c虽无回路，但不连通；而图5-51d虽连通，但有回路。图5-51c是森林。

一个连通有回路的图通过删边去掉回路，可以成为树。

2. 树中结点数与边数的关系

图5-52a有6个顶点8条边，删去了3条边，得到它生成的树（图5-52b、图5-52c），它们均有6个顶点5条边，顶点数等于边数加1。（n，m）图要成为树，是否必须满足 $n=m+1$ 呢?

定理5 在（n，m）树中必有 $n=m+1$。

试用数学归纳法对 n 进行归纳。

证明 $n=1$ 时，定理成立。设对所有 $i(i<n)$ 定理成立，需要证 n 时有 $n=m+1$。

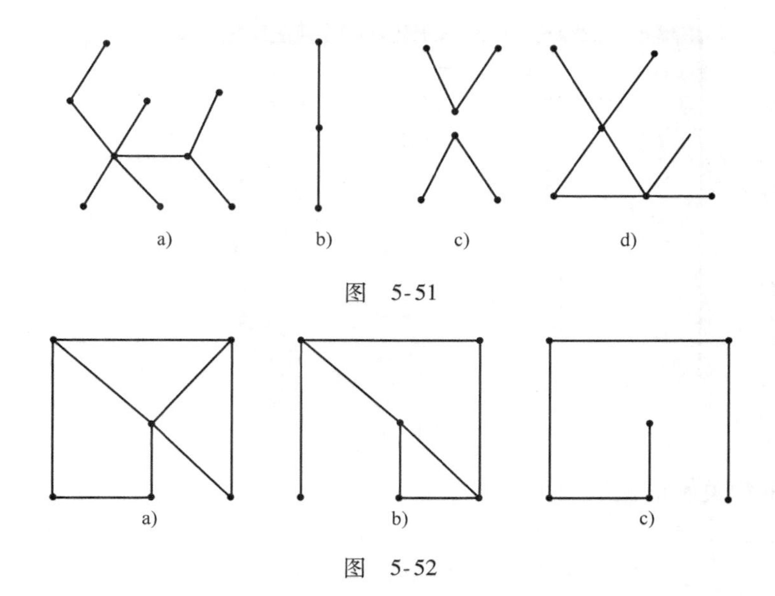

图 5-51

图 5-52

设有一棵（n，m）树 T，因为 T 不包括任何回路，所以 T 中删去一边后就变成两个互不连通的子图，每个子图是连通的且无回路，所以每个子图均为树，设它们分别是（n_1，m_1）树及（n_2，m_2）树。由于 $n_1<n$、$n_2<n$，由归纳假设可得

$$n_1=m_1+1,\ n_2=m_2+1$$

又因为 $n=n_1+n_2$，$m=m_1+m_2+1$。所以得到 $n=m+1$，命题得证。

例如，6 个点的树，边数为 $6-1=5$，8 个点的树，边数为 $8-1=7$。完全图 K_5，边数为 $C_5^2=\frac{5\times4}{2}=10$，从 K_5 删去 6 条边且保持连通性可得到 K_5 的一棵树。

3. 树的特性

1）一个无向图是树，当且仅当在它的每对结点之间存在唯一的通路。

2）树是边数最多的无回路图，树是边数最少的连通图。

3）带有 n 个结点的树含有 $n-1$ 条边，且所有结点的度之和为 2（$n-1$）。

5.5.2 根树

• 根树的定义：指定一个结点作为根并且每条边的方向都离开根的树，即仅一个结点的入度为 0，其余结点的入度为 1 的有向图称为**根树**（root）。入度为 0 的结点称为**树根**，出度为 0 的结点称为**树叶**，出度不为 0 的结点称为**分支点**（内点）。

◆ 计算机的文件常组织成根树结构，如图 5-53 所示。

画根树时，把树根画在图的顶端，边的方向向下，形成一棵倒挂的树。

◆ 根树可以表示族谱。

有一位生物学家在研究家族遗传问题时，采用了“树”形来描述家族成员的遗传关系。家族树用结点表示家族成员，用边表示亲子关系。如某家族祖宗 a，有三个儿子 b、c、d，b 生了两个儿子 e、f，d 生了两个儿子 g、h，e 有三个儿子，i、j、k，g 有两个儿子 l、m，j 生了一个儿子 n，这种家属关系用根树表示，如图 5-54 所示。

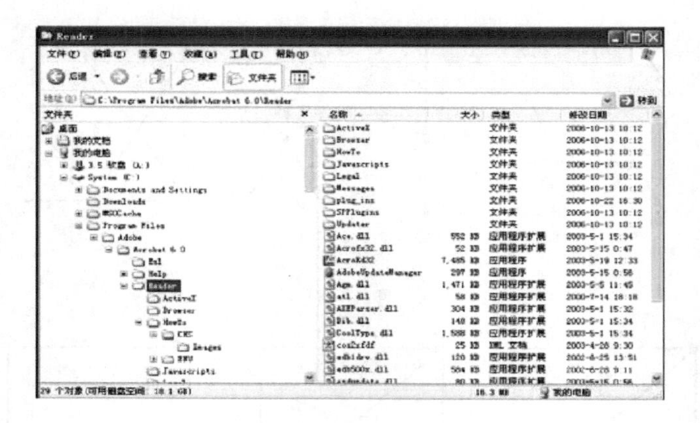

图 5-53

家属关系的相关术语被引用到根树中来表示结点之间的关系。

1）在根树中，若 u 可达 v 且长度大于或等于 2，则称 u 是 v 的**祖先**，v 是 u 的**后代**；若 $<u, v>$ 是根树中的一条有向边，则称 u 是 v 的**父亲**，v 是 u 的**儿子**；同一结点的儿子结点称为**兄弟**；父亲在同一层的结点称为**堂兄弟**。

2）在根树中，从树根到任意结点 u 经过的边数称为结点 u 的**层数**，层数最大的结点的层数称为**树高**。

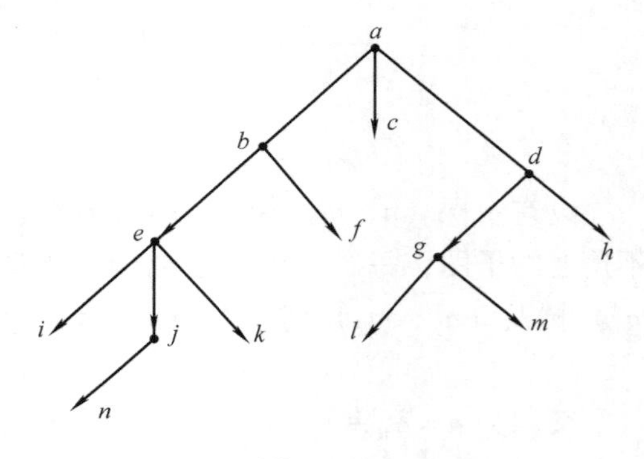

图 5-54

图 5-54 中，e 的祖先是 a，e 的父亲是 b，e 的兄弟是 f，g、h 是 e 的堂兄弟，e 是 i、j、k 的父亲，是 n 的祖先，这棵家族树的树高为 4，n 是祖先 a 的第四代。

5.5.3 二叉树

1. 二叉树的定义

设 T 是一棵有序树（即根树的每个内点的儿子都规定次序），若 T 的每个内点至多有两个子结点（儿子），则称 T 为**二叉树**。二叉树的子树有左子树和右子树之分，其次序不能交换，如图 5-55 所示。

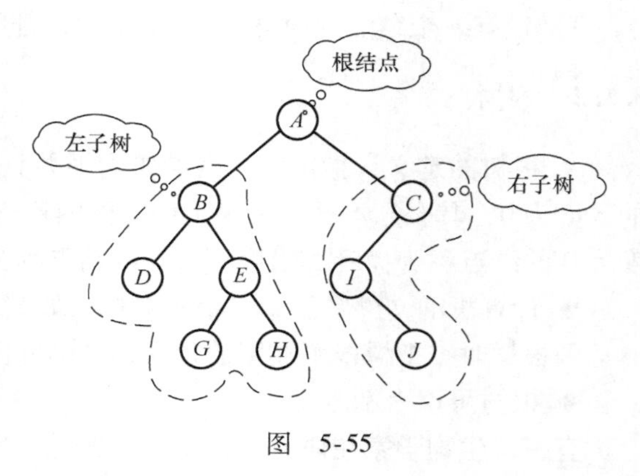

图 5-55

2. 二叉树的基本特征

1）每个结点最多只有两棵子树（以**出度**作为树结点的度，则二叉树不存在出度大于 2 的结点）。

2）左子树和右子树次序不能颠倒。图 5-56 所示是两棵不同的树。

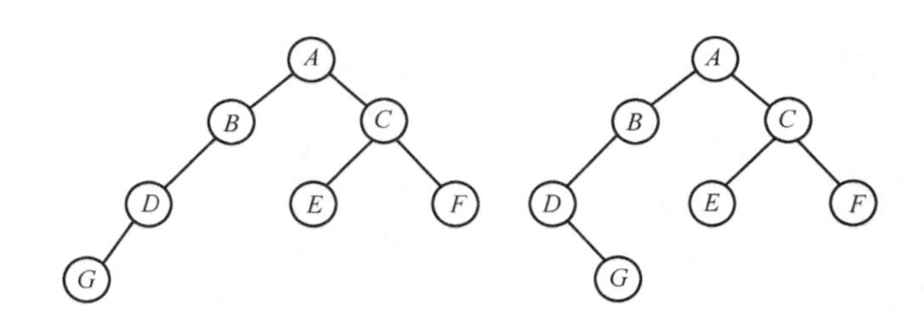

图 5-56

3. 正则二叉树

每个内点都恰有两个儿子的二叉树称为正则二叉树（或称满二叉树）。

例 5.27 判断图 5-57 是否为满二叉树。

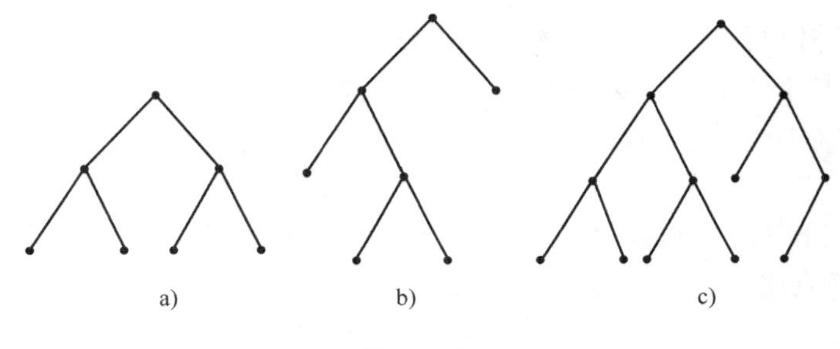

图 5-57

解 图 5-57a、b 的内点都有两个儿子，它们是满二叉树。图 5-57c 的第二层最右侧的结点只有一个儿子，所以它不是满二叉树。

在编译程序中，处理算术表达式时常用到**代数树**，其中运算符处于分支点位置，运算对象（数值或字母）处于树叶位置。代数表达式$\frac{a+b}{c}+d\left(e-\frac{f}{g}\right)$用二叉树表示，如图 5-58 所示。

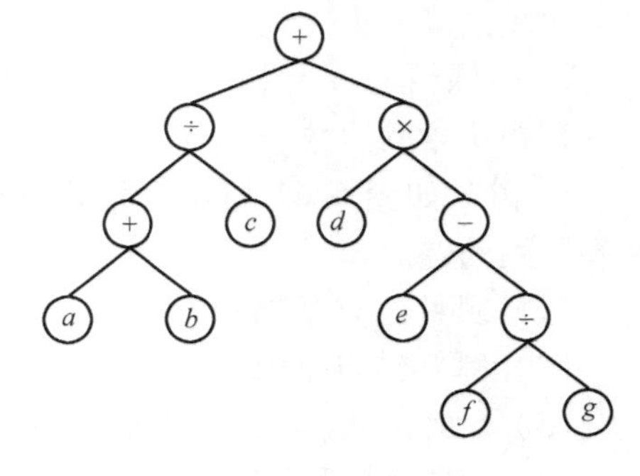

图 5-58

4. 二叉排序树

各数据元素在二叉树中按一定次序排列，这样的二叉树称为**二叉排序树**。规定二叉排序树中的每个结点的左子树中所有结点的关键字值都小于该结点的关键字值，而右子树中所有结点的关键字值都大于该结点的关键字值。在计算机使用中，大部分二叉排序树用来排序和查找各种各样的信息，排序和查找是数据处理中常见的运算。

例 5.28 图 5-59 所示的二叉树中，哪些是二叉排序树?

例 5.29 构造关键码集合｛red，green，yellow，white，black，grey，pink，purple，blue｝二叉排序树，说出查找关键字 pink 的过程。

解 构造给定关键码集合的二叉树，可以想象成把礼盒中每个圣诞礼物按照二叉排序树排序规定挂在圣诞树上，如图 5-60 所示。

查找关键字 pink 的过程是：将 pink 的值与树根 red 比较，pink < red，进入 red 的左子

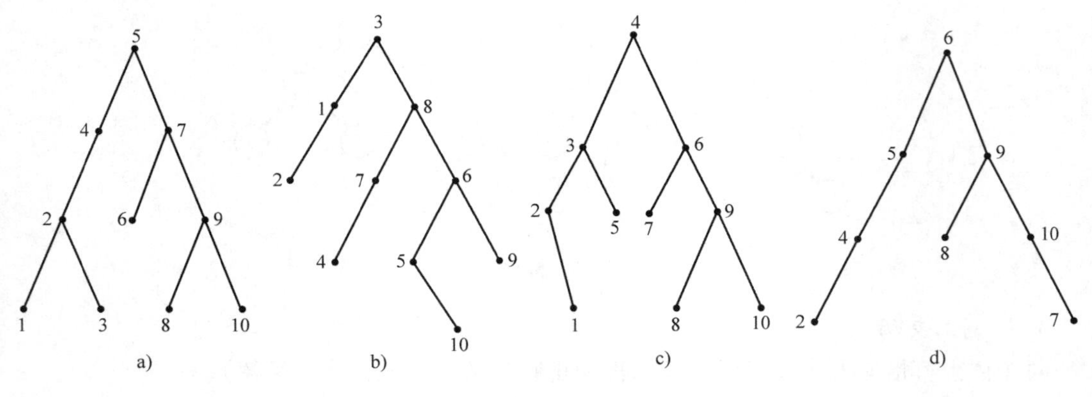

图 5-59

树；再与 red 左子树根结点 green 比较，pink > green，进入 green 的右子树；与 green 右子树根结点 grey 比较，pink > grey，进入 grey 的右子树；与 grey 右子树根结点 pink 比较，相等，查找完成。

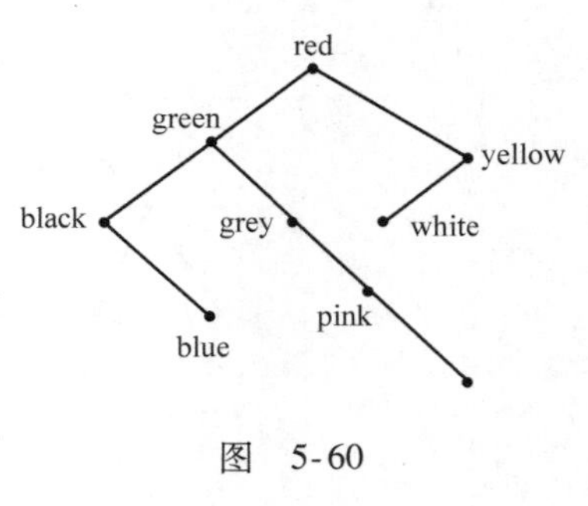

图 5-60

一般地，二叉排序树的查找过程是：将待查找的关键码值与树根的关键码值比较，若相等，查找结束；若小于，则进入左子树；若大于，则进入右子树。在子树里与子树的根结点比较，如此进行下去，直到查找成功或失败（找不到）。

练习 5.5

1. 设一棵树有两个结点度为2，一个结点度为3，三个结点度为4，其余结点度1，求它有几个结点度为1？

2. 一棵树有 6 片树叶，3 个 2 度结点，其余结点度数为 4，求这棵树所含的边数。

3. 树 T 如图 5-61 所示，指定 b 作根，画出所形成的根树，回答下列问题。

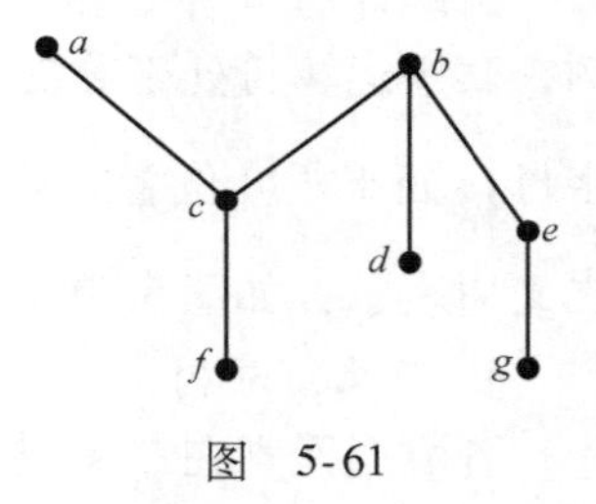

图 5-61

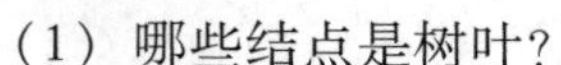

（1）哪些结点是树叶？

（2）哪些结点是内点？

（3）a 的祖先、a 的父亲是哪个结点？

（4）e 有没有兄弟和儿子？

（5）树高是多少？

4. 在组织机构根树中，以下术语分别表示什么内容？

1）一个结点的父亲 2）一个结点的儿子 3）一个结点的兄弟 4）一个结点的祖先 5）一个结点的后代 6）一个结点的层数 7）树的高度

5. 判断图 5-62 所示的两个二叉树是否相同，为什么？

6. 画出三个结点的所有二叉树。

7. 用二叉树表示代数式

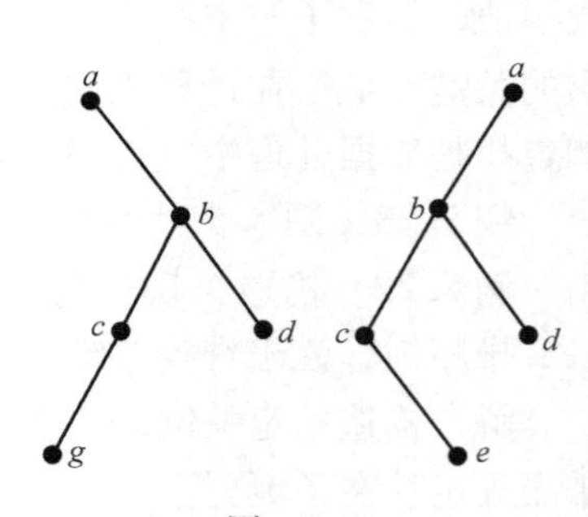

图 5-62

$$\frac{(3x-5y)^2}{a(2b-c^2)}$$

8. 构造关键码集合 {dog, pig, fox, bird, duck, cow, tiger, lion} 的二叉排序树。

5.6　最小连接问题

现实生活中常常需要设计一个费用最少的方案将一些物体或目标连接成网络。例如，希望设计一个连接若干城市的铁路网络，使旅客乘火车能从一个城市到任意其他城市而总花费最小。建设公路网、电话网、互联网、物流网等也是类似问题。这类问题可以用图论中求最小树的方法来解决，称为**最小连接问题**。

5.6.1　生成树

如果无向图 G 的**生成子图** $\boldsymbol{T}$（$\boldsymbol{T}$ 与 G 的顶点相同）是一棵树，则称 $\boldsymbol{T}$ 是 G 的**生成树**。

例 5.30　判断图 5-63 中的图 b、c、d、e 是否是图 5-63a 的生成树。

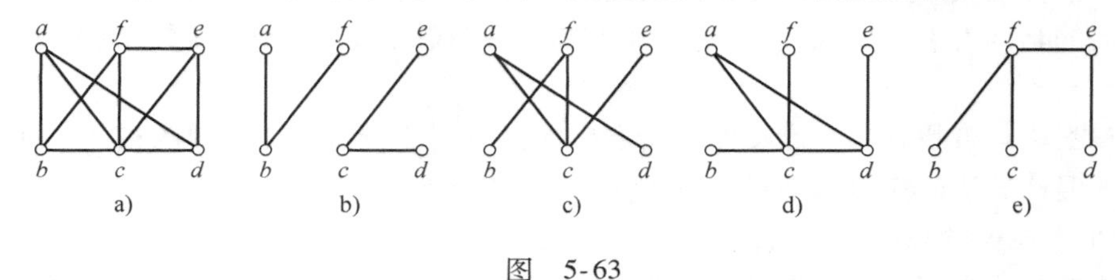

图　5-63

解　图 5-63c 是图 5-63a 的生成树，图 5-63b 不连通，图 5-63d 中有回路，图 5-63e 的结点与图 5-63a 中结点不相同，所以图 5-63b、d、e 都不是图 5-63a 的生成树。

求图 $G=<V, E>$ 生成树的方法——**破圈法和避圈法**。

1. 破圈法

若图 G 无回路，那么 G 的生成树是其本身。若 G 有回路，任取一条回路，去掉回路中的一边，直到图中不含回路，剩下的图就是原图的生成树，这种做法称为**破圈法**。(n, m) 图每次删除回路中的一条边，其删除的边的总数为 $m-n+1$。

2. 避圈法

每次选取 G 中一条与已选取的边不构成回路的边，选取的边的总数为 $n-1$。

例 5.31　分别用破圈法和避圈法求图 5-64a 所示的生成树。

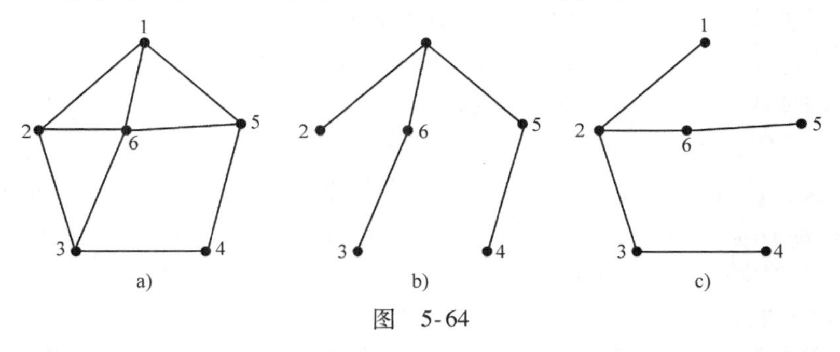

图　5-64

解　分别用破圈法和避圈法依次进行即可，结果如图 5-64b、c 所示。

用破圈法时，由于$n=6$，$m=9$，所以$m-n+1=4$，故要删除的边数为4，因此只需4步即可。用避圈法时，由于$n=6$，所以$n-1=5$，故要选取5条边，因此只需5步即可。

由于删除回路上的边和选择不构成任何回路的边有多种选法，所以产生的生成树不是唯一的，上述两棵生成树都是所求的。破圈法和避圈法的计算量较大，主要是需要找出回路或验证不存在回路。

5.6.2 最小生成树及其算法

- 最小生成树的定义。

定义12 设G是无向连通赋权图，在G的全部生成树中，如果生成树T所有边的权和最小，则称T是图G的**最小生成树**。

如在n个城市之间铺设光缆，要使这n个城市的任意两个之间都可以通信。铺设光缆的费用很高，且各个城市之间铺设光缆的费用不同，同时使得铺设光缆的总费用最低。这就需要找到带权的最小生成树。最小生成树问题就是赋权图的最优化问题，也称为最小连接问题。

利用破圈法，可找到一个赋权图的所有生成树，再比较每棵生成树的权和，从而得到最小生成树。但从算法的快慢来衡量，它不是最好的算法。

- 最小生成树的算法——避圈法。

避圈法的主要思路是：首先选一条权最小的边，以后每一步，在未选的边中选择一条权最小且与已选的边不构成圈的边。每一步中，如果有两条或两条以上的边都是权值最小的边，则从中任选一条，此时最小生成树不唯一。

避圈法主要分为两种：克鲁斯卡尔（Kruskal）算法和普里姆（Prim）算法。

假设$G=(V,E)$是一个具有n个结点的带权无向连通图，$T=(V_T,E_T)$是G的最小生成树，其中V_T是T的点集，E_T是T的边集。

（1）**克鲁斯卡尔算法**（1956年J. B. Kruskal提出）

第1步：将给定赋权图G中所有边的权从小到大排序，设为e_1，e_2，…，e_m。

第2步：选$e_1\in T$。

第3步：考虑e_2，如果e_2加入T不会产生回路，则把e_2加入T，否则放弃e_2；再考虑e_3，如果e_3加入T不会产生回路，则把e_3加入T，否则放弃e_3；如此反复下去，直到无边可选为止。这样选出的T就是赋权图G的最小生成树。

例5.32 用克鲁斯卡尔算法求赋权图5-65a的最小生成树。

解 首先将图中的边按权值从小到大排序：

$$\{AB,AE,BE,BC,CE,DE,CD\}=\{1,2,3,4,5,6,7\}。$$

然后依次检查各边：选AB、AE；选BE时有回路，放弃BE；选BC；选CE会形成回路，放弃CE；选DE；最后检查CD，CD加入会有回路，放弃CD。过程如图5-65b、c、d、e所示，图5-65e为图5-55的最小生成树，且是它唯一的最小生成树。

一般地，当赋权图各边的权值不相同时，其最小生成树是唯一的。

（2）**普里姆算法**（1957年由美国计算机科学家Robert C. Prim独立发现）

普里姆算法构造G的最小生成树T的步骤如下：

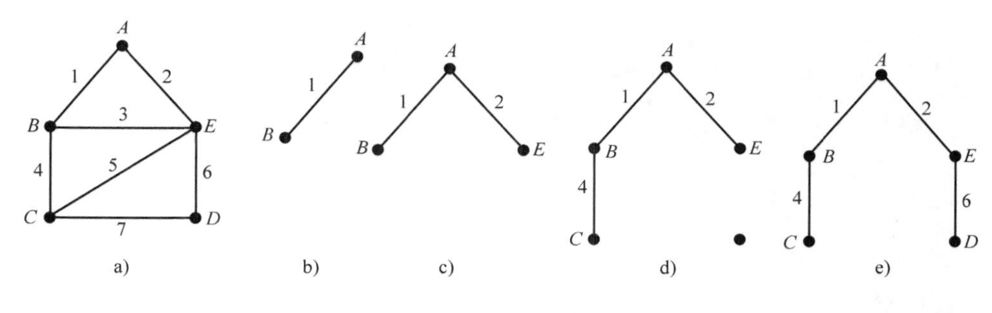

图　5-65

1）初始化：在图 G 中任意选一个结点 v_i，此时 E_T为空集，$V_T=\{v_i\}$。

2）在图 G 中找出与 V_T中**所有结点关联**的边，选择其中权值最小的边，将这条边另一个属于（$V-V_T$）的结点加入到 V_T。

重复执行步骤②$n-1$ 次，直到 $V_T=V$ 为止。

克鲁斯卡尔算法是按边权从小到大将边连通来构造最小生成树。普里姆算法则是逐个将结点连通的方式来构造最小生成树。

例 5.33　用普里姆算法求赋权图 5-66 的最小生成树。

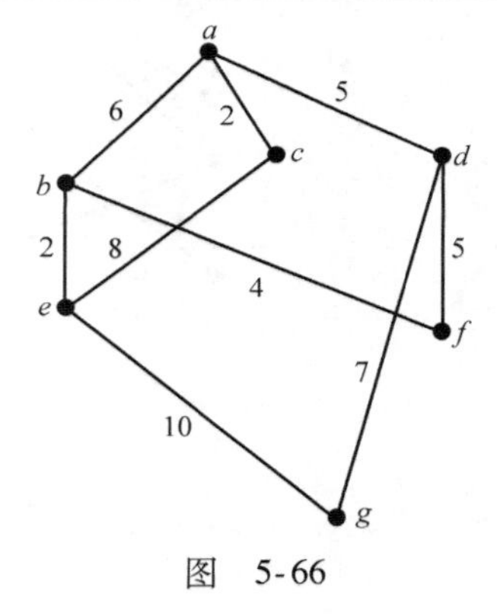

图　5-66

解　第一步：初始化，任意选择初始结点，假设 a 为初始结点。

第二步：$n=7$，算法要执行 6 次。

第 1 次：把 a 加入到最小生成树 T 中。找出与 a 关联的边，(a, b)，(a, c)，(a, d)，选取其中最小权值的边（a, c)，将结点 c 加入 T 中，$T=\{a, c\}$，如图 5-67 所示。

第 2 次：找出与 $T=\{a, c\}$ 中结点 a、c 关联的边（已经选择了的边不要考虑，用虚线标记），(a, b)，(a, d)，(c, e)，选取其中最小权值的边（a, d)，将结点 d 加入 T 中，$T=\{a, c, d\}$，如图 5-68 所示。

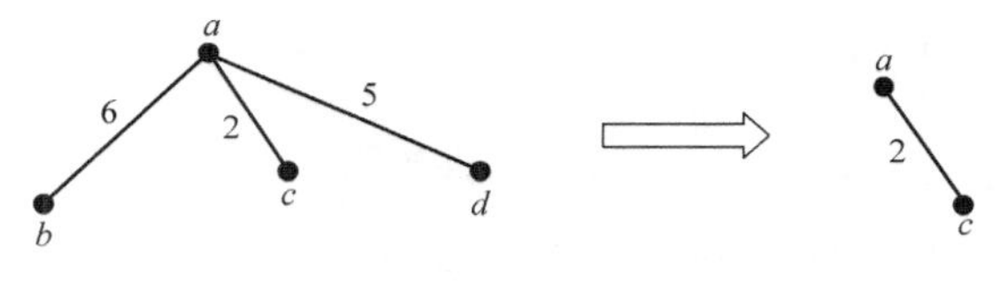

图　5-67

第 3 次：找出与 $T=\{a, c, d\}$ 中结点 a、c、d 关联的边，(a, b)，(c, e)，(d, g)，(d, f)，选取其中最小权值的边（d, f)，将结点 f 加入 T 中，$T=\{a, c, d, f\}$，如图 5-69 所示。

第 4 次：找出与 $T=\{a, c, d, f\}$ 中结点 a、c、d、f 关联的边，(a, b)，(c, e)，(d, g)，(f, b)，选取其中最小权值的边（f, b)，将结点 b 加入 T 中，$T=\{a, c, d, f, b\}$，如图 5-70 所示。

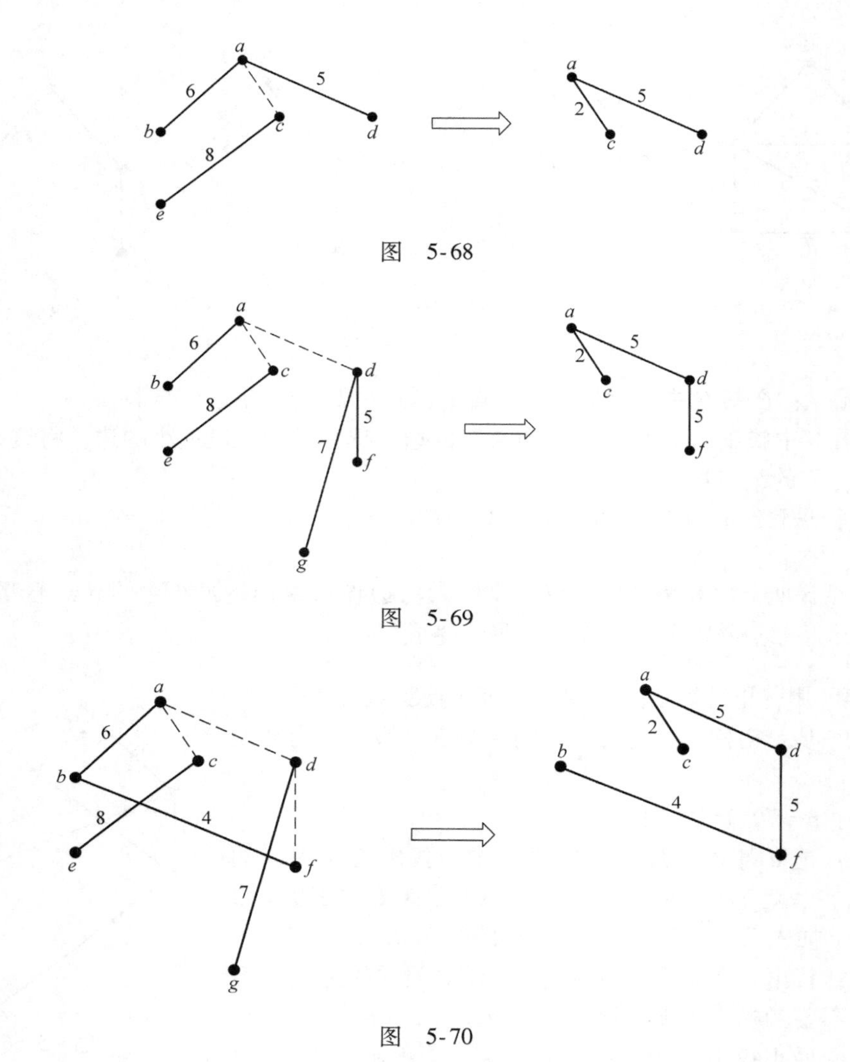

图 5-68

图 5-69

图 5-70

第5次：找出与 $T=\{a, c, d, f, b\}$ 中结点 a、c、d、f、b 关联的边，(a, b)，(b, e)，(c, e)，(d, g)，选取其中最小权值的边 (b, e)，将结点 e 加入 T 中，$T=\{a, c, d, f, b, e\}$，如图 5-71 所示。

第6次：找出与 $T=\{a, c, d, f, b, e\}$ 中结点 a、c、d、f、b、e 关联的边，(a, b)，(c, e)，(d, g)，(e, g)，选取其中最小权值的边 (a, b)，但此时会形成回路，放弃 (a, b)，而选择边 (d, g)，将结点 g 加入 T 中，$T=\{a, c, d, f, b, e, g\}$，此时 $T=V$，算法结束，如图 5-72 所示。

练习 5.6

图 5-73 所示的赋权图表示七个城市之间的高速公路网及其建造费用（亿元），计划五年内建完。如果想尽早实现七个城市的高速公路连通，但资金财力有限，应该先修哪些公路，总费用是多少？请给出一个设计方案。

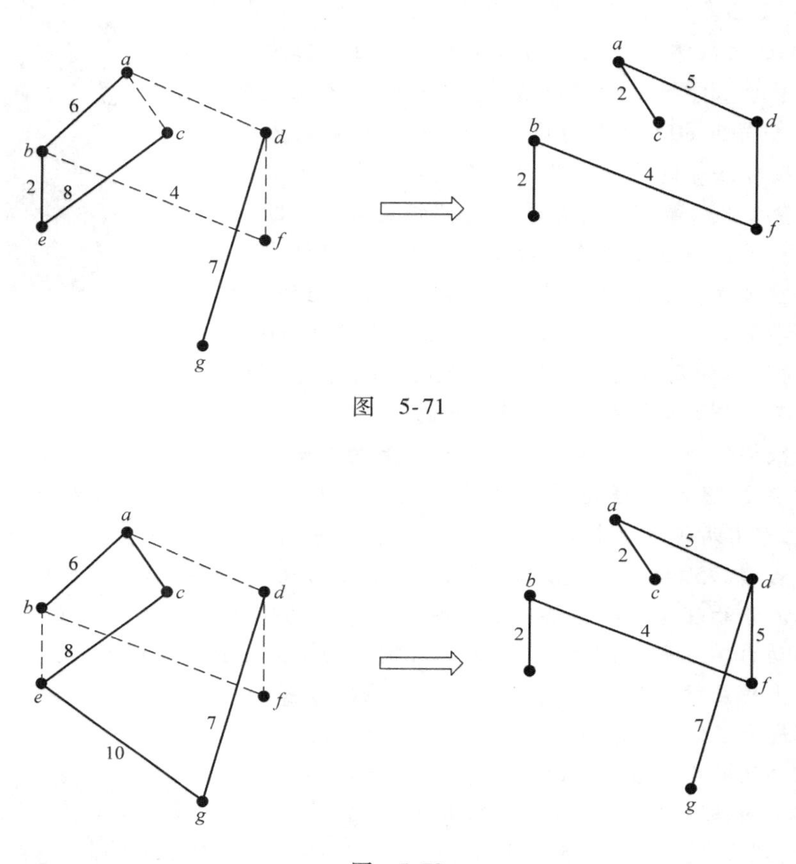

图　5-71

图　5-72

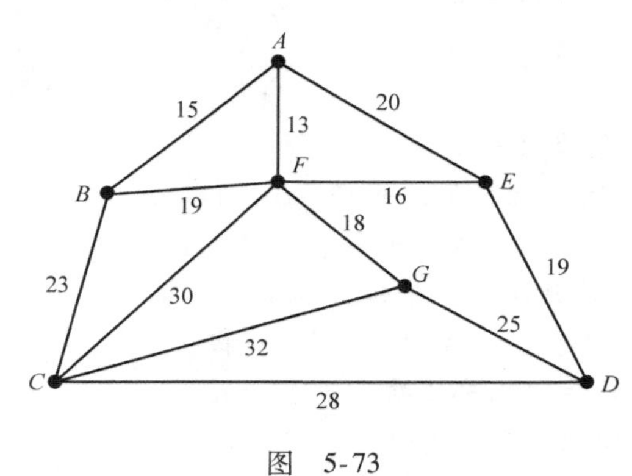

图　5-73

拓展阅读一

“图论之父”——欧拉

莱昂哈德·欧拉（Leonhard Euler，1707—1783），瑞士数学家、自然科学家，出生于瑞士的巴塞尔，于俄国圣彼得堡去世。欧拉（见图 5-74）出生于牧师家庭，自幼受父亲的影

图 5-74

响，13 岁时入读巴塞尔大学，15 岁大学毕业，16 岁获得硕士学位。欧拉是 18 世纪数学界最杰出的人物之一，他不但为数学界做出贡献，更把整个数学推至物理的领域。他是数学史上最多产的数学家，平均每年写出 800 多页的论文，还写了大量的力学、分析学、几何学、变分法等的课本，其中《无穷小分析引论》《微分学原理》《积分学原理》等都成为数学界中的经典著作。欧拉对数学的研究如此之广泛，以至于在许多数学的分支中也可经常见到以他的名字命名的重要常数、公式和定理。此外，欧拉还涉及建筑学、弹道学、航海学等领域。瑞士教育与研究国务秘书 Charles Kleiber 曾表示：“没有欧拉的众多科学发现，今天的我们将过着完全不一样的生活。”法国数学家拉普拉斯则认为：“读读欧拉，他是所有人的老师。”

欧拉曾任彼得堡科学院教授，是柏林科学院的创始人之一。他是刚体力学和流体力学的奠基者，弹性系统稳定性理论的开创人。他认为质点动力学微分方程可以应用于液体（1750 年）。他曾用两种方法来描述流体的运动，即分别根据空间固定点（1755 年）和根据确定的流体质点（1759 年）描述流体速度场。前者称为欧拉法，后者称为拉格朗日法。欧拉奠定了理想流体的理论基础，给出了反映质量守恒的连续方程（1752 年）和反映动量变化规律的流体动力学方程（1755 年）。欧拉在固体力学方面的著述也很多，诸如弹性压杆失稳后的形状，上端悬挂重链的振动问题等。欧拉的专著和论文多达 800 多种。小行星欧拉（2002 年）就是为了纪念欧拉而命名的。

数学史上公认的 4 名最伟大的数学家分别是：阿基米德、牛顿、欧拉和高斯。阿基米德有“翘起地球”的豪言壮语，牛顿因为“苹果”闻名世界，欧拉没有戏剧性的故事给人留下深刻印象。第六版 10 元瑞士法郎纸币正面的欧拉肖像如图 5-75 所示。

图 5-75

除了做学问，欧拉还很有管理天赋，他曾担任德国柏林科学院院长助理职务，并将工作做得卓有成效。李文林说：“有人认为科学家尤其数学家都是些怪人，其实只不过数学家会有不同的性格、阅历和命运罢了。牛顿、莱布尼茨都终身未婚，欧拉却不同。”欧拉喜欢音乐，生活丰富多彩，结过两次婚，生了 13 个孩子，存活 5 个，据说工作时往往儿孙绕膝。他去世的那天下午，还给孙女上数学课，跟朋友讨论天王星轨道的计算，突然说了一句“我要死了”，说完就倒下，停止了生命和计算。

欧拉解决了哥尼斯堡七桥问题，开创了图论，如图 5-76 所示。

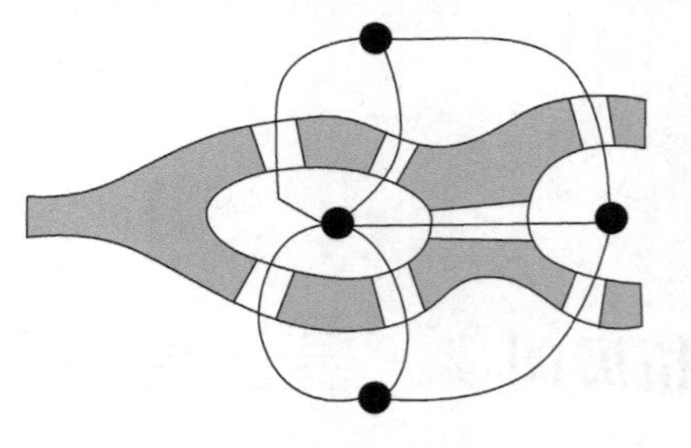
图 5-76

坐标几何方面，欧拉的主要贡献是第一次在相应的变换里应用欧拉角，彻底地研究了二次曲面的一般方程。

微分几何方面，欧拉于1736年首先引进了平面曲线的内在坐标概念，即以曲线弧长这一几何量作为曲线上点的坐标，从而开始了曲线的内在几何研究。1760年，欧拉在《关于曲面上曲线的研究》中建立了曲面的理论。这本著作是欧拉对微分几何最重要的贡献，是微分几何发展史上的里程碑。

欧拉对拓扑学的研究也有一流的水平。1735年，欧拉用简化（或理想化）的表示法解决了著名的哥尼斯堡七桥游戏问题，得到了具有拓扑意义的河－桥图的判断法则，即现今网络论中的欧拉定理。

拓展阅读二

谷歌（Google）的PageRank

几乎每个人都有使用Google搜索引擎进行网上搜索的体验。在Google搜索引擎中输入一些关键词后，会很快地找到所有与搜索关键词匹配的网页，并给出所有的网站排名（一般认为排在第一个的最重要，以下类推）。到目前为止，世界上有几千万个网站，几百多亿个网页，难道Google搜索引擎真的如此神奇，能够在几秒、几十秒的时间内搜遍世界上所有的网站（网页）吗？答案是否定的。事实上，Google网站是基于自己的大型数据库系统的网站，它定期地（一般是2.5～3个月）对世界上的所有网站进行大搜索，并将结果保存在自己的数据库中。我们通过Google搜索引擎进行网上搜索，实际上是在Google网站的数据库里进行搜索，因此所用时间一般不会太长。

要验证这一点并不难。假如你是一个“网管”，你可以控制一个网站，你很快地向网站发布信息（内含某些特殊的关键词）。此后，你迅速利用Google搜索引擎搜索你刚才的关键词，一般情况下是找不到的。

我们关心的重点是：与某个关键词相关的网站可能有几个、几十个，最多可能有几百万个，Google是如何给出网站排名情况的呢？

PageRank（网页级别）算法就是Google用于评测一个网页“重要性”的一种方法。虽然现在不断地有改善的排名算法，但其本质上与PageRank算法十分接近。如能彻底理解PageRank算法，对于理解、设计其他算法将是十分有益的。

下面先简要介绍一下什么是PageRank算法。

1. PageRank是什么

PageRank是Google用于评测一个网页“重要性”的一种方法。在糅合了诸如Title标识和Keywords标识等所有其他因素之后，Google通过PageRank来调整结果，使那些更具“重要性”的网页在搜索结果中令网站排名获得提升，从而提高搜索结果的相关性和质量。

简单说来，Google通过下述几个步骤来实现网页在其搜索结果页（SERPS）中的排名。

1）找到所有与搜索关键词匹配的网页。

2）根据页面因素如标题、关键词密度等排列等级。

3）计算导入链接的锚文本中的关键词。

4）通过PageRank得分调整网站排名结果。

事实上，真正的网站排名过程并不是这么简单，读者可参见有关网站，获得更详细、深入的阐述。

2. PageRank 的决定因素

Google 的 PageRank 是基于这样一个理论：若 B 网页设置有连接 A 网页的链接（B 为 A 的导入链接），说明 B 认为 A 有链接价值，是一个“重要”的网页。当 B 网页级别（重要性）比较高时，则 A 网页可从 B 网页这个导入链接分得一定的级别（重要性），并平均分配给 A 网页上的导出链接。

导入链接，指链接到你网站的站点，也就是一般所说的“外部链接”。而当你链接到另外一个站点时，那么这个站点就是你的“导出链接”，即你向其他网站提供的本站链接。

PageRank 反映了一个网页的导入链接的级别（重要性）。所以一般说来，PageRank 是由一个网站的导入链接（外部链接）的数量和这些链接的级别（重要性）所决定的。

3. 如何知道一个网页的 PageRank 得分

可从 http：//toolbar. google. com 上下载并安装 Google 的工具栏，这样就能显示所浏览网页的 PageRank 得分了。PageRank 得分从 0 到 10，PageRank 值为 10 表现最佳，但非常少见。Google 把自己的网站的 PageRank 值定为 10，一般 PageRank 值达到 4，就算是一个不错的网站了。若不能显示 PageRank 得分，可检查所安装版本号，需将老版本完全卸载，重启机器后安装最新版本。

4. PageRank 的重要性

搜索引擎网站排名算法中的各排名因子的重要性均取决于它们所提供信息的质量。但如果排名因子具有易操纵性，则往往会被一些网站管理员利用来实现不良竞争。例如初引入的排名因子之一——关键词元标识（Meta Keywords），是由于理论上它可以很好地概括反映一个页面的内容，但后来却由于一些网站管理员的恶意操纵而不得不黯然退出。所以“加权值”，即对该因子提供信息的信任程度，是由排名因子的易操纵程度和操纵程度共同决定的。

PageRank 无疑是颇难被操纵的一个排名因子了。但在它最初推出时针对的只是链接的数量，所以被一些网站管理员钻了空子，利用链接工厂和访客簿等大量低劣外部链接轻而易举地达到了自己的目的。Google 意识到这个问题后，便在系统中整合了对链接的质量分析，并对发现的作弊网站进行封杀，从而不但有效地打击了这种做法，而且保证了结果的相关性和精准度。

PageRank 是以 Google 的联合创始人兼总裁拉里·佩奇（Larry Page）的名字命名的。拉里·佩奇谈他当年和谢尔盖·布林（Sergey Brin）在斯坦福大学读计算机专业博士时怎么想到网页排名算法时说：“当时我们觉得整个互联网就像一张大的图，每个网站就像一个结点，而每个网页的链接就像一个弧。我想，互联网可以用一个图或者矩阵描述了，我也许可以用这个发现做博士论文。”他和谢尔盖就这样发明了 PageRank 算法。

拓展阅读三

Google 网站排名的 PageRank 算法介绍

1. 简化的 PageRank 算法

我们知道，互联网用结点表示网页，并且用有向边表示链接。网络图中有向边 $<u, v>$ 表示有从网页 u 指向网页 v 的链接。与 u 邻接的网页分为两类：

1）u 邻接到的，即 u 为起点，有出度。

2）邻接到 u 的，即 u 为终点，有入度。

由网页 u 指向网页 v 的链接解释为网页 u 对网页 v 所投的一票。这样，PageRank 会根据网页所收到的票数来评估该网页的重要性。所以，简单的考虑是：**按入度排名，看谁的入度最多。**

在图 5-77 所表示的小型网络中，6 个结点表示 6 个网页，9 条有向边表示 9 个超链接。图 5-78 中所示的 6 个网页，哪个最重要？

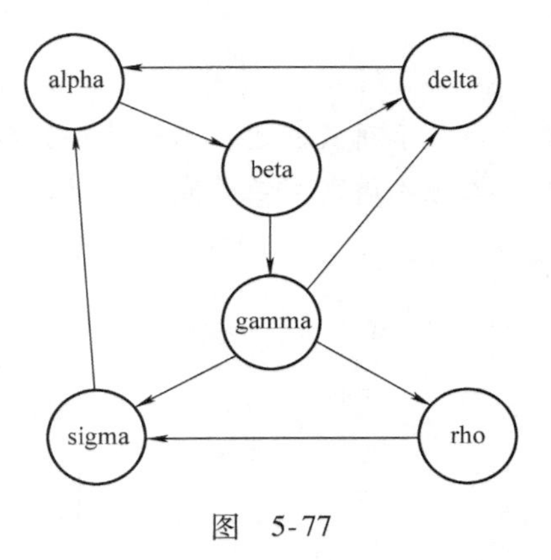

图　5-77

一个简单的回答可以这样考虑：看谁的入度（In - degree）最多，按入度排名见表 5-3。

表 5-3　按入度排名

序号（Index）	顶点（Node）	入度（In - degree）	排名（Rank）
1	alpha	2	1
2	beta	1	2
3	gamma	1	2
4	delta	2	1
5	rho	1	2
6	sigma	2	1

但这样的回答不能令人满意。按照入度排名的方法，无法说出 alpha、delta、sigma 中哪一个最重要。

2. 改进的 PageRank 算法

一个网页的重要性可以从以下两个方面来考虑。

1）看谁的入度多。

2）本网页在网络中的排名靠前（排名向量的分量数值大）。

如果一个网页被很多其他网页所链接，说明它受到普遍的承认和信赖，那么它的排名就高。这就是 PageRank 的核心思想。PageRank 就是网页排名，记作 PR 值。如果网页 T 存在一个指向网页 A 的链接，表明 T 的所有者认为 A 比较重要，从而把 T 的一部分重要性得分给予 A。这个重要性分值为 $\frac{PR(T)}{n(T)}$。其中 $PR(T)$ 为 T 的 PageRank 值，$n(T)$ 为 T 的出链数（出度），则 A 的 PageRank 值为一系列类似于 T 的页面重要性得分值的累加。

用数学的语言可表达如下：

设 u 是某个网页，其排名为 $PR(u)=r(u)$，记 F_u 是 u 邻接到的那些网页（链出网页）的集合，$n_u=|F_u|$ 是 u 邻接到的那些网页的总数［即 u 的出度总数 $\deg^-(u)$］，B_u 是邻接到 u 的那些网页（链入网页）的集合，$|B_u|$ 是邻接到 u 的网页总数［即 u 的入度总数 $|B_u|=\deg^+(u)$］。

u 的排名可理解为 $r(u)$ 等于链入网页 B_u 中每个网页 v 赋予网页 u 的重要性得分值之和。v 赋予的重要性分值为 $\frac{r(v)}{n_v}$，则有

$$r(u) = \sum_{v \in B_u} \frac{r(v)}{n_v} \tag{5-1}$$

为便于列式表达，不妨将邻接矩阵 $\boldsymbol{G}$ 的每一行元素之和为该行对应的点的**入度**，每列元素之和为该列对应的点的出度。图 5-73 的邻接矩阵如下

$$\boldsymbol{G} = \begin{pmatrix} 0 & 0 & 0 & 1 & 0 & 1 \\ 1 & 0 & 0 & 0 & 0 & 0 \\ 0 & 1 & 0 & 0 & 0 & 0 \\ 0 & 1 & 1 & 0 & 0 & 0 \\ 0 & 0 & 1 & 0 & 0 & 0 \\ 0 & 0 & 1 & 0 & 1 & 0 \end{pmatrix} \begin{matrix} \deg^+(\text{alpha}) \\ \deg^+(\text{beta}) \\ \deg^+(\text{gamma}) \\ \deg^+(\text{delta}) \\ \deg^+(\text{rho}) \\ \deg^+(\text{sigma}) \end{matrix}$$

各网站的出度和入度见表 5-4。

表 5-4 各网站的入度和出度

序号（Index）	顶点（Node）	入度（In - degree）	出度（Out - degree）
1	alpha	2	1
2	beta	1	2
3	gamma	1	3
4	delta	2	1
5	rho	1	1
6	sigma	2	1

$\boldsymbol{G}$ 的每列元素除以该列对应的点的出度 $\frac{g_{ij}}{v_j}$，得到矩阵 $\boldsymbol{G}_n$

$$\boldsymbol{G}_n = \begin{pmatrix} 0 & 0 & 0 & 1 & 0 & 1 \\ 1 & 0 & 0 & 0 & 0 & 0 \\ 0 & \frac{1}{2} & 0 & 0 & 0 & 0 \\ 0 & \frac{1}{2} & \frac{1}{3} & 0 & 0 & 0 \\ 0 & 0 & \frac{1}{3} & 0 & 0 & 0 \\ 0 & 0 & \frac{1}{3} & 0 & 1 & 0 \end{pmatrix}$$

$\boldsymbol{G}_n$ 中元素 $\frac{g_{ij}}{n_j}$ 表示 i 网页从 j 网页获得的重要性分值的权重，j 网页赋予 i 网页的重要性分值为 $\frac{g_{ij}}{n_j}r_j$。那么，i 网页的 PR 值 r_i 等于链入 i 的网页中，每个网页赋予的重要性分值之和，即

$$\sum_{j \in B_i} \frac{g_{ij}}{n_j} r_j$$

图 5-78 中第 1 个网页 alpha 的 PR 值 r_1 等于链入 alpha 的网页 delta、sigma 赋予的重要性分值之和

$$PR(\text{alpha}) = r_1 = 1 \times PR(\text{delta}) + 1 \times PR(\text{sigma}) = r_4 + r_6$$

为便于发现表达式的规律，将矩阵 $\boldsymbol{G}_n$ 中第 1 行元素都考虑进去，即

$$\begin{aligned} PR(\text{alpha}) &= 0 \times PR(\text{alpha}) + 0 \times PR(\text{beta}) + 0 \times PR(\text{gamma}) + 1 \times PR(\text{delta}) + 0 \\ &\quad \times PR(\text{rho}) + 1 \times PR(\text{sigma}) \\ &= 0 \times r_1 + 0 \times r_2 + 0 \times r_3 + 1 \times r_4 + 0 \times r_5 + 1 \times r_6 = \sum_{B_1} g_{1j} r_j \end{aligned}$$

第二个网页 beta 的 PR 值等于链入 beta 的网页 alpha 赋予的重要性分值,即

$$\begin{aligned} PR(\text{beta}) &= 1 \times PR(\text{alpha}) = r_1 \\ &= 1 \times r_1 + 0 \times r_2 + 0 \times r_3 + 0 \times r_4 + 0 \times r_5 + 0 \times r_6 \\ &= \sum_{B_2} g_{2j} r_j \end{aligned}$$

同理，$r_j = \sum_{B_i} g_{ij} r_j$($i = 1, 2, 3, 4, 5, 6$,表示六个网页)。

按此算法，得到图 5-78 中各网页新的 PR 值，见表 5-5。

表 5-5　各网页新的 *PR* 值

序号	顶点	链入网页	PR 值
1	alpha	delta，sigma	$r_4 + r_6$
2	beta	alpha	r_1
3	gamma	beta	$\frac{1}{2}r_2$
4	delta	beta，gamma	$\frac{1}{2}r_2 + \frac{1}{3}r_3$
5	rho	gamma	$\frac{1}{3}r_3$
6	sigma	rho	$\frac{1}{3}r_3 + r_5$

如果用向量 $\boldsymbol{r} = (r_i)$ 来表示各个网页的名次，$\boldsymbol{G} = \{g_{ij}\}$ 表示邻接矩阵，则式（5-1）可写成

$$r_i = \sum_j \frac{g_{ij}}{n_j} r_j \tag{5-2}$$

或

$$\boldsymbol{r} = \boldsymbol{G}_n \boldsymbol{r} \tag{5-3}$$

式中：$\boldsymbol{G}_n = \{g_{ij}/n_j\}$。

将式（5-3）写成 $\boldsymbol{G}_n \boldsymbol{r} = r$，可以看出，网页的排名向量 $\boldsymbol{r} = (r_i)$ 其实为矩阵 $\boldsymbol{G}_n$ 的对应于特征值为 1 的特征向量。

问题是：矩阵 $\boldsymbol{G}_n$ 一定有特征根 1 吗？除此之外，式（5-1）算法还有明显的问题。

例如，设 $\boldsymbol{G} = \begin{pmatrix} 0 & 1 \\ 1 & 0 \end{pmatrix}$，此时 $\boldsymbol{G}_n = \begin{pmatrix} 0 & 1 \\ 1 & 0 \end{pmatrix}$，$\boldsymbol{G}_n$ 的特征方程如下

$$|\lambda E - \boldsymbol{G}_n| = \begin{vmatrix} \lambda & -1 \\ -1 & \lambda \end{vmatrix} = \lambda^2 - 1 = 0$$

得 $\boldsymbol{G}_n$ 的特征值：$\lambda_1 = 1$，$\lambda_2 = -1$。

当 $\lambda_1 = 1$ 时，对应的齐次方程组如下

$$\begin{pmatrix} 1 & -1 \\ -1 & 1 \end{pmatrix} \to \begin{pmatrix} 1 & -1 \\ 0 & 0 \end{pmatrix}$$

即 $r_1 - r_2 = 0$。得到 $r_1 = r_2$，无法排名。

为此，要对算法公式（5-1）进行改进。

3. 再改进的 PageRank 算法

Google 的 PageRank 系统不但考虑一个网站的外部链接质量，也会考虑其数量。因此，Google 在 u 网站的排名基础上，增加 u 的每一个外部链接网站 $v_i(v_i \in B_u)$ 依据 PageRank 系统赋予 u 网站增加的 PR 值。其数学描述如下。

设 $\boldsymbol{\eta}(u)$ 是网页 $\boldsymbol{u}$ 开始时的名次，$x(u)$ 为某时刻的 PageRank 得分（名次），采用下面的加权算法

$$x(u) = p\left(\frac{x(v_1)}{n_1} + \frac{x(v_2)}{n_2} + \frac{x(v_3)}{n_3} + \cdots + \frac{x(v_n)}{n_n}\right) + \boldsymbol{\eta}(u)$$

$$x(u) = p\sum_{v \in B_u} \frac{x(v)}{n_v} + \boldsymbol{\eta}(u) \tag{5-4}$$

式中：p 为阻尼因素（Damping Factor），一般取 0.85，表示一个网站的投票权值只有该网站 PR 分值的 85%。对一个有一定 PR 值的网站 X 来说，如果网站 Y 是 X 的唯一外部链接，那么 Google 就相信网站 X 将网站 Y 看作它最好的一个外部链接，从而会给网站 Y 更多的分值。但如果网站 X 上已经有 49 个外部链接，那么 Google 相信网站 X 只将网站 Y 看作它第 50 个好的网站。因而，网站 X 外部链接的站点上外部链接数越多，X 所能得到的 PR 值反而会越低，它们呈反比关系。

名次向量记为 $\boldsymbol{x} = (x_i)$ $(i = 1, 2, \cdots, n)$，$\boldsymbol{\eta}(u) = 1 - p = \sum \frac{1-p}{n}$，一般取 $p = 0.85$，式（5-4）中项对应的矩阵形式如下

1）$\boldsymbol{\eta}(u) = \frac{1-p}{n}\begin{pmatrix} 1 \\ 1 \\ \vdots \\ 1 \end{pmatrix} = \delta \boldsymbol{e}$，其中 $\delta = \frac{1-p}{n}$，$\boldsymbol{e} = \begin{pmatrix} 1 \\ 1 \\ \vdots \\ 1 \end{pmatrix}$。

2）网页 u 的每一个外部链接网页 x_i 的 PR 分值为 $x_i = \sum_j \frac{g_{ij}}{n_j} x_j$。

在前面分析式（5-1）时，$r(u) = \sum_{v \in B} {}_u \frac{r(v)}{n_v}$ 可表示为 $\boldsymbol{r} = \boldsymbol{G}_n \boldsymbol{r}$。类似地 $p\sum_{v \in B} {}_u \frac{x(v)}{n_v} = p\boldsymbol{G}_n x$。

邻接矩阵 $\boldsymbol{G} = (g_{ij})$，$\boldsymbol{G}_n$ 为重要性分值的权重矩阵，$\boldsymbol{G}_n = \left(\frac{g_{ij}}{v_j}\right)$。

则有 $\boldsymbol{G}_n = \boldsymbol{G}\begin{pmatrix} \frac{1}{n_1} & 0 & \cdots & 0 \\ 0 & \frac{1}{n_2} & \cdots & 0 \\ \vdots & \vdots & & \vdots \\ 0 & 0 & \cdots & \frac{1}{n_n} \end{pmatrix}$

$$p\sum_{v \in B_u} \frac{x(v)}{n_v} = p\boldsymbol{G}\begin{pmatrix} \frac{1}{n_1} & 0 & \cdots & 0 \\ 0 & \frac{1}{n_2} & \cdots & 0 \\ \vdots & \vdots & & \vdots \\ 0 & 0 & \cdots & \frac{1}{n_n} \end{pmatrix} x = p\boldsymbol{GD}x$$

式中：$\boldsymbol{D}$ 为对角矩阵，$\boldsymbol{D} = \begin{pmatrix} \frac{1}{n_1} & 0 & \cdots & 0 \\ 0 & \frac{1}{n_2} & \cdots & 0 \\ \vdots & \vdots & & \vdots \\ 0 & 0 & \cdots & \frac{1}{n_n} \end{pmatrix}$；向量 $\boldsymbol{x} = (x_i)(i = 1, 2, \cdots, n)$；$x$ 为网页的得分（名次），分值在 0 ~ 1。于是式（5-4）可写成

$$\boldsymbol{x} = p\boldsymbol{GD}x + \delta\boldsymbol{e} \tag{5-5}$$

若规定：某网络中全部网页某时刻的 PR 得分之和为 1，即

$$\sum_{i=1}^{n} x_i = \boldsymbol{e}^{\mathrm{T}} x = 1,\ x_i > 0 \tag{5-6}$$

则式（5-5）可化为

$$\begin{aligned} \boldsymbol{x} &= p\boldsymbol{GD}x + \delta\boldsymbol{e} \\ &= p\boldsymbol{GD}x + \delta\boldsymbol{e} \cdot 1 \\ &= p\boldsymbol{GD}x + \delta\boldsymbol{e} \cdot \boldsymbol{e}^{\mathrm{T}} x \\ &= (p\boldsymbol{GD} + \delta\boldsymbol{ee}^{\mathrm{T}})\ x \\ &= \boldsymbol{A}x\ (\text{令 } \boldsymbol{A} = p\boldsymbol{GD} + \delta\boldsymbol{ee}^{\mathrm{T}}) \end{aligned}$$

所以

$$\boldsymbol{x} = \boldsymbol{A}x \tag{5-7}$$

其中，矩阵

$$\boldsymbol{A} = p\boldsymbol{GD} + \delta\boldsymbol{ee}^{\mathrm{T}} = \begin{pmatrix} p\frac{g_{11}}{n_1} + \delta & p\frac{g_{12}}{n_2} + \delta & \cdots & p\frac{g_{1n}}{n_n} + \delta \\ p\frac{g_{21}}{n_1} + \delta & p\frac{g_{22}}{n_2} + \delta & \cdots & p\frac{g_{2n}}{n_n} + \delta \\ \vdots & \vdots & & \vdots \\ p\frac{g_{n1}}{n_1} + \delta & p\frac{g_{n2}}{n_2} + \delta & \cdots & p\frac{g_{nn}}{n_n} + \delta \end{pmatrix} \tag{5-8}$$

注意 1）如果存在 j，$g_{ij}=0$，那么对于任意的 i，会导致 $n_j=0$，此时则规定：$\frac{g_{ij}}{n_j}=\frac{1}{n}$。

2）在约束条件式（5-6）下求解问题式（5-7），它具有唯一解 x，其依据是 Perron－Frobnius 定理。

若矩阵 $\boldsymbol{A}$ 是正的方阵，则：

① $\boldsymbol{A}$ 的谱半径 $\rho(\boldsymbol{A})>0$。这里的 $\rho(\boldsymbol{A})=\max\limits_i|\lambda_i|$，$\lambda_i$ 是 $\boldsymbol{A}$ 的特征值。

② $\rho(\boldsymbol{A})$ 是 $\boldsymbol{A}$ 的特征值。

③ 存在唯一的 $x>0$，满足 $Ax=\rho(\boldsymbol{A})x$，$\sum\limits_{i=1}^{n}x_i=1$。

④ $\rho(A)$ 是 $\boldsymbol{A}$ 的单特征值。

⑤ 若特征根 $\lambda\neq\rho(\boldsymbol{A})$，则 $|\lambda|<\rho(\boldsymbol{A})$，即 $\rho(\boldsymbol{A})$ 是 $\boldsymbol{A}$ 的模最大的唯一的特征值。

对图 5-58 所示的小型网络，按照再改进的 **PageRank** 算法，计算 6 个网页的排名，其中的 $p=0.85$。按 PageRank 得分排名见表 5-6。

表 5-6 按 PageRank 得分排名

排名	PageRank 得分	顶点	原始序号
1	0.267 490	alpha	1
2	0.252 418	beta	2
3	0.169 769	delta	4
4	0.132 302	gamma	3
5	0.115 555	sigma	6
6	0.0624 67	rho	5

说明 1）按入度（In－degree）排名，alpha、delta、sigma 并列第 1，现在按 PageRank 得分排名，变成了第 1、3、5；而原来 beta、gamma、rho 并列第 2，现在变成了第 2、4、6。由此可见，简单、直观的想法往往是不准确的。事实上，由于 alpha 的重要性（排名第 1），从而提升了 beta 的名次。

2）上述的 $p=0.85$ 不是最重要的，读者可以换为与之接近的别的数值，看看将发生怎样的变化。

到此为止，问题好像已经解决。但实际情况远没有结束。前面的例子中用的是 6 阶方阵 $\boldsymbol{A}$，用 MATLAB 直接求解代数方程 $\boldsymbol{x}=\boldsymbol{Ax}$ 或求 $\boldsymbol{A}$ 的特征根与特征向量，都不是十分困难的事。但如果方阵 $\boldsymbol{A}$ 的阶数是 6000、60000，简单地使用 MATLAB 的求解命令是不可能的，也是不允许的，而必须寻求适当的算法。

4. PageRank 的计算方法——幂迭代方法（Power Iteration）

设满足 $\boldsymbol{x}=\boldsymbol{Ax}$ 方阵 $\boldsymbol{A}$ 具有 n 个线性无关的特征向量 $\boldsymbol{x}$，$\boldsymbol{y}_2$，…，$\boldsymbol{y}_n$，相应的特征根为 $\lambda_1=1$，λ_2；...；λ_n，$|\lambda_i|<1=\lambda_1$，$\forall i\geqslant 2$。注意：$\boldsymbol{x}=\{x_i\}$ 为 PageRank 名次向量，且满足 $\sum x_i=1$。设 $\boldsymbol{v}$ 是任意一个向量，把 $\boldsymbol{x}$，$\boldsymbol{y}_2$，…，$\boldsymbol{y}_n$ 看成一个基向量组，则 $\boldsymbol{v}$ 可以由 $\boldsymbol{x}$，

$\boldsymbol{y}_2$，…，$\boldsymbol{y}_n$ 线性表示，即

$$\boldsymbol{v} = a_1\boldsymbol{x} + a_2\boldsymbol{y}_2 + \cdots + a_n\boldsymbol{y}_n$$

两边同乘以方阵 $\boldsymbol{A}$，有

$$\boldsymbol{A}\boldsymbol{v} = a_1\boldsymbol{A}\boldsymbol{x} + a_2\boldsymbol{A}\boldsymbol{y}_2 + \cdots + a_n\boldsymbol{A}\boldsymbol{y}_n$$

$$\boldsymbol{A}\boldsymbol{v} = a_1\boldsymbol{x} + a_2\boldsymbol{\lambda}_2\boldsymbol{y}_2 + \cdots + a_n\boldsymbol{\lambda}_n y_n$$

如此重复 $k-1$ 次，有

$$\boldsymbol{A}^k\boldsymbol{v} = a_1\boldsymbol{x} + a_2\lambda_2^k\boldsymbol{y}_2 + \cdots + a_n\lambda_n^k\boldsymbol{y}_n$$

由于 $|\lambda_i| < 1 = \lambda_1$，$\forall i \geqslant 2$，故当 k 充分大后，$\lim\limits_{x\to\infty}\lambda_i^k = 0$，从而 $a_i\lambda_i^k y_i \to 0$，那么 $\boldsymbol{A}^k\boldsymbol{v} \approx a_1\boldsymbol{x}$，则有

$$\mathrm{sum}(\boldsymbol{A}^k\boldsymbol{v}) \approx \mathrm{sum}(a_1\boldsymbol{x}) = a_1\mathrm{sum}(\boldsymbol{x}) = a_1$$

即

$$\boldsymbol{x} \approx \boldsymbol{A}^k\boldsymbol{v}/a_1 \approx \boldsymbol{A}^k\boldsymbol{v}/\mathrm{sum}(\boldsymbol{A}^k\boldsymbol{v})$$

故 PageRank 名次向量 $\boldsymbol{x} = \{x_i\}$ 可利用下式得

$$\boldsymbol{x} = \boldsymbol{A}^k\boldsymbol{v}/\mathrm{sum}\ (\boldsymbol{A}^k\boldsymbol{v})\ (\text{对充分大的 } k)$$

具体算法为：

1）输入矩阵 $\boldsymbol{A}$，初始向量 $\boldsymbol{v}_0$，并设 $k=0$，精度 $\varepsilon>0$。

2）计算向量：$\boldsymbol{v}_{k+1} = \boldsymbol{A}\boldsymbol{v}_k$。

3）若 $|\boldsymbol{v}_{k+1} - \boldsymbol{v}_k| < \varepsilon$，则计算 PageRank 名次 $x = \boldsymbol{A}^k\boldsymbol{v}/\mathrm{sum}(\boldsymbol{A}^k\boldsymbol{v})$ 并停止计算；否则 $k = k+1$，并转到 2）步。

对图 5-78 所示的小型网络，采用幂迭代方法（Power Iteration），计算 6 个网页的排名，其中的 $p=0.85$。所得的结果与表 5-6 完全相同。

第6章

概率论基础

本章介绍概率论的基本概念、计算和应用。

6.1 节介绍基本的计数方法和鸽巢原理。

6.2 节介绍排列组合的基本概念、计算和简单应用。

6.3 节介绍概率论的常用模型——古典概率、条件概率和贝叶斯定理。

6.4 节介绍离散值的概率分布。

6.5 节介绍连续值的概率分布。

6.6 节介绍概率的应用。

概率论是用于表示不确定陈述的数学框架，是众多科学和工程学科的基本工具。概率论使我们能够做出不确定的陈述以及在不确定性存在的情况下进行推理。计算机科学的许多分支处理的大部分都是完全确定的实体，程序员通常可以安全地假定 CPU 将完美地执行每个机器指令。但机器学习对于概率论的大量使用不得不令人吃惊。这是因为机器学习必须始终处理不确定量，有时也可能需要处理随机（不确定）量。研究人员从 20 世纪 80 年代开始使用概率论来量化不确定性并进行了大量的应用。

概率论最初的发展是为了分析事件发生的频率。可以很容易地看出，概率论对于像在扑克牌游戏中抽出一手特定的牌这种事件的研究中，是如何使用的。这类事件往往是重复的。一个结果发生的概率为 P，这意味着如果反复实验（例如，抽取一手牌）无限次，有 P 的比例会导致这样的结果。一种概率，直接与事件发生的频率相联系，称为频率概率（Frequentist Probability）；而后者，涉及确定性水平，称为贝叶斯概率（Bayesian Probability）。

为便于更好地理解概率论，在正式学习概率论之前，先讨论经典的三扇门游戏。这也称为蒙提霍尔问题（Monty Hall Problem），是一个争论不断的著名问题。

图 6-1 中有三扇门，其中只有一扇是正确的门，打开后将能获得一辆高档汽车。另两扇门是错误选项，门后只有山羊。从门外无法获知哪一扇才是正确选项。挑战者需要从三扇门中选择一扇打开。

在决定选择某扇门后（不打开），还剩下两个选项，其中至少有一个是错误选择。此时，（知道正确答案的）主持人打开了没被选中的门中错误的那个，让挑战者确认了门后的山羊，并询问："是否要重新选择？"

挑战者是否应当重选，还是应该坚持最初的选择？又或是两种做法有没有区别？

图 6-1

这就是蒙提霍尔问题。

聪明的读者可能很快就得到了正确答案，可考虑以下情况：

在挑战者做出第一次选择之后，有 1/3 的概率正确，2/3 的概率不正确。这很容易理解，无可争辩。那是否应该重新选择呢？来看一下规则：

- 如果第一次选择正确，重选必定错误。
- 如果第一次选择错误，重选必定正确。

也就是说，"第一次选择错误" 的概率就是 "重选后正确" 的概率，即重选的正确率是 2/3。重选更加有利，如图 6-2 所示。

不过，即使能够做出正确的选择，也很难向那些判断错误的人解释这样选择的原因。

例如，有人可能会有下面这样的草率结论。

在游戏开始时，存在三种可能：

- 门 1 是正确答案（概率 1/3）。
- 门 2 是正确答案（概率 1/3）。
- 门 3 是正确答案（概率 1/3）。

假设挑战者选择门 3，而主持人打开了门 1。于是，第一种情况不再成立，只剩下两种可能：

- 门 2 是正确答案（概率 1/2）。
- 门 3 是正确答案（概率 1/2）。

此时，重新选择门 2 与继续选择门 3 的概率似乎都是 1/2。

得到这一错误结论的人，无论怎样向他解释，都难以认同前面讲到的说法。他们会觉得

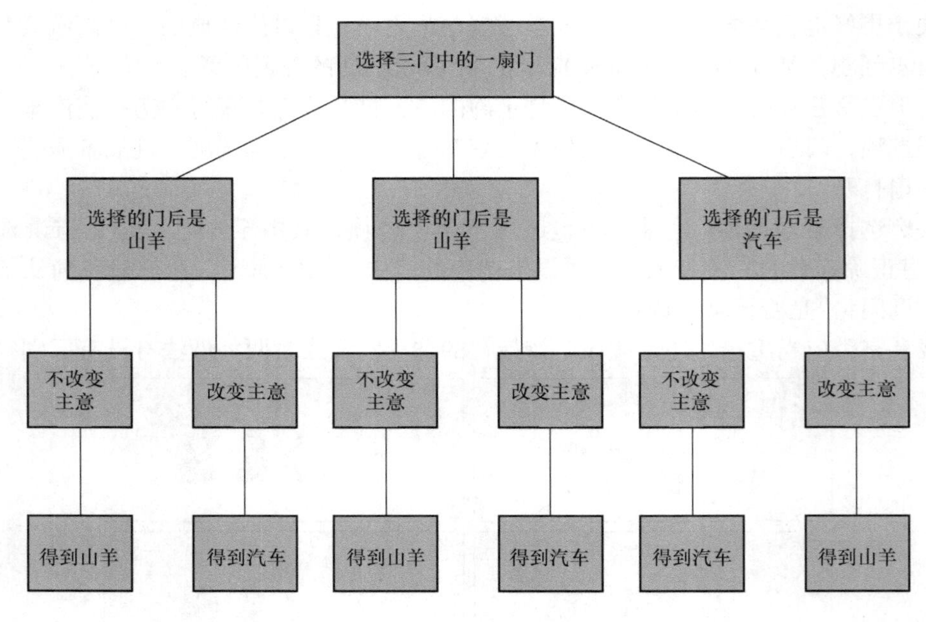

图 6-2

"虽然你说的也有道理，但我的想法也没有错"，讨论不了了之。那该怎么办呢?

古典概率在一定的角度上可以理解为频率的极限，为此，可以从另一个角度，采用仿真模拟的方式来解释问题，假定玩1000次游戏，统计其中改变选择获奖的次数，用相应的频数近似概率，这种方法称为蒙特卡洛模拟。利用蒙特卡洛模拟算法进行模拟，也得到改变选择正确的频率近似为2/3。

6.1 计数

计算机系统的密码由6、7或8个字符组成。每个字符必须是数字或字母表中的字母。每个密码必须至少包含一个数字，问有多少个这样的密码？本节将介绍回答这个问题及各种其他计数问题所需要的技术。

数学和计算机科学中存在着计数问题。例如，为成功的实验结果和所有可能的实验结果计数，以确定离散事件的概率。需要对某个算法用到的操作数计数，以便研究它的时间复杂度。

本节将介绍基本的计数方法。这些方法是几乎所有计数的基础。

6.1.1 基本计数原则

首先提出两个基本的计数原则：乘积法则和加法法则。然后说明怎样用它们来求解不同的计数问题。

当一个过程由独立的任务组成时使用乘积法则。

- 乘积法则。

假定一个过程可以分解成两个任务。如果完成第一个任务有 n_1 种方式，在第一个任务完成之后有 n_2 种方式，那么完成这个过程有 n_1n_2 种方式。

例 6.1　用一个大写字母和一个不超过 100 的正整数给礼堂的座位编号，那么不同编号的座位最多有多少?

解　给一个座位编号的过程由两个任务组成，即从 26 个字母中先选择一个字母分配给这个座位，然后再从 100 个正整数中选择一个整数分配给它。乘积法则表明一个座位可以有 $26\times100=2600$ 种不同的编号方式，因此，不同编号的座位数至多是 2600。

经常会用到推广的乘积法则，假定一个过程由执行任务T_1，T_2，…，T_m来完成。如果在完成任务之后用 n_i 种方式来完成T_i，那么完成这个过程有$n_1\ n_2\cdots n_m$种方式。

如果每个车牌由两个 24 个大写字母（不包括 I 和 O）后跟 3 个数字的序列构成，那么这种车牌有多少个不同的有效数字?

前两个字母组成方式有 24×24 种方式，后 3 个数字有 $10\times10\times10$ 种选择。因此，由乘积法则总共有 $24\times24\times10\times10\times10=496000$ 个可能的车牌。

- 加法法则。

假定任务T_1，T_2，…，T_m分别有n_1，n_2，…，n_m种完成方式，并且任何两项任务都不能同时执行，那么完成其中一项任务的方式数是$n_1+n_2+\cdots+n_m$种方式。

例 6.2　一个学生可以从三个表中的一个表选择一个计算机课题。这三个表分别包括 23、15 和 19 个课题。那么课题的选择可能有多少种?

解　这个学生有 23 种方式从第一个表中选择课题，有 15 种方式从第二个表中选择课题，有 19 种方式从第三个表中选择课题。因此，共有 $23+15+19=57$ 种选择课题的方式。

加法法则可以用集合的语言表述：如果 A_1，A_2，…，A_m是不交的集合，那么在其并集中的元素是每个集合的元素数之和。为了把这种表述与求和法则联系起来，令T_i是从 A_i（$i=1$，2，…，m）中选择一个元素的任务。有$|A_i|$种方式执行T_i，由于任何两个任务不可能同时执行，所以根据加法法则，从其中某个集合中选择一个元素的方式数，即在并集中的元素数为

$$|A_1\cup A_2\cup\cdots\cup A_m|=|A_1|+|A_2|+\cdots+|A_m|(\text{当 } A_i\cap A_j=\varnothing,\text{对于所有的 } i,j)$$

这个等式仅适用于问题中的集合是不相交的情况。当这些集合含有公共元素时，情况要复杂得多。

许多计数问题不能仅仅使用求和法则或者乘积法则来求解，但是，许多复杂的计数问题可以使用这两个法则来求解。

例 6.3　计算机系统的每个用户有一个由 6 ~ 8 个字符构成的密码，其中每个字符是字母（不区分大小写）或者数字，且每个密码必须至少包含一个数字，有多少可能的密码?

解　设 P 是可能的密码总数，且P_6、P_7、P_8分别表示 6、7 或 8 位可能的密码数。由求和法则，$P=P_6+P_7+P_8$。我们现在求P_6，P_7，P_8。直接求P_6 是困难的，而求由 6 个字母和数字构成的字符串的计数是容易的，其中包含那些没有数字的字符串，然后从中减去没有数字的字符串数就得到P_6。由乘积法则，6 个字符串的个数是36^6，而没有数字的字符串的个数是26^6，因此

$$P_6=36^6-26^6=2\ 176\ 782\ 336-308\ 915\ 776=1\ 867\ 866\ 560$$

类似地，得

$$P_7=36^7-26^7=78\ 364\ 164\ 096-8\ 031\ 810\ 176=70\ 332\ 353\ 920$$

$$P_8=36^8-26^8=2\ 821\ 109\ 907\ 456-208\ 827\ 064\ 576=2\ 612\ 282\ 842\ 880$$

因此

$$P = P_6 + P_7 + P_8 = 2\ 684\ 483\ 063\ 360$$

例 6.4 计数因特网网址。在由计算机的物理网络互联而构成的因特网中，每台计算机（或者更精确地说是计算机的每个网络连接）被分配一个因特网地址（IP 地址）。目前正在使用的因特网协议版本 4（IPv4）中，一个地址是一个 32 位的位串。它以网络号（netid）开始，后面跟随着主机号（hostid），它把一个计算机认定为某个指定网络的成员。

根据网络号和主机号位数的不同，使用 3 种地址形式。用于最大网络的 A 类地址，由 0 后加 7 位的网络号和 24 位的主机号构成。用于中等规模网络的 B 类地址，由 10 后加 14 位的网络号和 16 位的主机号构成。用于最小网络的 C 类地址，由 110 后加 21 位的网络号和 8 位的主机号构成。由于特定用途，对地址有着某些限制：1 111 111 在 A 类网络的网络号中是无效的，全 0 和全 1 组成的主机号对任何网络都是无效的。因特网上的一台计算机有一个 A 类、B 类或 C 类地址（除了 A 类、B 类和 C 类地址外，还有 D 类地址和 E 类地址。D 类地址在多台计算机同时编址时用于组播，它由 1 110 后加 28 位组成。E 类地址保留为将来应用，由 11 110 后加 27 位组成。D 和 E 类地址不会分配给因特网中的计算机作为 IP 地址）。图 6-3 显示了 IPv4 的编址（A 类和 B 类网络号的数量限制已经使得 IPv4 编址不够用了，用于代替 IPv4 的 IPv6 使用 128 位地址来解决这个问题）。

位数	0	1	2	3	4	8	16	24	31
A类	0	网络号				主机号			
B类	1	0	网络号				主机号		
C类	1	1	0	网络号				主机号	
D类	1	1	1	0	组播地址				
E类	1	1	1	1	0	地址			

图 6-3

对因特网上的计算机有多少不同的有效 IPv4 地址？

解 令 x 是因特网上计算机的有效地址数，x_A、x_B、x_C 分别表示 A 类、B 类和 C 类的有效地址数，由求和法则，$x = x_A + x_B + x_C$。为了找到 x_A，由于 1 111 111 是无效的，所以存在 $2^7 - 1 = 127$ 个 A 类的网络号。对于每个网络号，存在 $2^{24} - 2 = 16\ 777\ 214$ 个主机号，这是由于全 0 和全 1 组成的主机号是无效的。因此

$$x_A = 127 \times 16\ 777\ 214 = 2\ 130\ 706\ 178$$

为了找到 x_B 和 x_C，首先注意存在 $2^{14} = 16\ 384$ 个 B 类网络号和 $2^{21} = 2\ 097\ 152$ 个 C 类网络号。对每个 B 类网络号存在 $2^{16} - 2 = 65\ 534$ 个主机号，而对每个 C 类网络号存在 $2^8 - 2 = 254$ 个主机号，这也考虑到全 0 和全 1 组成的主机号是无效的。因此

$$x_B = 1\ 073\ 709\ 056,\ x_C = 532\ 676\ 608$$

可以断言 IPv4 有效地址的总数为

$$x = x_A + x_B + x_C = 2\ 130\ 706\ 178 + 1\ 073\ 709\ 056 + 532\ 676\ 608 = 3\ 737\ 091\ 842$$

6.1.2 减法法则（两个集合的容斥定理）

当同时执行两个任务时，不能使用求和法则来计执行其中一个任务的方式数。把对每个任务的方式数加起来将导致计数结果增大，因为同时执行两个任务的那些方式被计了两次。

为了正确地计执行其中一个任务的方式数，先把执行每个任务的方式数加起来，然后再减去同时执行两个任务的方式数。这就产生了一个重要的计数法则。

- 减法法则。

如果一个任务或者可以通过n_1 种方法执行或者可以通过n_2 种另一类方法执行，那么执行这个任务的方法数是$n_1 + n_2$，减去两类方法中执行这个任务相同的方法。

减法法则也称为**容斥定理**，特别是在计算两个集合并集的元素个数时。令 A_1 和 A_2 是集合，$|A_1|$是从 A_1 中选择一个元素的方法数，$|A_2|$是从 A_2 中选择一个元素的方法数。从 A_1 和 A_2 中选择一个元素的方法数是从它们的并集中选择元素的方法数，这等于从 A_1 选择一个元素的方法数与从 A_2 选择一个元素的方法数的和，减去从 A_1 和 A_2 的交集中选择一个元素的方法数。所以有

$$|A_1 \cup A_2| = |A_1| + |A_2| - |A_1 \cap A_2|$$

例 6.5 以 1 开头或者以 00 结束的 8 位位串有多少个？

解 第一个任务，构造以 1 开头的 8 位位串，完成它有$2^7 = 128$ 种方式，这是由乘法法则得到的。因为第一位只有一种选择方式，而其他 7 位中每位有两种选择方式。

第二个任务，构造以 00 结束的 8 位位串，同上面的分析一样，完成它有$2^6 = 64$ 种方式。

同时完成两个任务，构造以 1 开头和以 00 结束的 8 位位串，完成它有$2^5 = 32$ 种方式。根据减法法则，以 1 开头或者以 00 结束的 8 位位串有 $128 + 64 - 32 = 160$ 种方式。

例 6.6 某计算机公司收到了 350 份计算机毕业生设计一组新网络服务器工作的工作申请书。假如这些申请人中有 220 人主修的是计算机科学专业，有 147 人主修的是商务专业，有 51 人既主修了计算机科学专业又主修了商务专业。那么，有多少个申请人既没有主修计算机科学专业又没有主修商务专业？

解 为了求出既没有主修计算机科学专业又没有主修商务专业的申请人的个数，可以从总的申请人数中减去主修计算机科学专业的人数，或减去主修商务专业的人数（或减去两者人数之和）。设 A_1 是主修计算机科学专业学生的集合，A_2 是主修商务专业学生的集合，那么 $A_1 \cup A_2$ 是主修计算机科学专业或主修商务专业学生的集合，$A_1 \cap A_2$ 是既主修计算机科学专业又主修商务专业学生的集合。根据减法法则，主修计算机科学专业或主修商务专业（或两者都主修）学生的人数为

$$|A_1 \cup A_2| = |A_1| + |A_2| - |A_1 \cap A_2| = 220 + 147 - 51 = 316$$

因此得到结论：有 $350 - 316 = 34$ 个申请人既没有主修计算机科学专业又没有主修商务专业。

减法法则或者容斥原理可以推广来求完成 n 个不同任务中的一个任务的方式数，换句话说，就是寻找 n 个集合的并集中的元素数，其中 n 是正整数。

6.1.3 除法法则

前面介绍了计数中的乘积法则、求和法则和减法法则，是否有除法法则呢？实际上，在解决某些计数问题时，也存在这样的法则。

- 除法法则。

如果一个任务能由一个可以用 n 种方式完成的过程实现，而对于每种完成任务的方式数

w，在 n 种方式中正好有 d 种与之对应，那么完成这个任务的方式数为 n/d。

可用集合的方式再描述除法法则：“如果一个有限集 A 是 n 个有 d 个元素的互斥集合的并集，那么 $n = |A|/d$。

也可用函数的方式定义除法法则：“如果 f 是一个 A 到 B 的函数，A 和 B 都是有限集合，那么对于每一个取值 $y \in B$，正好有 d 个值 $x \in A$，使得 $f(x) = y$（在这种情况下，f 是 n 到 1 的），那么 $|B| = |A|/d$。

下面用一个例题说明除法法则在计数中的使用。

例 6.7 4 个人坐在一个圆桌旁边，有多少种坐法？如果每个人左右相邻的人都相同，就认为是同一种坐法。

解 任意选择一个桌子旁边的椅子，标记为座位 1，依圆桌顺时针依次标记其他椅子。座位 1 有 4 种选择坐人的方法，座位 2 有 3 种选择坐人的方法，座位 3 有 2 种选择坐人的方法，座位 4 有 1 种选择坐人的方法，这样 $4! = 24$ 种方法将 4 个人安排在圆桌旁边。然而，每一个座位 1 可选的 4 种坐法中都会产生相同的安排，因为仅将一个人左边或者右边相邻的人不一样才视为两种不同的安排。因为有 4 种选择人坐座位 1 的方法，所以由除法法则将 4 个人安排到一个圆桌旁的不同的方法数是 $24/4 = 6$ 种。

6.1.4 鸽巢原理

有 20 只鸽子要飞往 19 个鸽巢栖息。由于有 20 只鸽子，而只有 19 个鸽巢，所以这 19 个鸽巢中至少有 1 个鸽巢里最少栖息着 2 只鸽子。为了说明这个结论是真的，注意如果每个鸽巢中最多栖息 1 只鸽子，那么最多只有 19 只鸽子有住处，其中每只鸽子一个巢。这个例子阐述了一个一般原理，叫作**鸽巢原理**。该原理断言：如果鸽子数比鸽巢数多，那么一定有一个鸽巢里至少有 2 只鸽子，如图 6-4 所示。当然，这个原理除了鸽子和鸽巢外也可以用于其他对象。

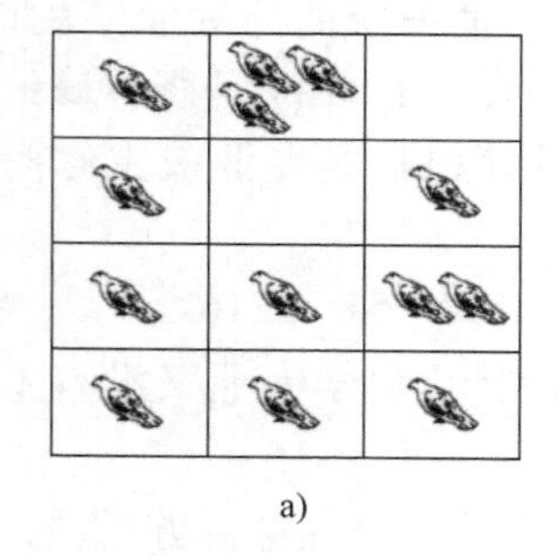
a)

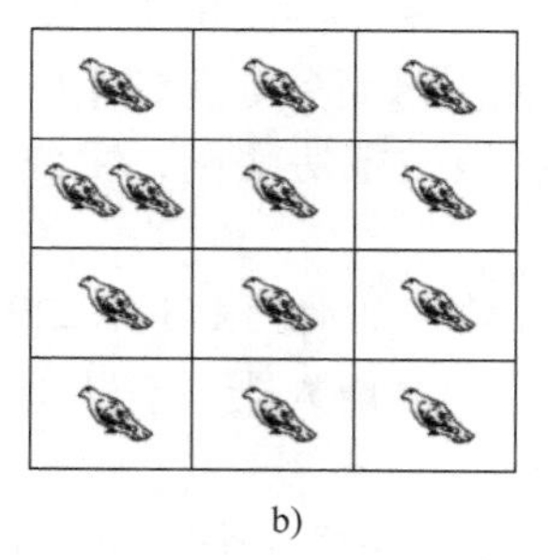
b)

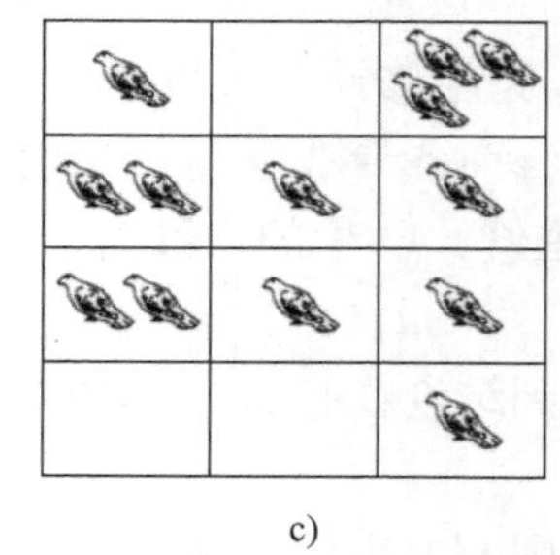
c)

图 6-4

- 鸽巢原理。

如果 $(k+1)$ 个或更多的物体放入 k 个盒子，那么至少有一个盒子包含了 2 个或更多的物体。

证 假定 k 个盒子中没有一个盒子包含的物体多于 1 个，那么物体总数至多是 k，这与至少有 $k+1$ 个物体矛盾。

鸽巢原理也叫作**狄利克雷抽屉原理**，以 19 世纪的德国数学家狄利克雷的名字命名，他经常在工作中使用这个原理。

鸽巢原理指出当物体比盒子多时一定至少有 2 个物体在同一个盒子里。但是当物体数超过盒子数的倍数时可以得出更多的结果。例如，在任意 21 个十进制数字中一定有 3 个是相同的。这是由于 21 个物体被分配到 10 个盒子里，那么某个盒子的物体一定多于 2 个。

广义鸽巢原理　如果 N 个物体放入 k 个盒子，那么至少有一个盒子包含了至少 $\lceil N/k \rceil$ 个物体（$\lceil x \rceil$ 表示 x 的上整，即大于等于 x 的最小整数）。

证　假定没有盒子包含比 $\lceil N/k \rceil - 1$ 多的物体，那么物体总数至多是

$$k\left(\left\lceil \frac{N}{k} \right\rceil - 1\right) < k\left[\left(\frac{N}{k} + 1\right) - 1\right] = N$$

例 6.8　在 100 个人中至少有 $\lceil 100/12 \rceil = 9$ 人出生在同一个月。

例 6.9　1）从一副标准的 52 张牌中必须选多少张牌才能保证选出的牌中至少有 3 张是同样的花色？

2）必须选多少张牌才能保证选出的牌中至少有 3 张是红心？

解　1）假设存在 4 个盒子保存 4 种花色的牌，选中的牌放在同种花色的盒子里。使用广义鸽巢原理，如果选了 N 张牌，那么至少有一个盒子含有至少 $\lceil N/4 \rceil$ 张牌。因此如果 $\lceil N/4 \rceil \geqslant 3$，则至少选了 3 张同种花色的牌。使得最小的整数 N 是 $N = 2 \times 4 + 1 = 9$，所以 9 张牌就足够了。注意如果选 8 张牌，可能每种花色 2 张牌，因此必须选 9 张牌才能保证选出的牌中至少 3 张是同样的花色。想到这一点的一个好方法就是注意在选了 8 张牌以后没有办法避免出现 3 张同样花色的牌。

2）我们不用广义鸽巢原理回答这个问题，因为要保证存在 3 张红心而不仅仅是 3 张同样花色的牌。注意在最坏情况下，在选一张红心以前可能已经选了所有的黑桃、方块、梅花，总共 39 张牌，下面选的 3 张牌将都是红心。因此为得到 3 张红心，可能需要选 42 张牌。

练习 6.1

1. 某种商标的运动服有 8 种颜色，有男式和女式 2 种样式，每种样式有 S、M、L 共 3 种型号。问这些运动服有多少种不同的类型？

2. 首尾都是 1 的 7 位二进制数串有多少个？

3. 用 2 个字母后加 3 个数字或者 2 个数字后加 3 个字母可构成多少种车牌？

4. Java 班的每个学生都是软件技术专业或移动应用专业的学生，或者同时修这两个专业。如果有 45 个是软件技术专业的，16 个是移动应用专业的，5 个同时修两个专业，那么这个班有多少个学生？

5. 有多少种不同的方式排列 a、b、c 和 d，使得 c 不紧跟在 b 的后面？

6. 在 100 到 999 之间包含多少个正整数，满足以下条件：

a）被 7 整除。b）是奇数。

c）有相同的 3 个十进制数字。d）不被 4 整除。

e）被 3 或 4 整除。f）不被 3 也不被 4 整除。

g）被 3 整除但不被 4 整除。h）被 3 和 4 整除。

7. 6 个人坐在一个圆桌旁边，共有多少种坐法？每一个人有相同邻座而不考虑左右算为

同一种坐法。

8. 在一个婚礼上摄影师安排 6 个人在一排拍照，包含新娘和新郎在内，如果满足下述条件，有多少种安排方式?

a）新娘必须在新郎旁边。b）新娘不在新郎旁边。

c）新娘在新郎左边的某个位置。

9. Java 程序设计语言中的变量名是一个长度从 1 到 65535 的字符串，可包含大、小写字母、美元符号、下划线或者数字，第一字符不能是数字。那么在 Java 语言中可以命名多少个不同的变量?

10. 如果有个班有 35 个学生，证明：至少有 2 个学生的姓以同一个字母开头。

11. 抽屉里有一打棕色的短袜和一打黑色的短袜，全都没有配好对。一个人在黑暗中随机取出一些袜子，必须取多少只袜子才能满足下述条件?

a）保证至少有 2 只袜子是同色的。

b）保证至少有 2 只袜子是黑色的。

12. 一个大学有 38 个不同的时间段来安排课程，如果有 677 门不同的课程，那么需要多少个不同的教室?

6.2 排列与组合

许多计数问题都可以通过找到特定大小的集合中不同元素排列的不同方法数来得以解决，其中这些元素的次序是有限制的。许多其他计数问题也可以通过从特定大小的集合元素中选择特定数量元素的方法数来解决，其中这些元素的次序是不受限制的。例如，从 5 个学生中选出 3 个学生站成一行照相，有多少种选择方法? 从 4 个学生中选出 3 个学生组成一个委员会，有多少种选择方法? 本节将开发一些方法来解决此类问题。

6.2.1 排列

例 6.10 从 5 个学生中选出 3 个学生站成一行照相，有多少种选择方法? 让所有 5 个学生站成一行照相，有多少种排列方法?

解 首先，注意选择学生时次序是有限制的。从 5 个学生中选择第一个学生站在一行的第一个位置有 5 种方法。一旦这个学生被选定，则有 4 种方法选择第二个学生站在一行的第二个位置。当第一和第二个学生都被选定，则有 3 种方法选择第三个学生站在一行的第三个位置。根据乘积法则，共有 $5\times4\times3=60$ 种方法从 5 个学生中选出 3 个学生站成一行来照相。

为了排列所有 5 个学生站成一行来照相，选择第一个学生时有 5 种方法，选择第二个学生时有 4 种方法，选择第三个学生时有 3 种方法，选择第四个学生时有 2 种方法，选择第五个学生时有 1 种方法。因此，共有 $5\times4\times3\times2\times1=120$ 种方法让所有 5 个学生站成一行来照相。

例 6.10 阐述了不同个体有次序的排列是如何计数的。这也提出了几个术语。

集合中不同元素的排列，是对这些元素一种有序的安排。我们也对集合中某些元素的有序安排感兴趣。对一个集合中 r 个元素的有序安排称为 ***r* 排列**。

例如，设 $S=\{1, 2, 3\}$，则 3，1，2 是 S 的一个 3 排列；3，2 是 S 的一个 2 排列。

一般地，一个 n 元集的 r 排列数记为 $P(n, r)$，可以使用乘积法则求出 $P(n, r)$ 。

例 6.11 设 $S=\{1, 2, 3\}$，则 S 的 2 排列有如下有序安排：a，b；a，c；b，a；b，c；c，a 和 c，b。因此，具有 3 个元素的这个集合共有 6 个 2 排列。所有具有 3 个元素的集合都有 6 个 2 排列。有 3 种方法选择排列中的第一个元素。有 2 种方法选择排列中的第二个元素，因为第二个元素必须不同于第一个元素。因此，根据乘积法则，有 $P(3, 2)=3\times2=6$。

定理 1 具有 n 个不同元素的集合的 r 排列数为

$$P(n,r)=n(n-1)(n-2)\cdots(n-r+1)$$

证 选择这个排列的第一个元素可以有 n 种方法，因为集合中有 n 个元素。选择排列的第二个元素有 $(n-1)$ 种方法，由于在使用了为第一个位置挑出的元素之后集合里还留下了 $(n-1)$ 个元素。类似地，选择第三个元素有 $(n-2)$ 种方法，以此类推，直到选择第 r 个元素恰好有 $n-(r-1)=n-r+1$ 种方法。因此，由乘积法则，存在 $n(n-1)(n-2)\cdots(n-r+1)$ 个集合的 r 排列。

注意：只要 n 是一个非负整数，就有 $P(n, 0)=1$，因为恰好有一种方法来排列 0 个元素。也就是说，恰好有一个排列中没有元素，即空排列。

下面给出定理 1 的一个有用的推论。

推论 1 如果 n 和 r 都是整数，且 $0\leqslant r\leqslant n$，则

$$P(n, r)=\frac{n!}{(n-r)!}$$

证 当 n 和 r 是整数，且 $1\leqslant r\leqslant n$ 时，由定理 1 有

$$P(n, r)=n(n-1)\cdots(n-r+1)=\frac{n!}{(n-r)!}$$

因为只要 n 是非负整数，就有 $\frac{n!}{(n-0)!}=\frac{n!}{n!}=1$，所以公式 $P(n, r)=\frac{n!}{(n-r)!}$ 在当 $r=0$ 时也成立。

例 6.12 字母 ABCDEFGH 有多少种排列包含串 ABC?

解 由于字母 ABC 必须成组出现，可以通过找 6 个对象，即组 ABC 和单个字母 D、E、F、G 和 H 的排列数得到答案。由于这 6 个对象可以按任何次序出现，因此，存在 $6!=72$ 种 ABCDEFGH 字母的排列，其中 ABC 成组出现。

6.2.2 组合

现在把注意力转到无序选择个体的计数上来。

例 6.13 从 4 个学生中选出 3 个学生组成一个委员会，有多少种选择方法?

解 为了回答这个问题，只需从含有 4 个学生的集合中找到具有 3 个元素的子集的个数。我们知道，一共有 4 个这样的子集，每个子集中都有 1 个不同的学生，因为选择 4 个学生等价于从 4 个学生中选出一个人离开这个集合。这就意味着有 4 种方法选择 3 个学生组成一个委员会，其中这些与学生的次序是无关的。

例 6.14 阐明了这样一个事实：许多计数问题都可以通过从具有 n 个元素的集合中求得

特定大小的子集的个数来得以解决，其中 n 是一个正整数。

集合元素的一个 r 组合是从这个集合无序选取的 r 个元素。于是，简单地说，一个 **r 组合**是这个集合的一个 r 个元素的子集。

例如，设 S 是集合 $\{1, 2, 3, 4\}$，那么 $\{1, 3, 4\}$ 是 S 的一个 3 组合（注意：$\{4, 1, 3\}$ 与组合 $\{1, 3, 4\}$ 是一样的，因为集合中元素顺序是没有关系的）。

具有 n 个不同元素的集合的 r 组合数记为 $C(n, r)$。注意 $C(n, r)$ 也记作$\binom{n}{r}$，并且称为**二项式系数**。在 6.2.3 节将学习这个记号。

因为 $\{a, b, c, d\}$ 的 2 组合是 $\{a, b\}$、$\{a, c\}$、$\{a, d\}$、$\{b, c\}$、$\{b, d\}$ 和 $\{c, d\}$ 共 6 个子集，所以 $C(4, 2)=6$。

可以用关于集合的 r 排列数的公式确定 n 元素的集合的 r 组合数。为此只需注意集合的 r 排列可以按下述方法得到：首先构成集合的 r 组合，接着排列这些组合中的元素。下面的定理给出 $C(n, r)$ 的值，它的证明就是基于这个观察。

定理 2 设 n 是正整数，r 是满足 $0 \leqslant r \leqslant n$ 的整数，n 元素的集合的 r 组合数等于

$$C(n, r)=\frac{n!}{r!\ (n-r)!}$$

证 可以如下得到这个集合的 r 排列。先构成集合的 $C(n, r)$ 个 r 组合，然后以 $P(n, r)$ 种方式排序每个 r 组合中的元素，这可以用 $P(r, r)$ 种方式来做。因此

$$P(n, r)=C(n, r) \cdot P(r, r)$$

这就推出

$$C(n, r)=\frac{P(n,r)}{P(r,r)}=\frac{n!\ /(n-r)!}{r!\ /(r-r)!}=\frac{n!}{r!\ (n-r)!}$$

可以用计数的除法法则证明这个定理。因为在组合中不考虑元素的顺序，并且有 $P(r, r)$ 种方式排序 n 元素的 r 组合中的这 r 个元素，所以 n 个元素的每个 $C(n, r)$ 的 r 组合对应一个 $P(r, r)$ 的 r 排列。因此，由除法法则 $C(n, r)=\dfrac{P(n, r)}{P(r, r)}$，也就是前面的 $C(n, r)=\dfrac{n!}{r!\ (n-r)!}$。

尽管定理 2 中的公式很清楚，但对很大的 n 和 r 而言，这个公式并没有什么用处。其原因是，在实际计算中，只能对较小的整数求阶乘的准确值，而且当用浮点数来计算时，从定理 2 的公式中得到的结果可能并不是一个整数值。因此，当计算 $C(n, r)$ 时，首先注意如果从定理 2 的 $C(n, r)$ 计算公式的分子和分母中都消去$(n-r)!$ 后，可得

$$C(n, r)=\frac{n!}{r!\ (n-r)!}=\frac{n(n-1)\cdots(n-r+1)}{r!}$$

因此，为了计算 $C(n, r)$，可以从分子和分母中消去分母中所有较大的因子，再把分子中所有没有消去的项相乘，然后再除以分母中较小的因子（如果是用手而不是用机器计算，有必要再在 $n(n-1)\cdots(n-r+1)$ 和 $r!$ 中消去公因数）。

例 6.14 说明了当 k 相对于 n 较小时，以及当 k 接近于 n 时，如何计算 $C(n, k)$。该例子也给出了组合数 $C(n, r)$ 的一个关键的恒等式。

例 6.15　从一副 52 张的标准扑克牌中选出 5 张，共有多少种不同方法？从一副 52 张的标准扑克牌中选出 47 张，又有多少种不同方法？

解　因为从 52 张牌中选出 5 张，这 5 张牌的次序不受限制，所以不同的选择方法数共有

$$C(52,5)=\frac{52!}{5!\times 47!}$$

首先在分子分母中都消去47!，得

$$C(52,5)=\frac{52\times 51\times 50\times 49\times 48}{5\times 4\times 3\times 2\times 1}$$

上述表达式还可以化简。首先将分子中的 50 除以分母中的因子 5，则在分子中得到因子 10；然后将分子中的 48 除以分母中的因子 4，则在分子中得到因子 12；再将分子中的 51 除以分母中的因子3，则在分子中得到因子17；最后将分子中的52 除以分母中的因子2，在分子中得到因子 26。于是得到 $C(52,5)=26\times 17\times 10\times 49\times 12=2\ 598\ 960$。

因此，从一副 52 张标准扑克牌中选出 5 张，共有 2 598 960 种不同方法。注意：从一副 52 张标准扑克牌中选出 47 张，不同的选择方法数为

$$C(52,5)=\frac{52!}{5!\ 47!}$$

不用再计算这个值了，因为 $C(52,47)=C(52,5)$（因为在计算它们的公式中，只有分母中 5! 和 47! 的次序是不同的）。因此，从一副 52 张标准扑克牌中选出 47 张，共有 2598960 种不同方法。

推论 2　设 n 和 r 时满足 $r\leqslant n$ 的非负整数，那么 $C(n,r)=C(n,n-r)$。

证　由定理 2 得

$$C(n,r)=\frac{n!}{r!\ (n-r)!}$$

$$C(n,n-r)=\frac{n!}{(n-r)!\ [n-(n-r)]!}=\frac{n!}{r!(n-r)!}$$

因此，$C(n,r)=C(n,n-r)$。

6.2.3　二项式系数和恒等式

具有 n 个元素的集合的 r 组合数常常记作 $\binom{n}{r}$。由于这些数出现在二项式的幂 $(a+b)^n$ 的展开式中作为系数，所以这些数叫作**二项式系数**。下面将讨论**二项式定理**，这个定理将二项式的幂表示成与二项式系数有关的项之和。下面将用组合证明来证明这个定理，并说明怎样用组合证明来建立某些恒等式，它们是表示二项式系数之间关系的许多不同恒等式中的一部分。

定理 3　二项式定理。设 x 和 y 是变量，n 是非负整数，那么

$$(x+y)^n=\sum_{k=0}^{n}\binom{n}{k}x^{n-k}y^k=\binom{n}{0}x^n+\binom{n}{1}x^{n-1}y+\cdots+\binom{n}{n-1}xy^{n-1}+\binom{n}{n}y^n$$

证　这里给出定理的组合证明。当乘积被展开时其中的项都是下述形式：$x^{n-k}y^k(k=0,$

$1,2,\cdots,n$)，为计数形如 $x^{n-k}y^k$ 的项数，注意必须从 n 个选（$n-k$）个 x（从而乘积中其他的 k 个项都是 y）才能得到这种项。因此，$x^{n-k}y^k$ 的系数是 $\binom{n}{n-k}$，它等于 $\binom{n}{k}$，定理得证。

例 6.16 $(x+y)^4$ 的展开式是什么？

解 由二项式定理得

$$
\begin{aligned}
(x+y)^4 &= \sum_{k=0}^{4}\binom{4}{k}x^{4-k}y^k = \binom{4}{0}x^4 + \binom{4}{1}x^3y + \binom{4}{2}x^2y^2 + \binom{4}{3}x^3y + \binom{4}{4}y^4 \\
&= x^4 + 4x^3y + 6x^2y^2 + 4xy^3 + y^4
\end{aligned}
$$

二项式系数满足许多不同的恒等式。

定理 4 帕斯卡恒等式。设 n 和 k 是满足 $n \geqslant k$ 的正整数，那么有

$$\binom{n+1}{k} = \binom{n}{k-1} + \binom{n}{k}$$

证 采用组合证明方法，假设 T 是包含（$n+1$）个元素的集合。令 a 是 T 的一个元素且 $S = T - \{a\}$。注意 T 的包含 k 个元素的子集有 $\binom{n+1}{k}$ 个。然而 T 的包含 k 个元素的子集或者包含 a 和 S 中的（$k-1$）个元素，或者不包含 a 但包含 S 中 k 个元素。由于 S 的（$k-1$）元子集有 $\binom{n}{k-1}$ 个。所以 T 含 a 在内的 k 元子集有 $\binom{n}{k-1}$ 个。又由于 S 的 k 元子集有 $\binom{n}{k}$ 个，所以 T 的不含 a 的 k 元子集有 $\binom{n}{k}$ 个，从而得

$$\binom{n+1}{k} = \binom{n}{k-1} + \binom{n}{k}$$

帕斯卡恒等式是二项式系数以三角形表示的几何排列的基础，如图 6-5 所示（帕斯卡三角形，又称杨辉三角）。

$\binom{0}{0}$

$\binom{1}{0}$ $\binom{1}{1}$

$\binom{2}{0}$ $\binom{2}{1}$ $\binom{2}{2}$

$\binom{3}{0}$ $\binom{3}{1}$ $\binom{3}{2}$ $\binom{3}{3}$

$\binom{4}{0}$ $\binom{4}{1}$ $\binom{4}{2}$ $\binom{4}{3}$ $\binom{4}{4}$

$\binom{5}{0}$ $\binom{5}{1}$ $\binom{5}{2}$ $\binom{5}{3}$ $\binom{5}{4}$ $\binom{5}{5}$

$\binom{6}{0}$ $\binom{6}{1}$ $\binom{6}{2}$ $\binom{6}{3}$ $\binom{6}{4}$ $\binom{6}{5}$ $\binom{6}{6}$

$\binom{7}{0}$ $\binom{7}{1}$ $\binom{7}{2}$ $\binom{7}{3}$ $\binom{7}{4}$ $\binom{7}{5}$ $\binom{7}{6}$ $\binom{7}{7}$

$\binom{8}{0}$ $\binom{8}{1}$ $\binom{8}{2}$ $\binom{8}{3}$ $\binom{8}{4}$ $\binom{8}{5}$ $\binom{8}{6}$ $\binom{8}{7}$ $\binom{8}{8}$

…

由帕斯卡恒等式：

$\binom{6}{4} + \binom{6}{5} = \binom{7}{5}$

1

1 1

1 2 1

1 3 3 1

1 4 6 4 1

1 5 10 10 5 1

1 6 15 20 15 6 1

1 7 21 35 35 21 7 1

1 8 28 56 70 56 28 8 1

…

图 6-5

练习 6.2

1. 令 $S=\{a,b,c,d,e\}$。

（1） S 的所有 3 排列有多少个？（2） S 的所有 3 组合有多少个？

2. 在一次 10 人的 3000m 男子长跑比赛中，所有的比赛结果都是可能的，对于第一名、第二名和第三名有多少种可能性？

3. 假定某社团有 10 名男士，15 名女士。有多少种方式组成一个 6 人委员会且使得含有相同数量的男士和女士？

4. 多少个 10 位位串（二进制）包含以下数字？

a） 恰好 4 个 1。　　b） 至多 4 个 1。

c） 至少 4 个 1。　　d） 0 的个数和 1 的个数相等。

5. 一个硬币被掷 10 次，每次可能出现国徽或者非国徽。分析以下情况有多少种可能的结果。

a） 包含各种不同的情况。　　b） 包含恰好 2 个国徽。

c） 至多有 3 个不是国徽。　　d） 国徽和非国徽的数目相等。

6. 有多少种方式使得 8 名男士和 5 名女士站成一排并且没有 2 名女士彼此相邻（提示：先排男士，然后考虑女士可能的位置）？

7. 一个俱乐部有 25 个成员，满足以下条件有多少种方式：

a） 从中选择 4 个人作为董事会成员。

b） 从中选出俱乐部的主席、副主席、书记和司库。

8. 求 $(x+y)^5$ 的展开式。

9. 帕斯卡三角形中包含二项式系数 $\binom{10}{k}$ $(0\leqslant k\leqslant 10)$ 的行是

1　10　45　120　210　252　210　120　45　10　1

用帕斯卡恒等式计算在帕斯卡三角形中紧接这行下面的另一行。

6.3　概率论简述

组合学和概率论有着共同的起源。概率论形成于 300 多年以前。当时布莱斯 · 帕斯卡对某些赌博游戏进行了分析。尽管概率论起源于赌博的研究，但是现在它在各种不同的学科中起着基础的作用。例如，概率论广泛应用于遗传学的研究，用它可以帮助理解特征的遗传。当然，虽然概率论适用于研究人所特别热衷的赌博行为，但它仍旧是数学领域里特别流行的一部分。

在计算机科学中，概率论在算法复杂度研究中起着重要的作用。特别地，人们用概率论的思想和技巧确定算法的平均复杂度。概率算法可以用于解决许多不容易或实际上不可能用确定性算法求解的问题。确定性算法在给定同样的输入条件以后，总是遵循着同样的步骤，但在概率算法中不是这样，算法做一次或多次随机选择，可能导致不同的输出结果。在组合学中，概率论甚至可以用于证明具有特定性质的个体的存在性。由保罗 · 埃德斯和阿尔弗雷德 · 任伊引入组合学的概率方法，通过证明存在具有某种性质个体的概率是正数来证明这种个体的存在性。概率论将帮助回答涉及不确定性的问题，如通过邮件中出现的单词确定是否将这封邮件当作垃圾邮件而拒绝它。

6.3.1 概率的定义

把从一组可能的结果中得出一个结果的过程称为**试验**。试验的样本空间是可能结果的集合。一个**事件**是样本空间的子集。现在叙述拉普拉斯关于具有有限多个可能结果的事件的概率定义。

定义1 事件E是结果具有相等可能性的有限样本空间S的子集，则事件E的概率为

$$P(E)=\frac{|E|}{|S|}$$

注：一个事件的概率肯定不会为负或者大于1。

根据拉普拉斯的定义，一个事件的概率是0 ~1。注意：如果E是一个有限样本空间S的一个事件，则$0\leqslant|E|\leqslant|S|$。因为$E\subseteq S$，所以$0\leqslant P(E)=\frac{|E|}{|S|}\leqslant1$。

例6.17 缸里有4个蓝球和5个红球，从缸里取出一个蓝球的概率是多少？

解 为计算这个概率，首先考虑存在9个可能的结果，这些可能的结果中有4个得到蓝球。因此，选一个蓝球的概率是4/9。

例6.18 掷两个骰子使得其点数之和等于7的概率是多少？

解 当掷两个骰子时总共有36种可能的结果（这是由乘积法则得到的。因为每个骰子有6个可能的结果，所以掷两个骰子时总共有$6^2=36$种结果）。存在6种成功的结果，即（1，6）、（2，5）、（3，4）、（4，3）、（5，2）和（6，1），这里两个骰子的点数用一个有序对来表示。因此，掷两个均匀的骰子时，点数和7出现的概率是6/36 =1/6。

例6.19 在一种彩票里，人们挑4个数字，如果数字与一个随机机械过程选出的4个数字吻合且次序相同，他们就中了大奖。如果只有3个数字匹配，他们就中了比较小的奖。那么，赢大奖的概率是多少？赢小奖的概率是多少？

解 选择的4个数字都正确的方法只有一种。而由乘积法则可知，任选4个数字共有$10^4=100\ 00$种方式。因此，赢大奖的概率是1/10 000 =0.000 1。

4个数字中恰好选对了3个数字的能够赢小奖。为了使3个数字正确，而不是4个数字全对，必须恰好1个数字出错。可以先求选4个数字且除了第i个数字之外都与挑出的数字匹配的方式数，这里的$i=1$，2，3，4，然后对它们求和。根据求和法则，就能得到恰好选对3个数字的方式数。

先求第1个数字不匹配的选法数，观察到对第1个数字有9种可能的选择（除了一个正确的数字外），而其他的每个数字只有一种选法，即对应位置的正确数字。因此，第1个数字出错而后3个数字正确的选法有9种。类似地，有9种方式选出4个数字而只有第2个数字出错，又有9种方式只有第3个数字出错，以及9种方式只有第4个数字出错，从而总共有36种方式选择4个数字，并恰好其中3个是正确的。于是，赢得小奖的概率是36/10 000 =9/2 500 =0.003 6。

例6.20 现在有许多彩票要求从1到正整数n中选出6个数的数组，选对的人得到特别大奖，这里的n通常在30 ~60之间。一个人从40个数中选对6个数的概率是多少？

解 只有一个赢奖的组合，从40个数中选6个数的总方法数是

$$C(40,6)=\frac{40!}{34!\ 6!}=3\ 838\ 380$$

因此，选出一个赢奖组合的概率是1/3 838 380≈0.000 000 26。

另一种纸牌游戏一手牌，也越来越流行。要想在游戏中获胜，了解不同的一手牌的概率还是有帮助的。可以借助于目前为止所发展起来的技术来求得纸牌游戏中出现一手特定牌的概率。一副纸牌有 52 张牌，分成 13 种不同的牌，每种牌都有 4 张（在常用的术语中，除了“种”之外，还有“级”“面值”“面额”以及“值”等）。这些不同的牌分别是：2、3、4、5、6、7、8、9、10、J、Q、K 和 A。每种面值的牌都有 4 套花色，分别是黑桃、梅花、红桃和方块，每套花色都有 13 张不同的牌。在许多扑克游戏中，一手牌是由 5 张牌组成的。

例 6.21　求含有 4 种相同面值的 5 张牌所构成的一手牌的概率。

解　根据乘积法则，具有 4 种相同面值的 5 张牌构成一手牌的方式数等于选择一种面值的方式数乘以 4 套花色中选出 4 张该种面值的牌的方式数再乘以选择第 5 张牌的方式数，即

$$C(13,1)C(4,4)C(48,1)$$

5 张牌组成的一手牌共有 C(52,5)种方式。因此，含有 4 种相同面值的 5 张牌所构成的一手牌的概率是

$$\frac{C(13,1)C(4,4)C(48,1)}{C(52,5)}=\frac{13\times 1\times 48}{2\ 598\ 960}\approx 0.000\ 24$$

可以使用计算方法得到从其他事件导出的事件的概率。

定理 5　设 E 是样本空间 S 的一个事件。事件 $\overline{E}=S-E$（事件 E 的对立事件）的概率是

$$P(\overline{E})=1-P(E)$$

证　为了求出事件的概率，注意 $\overline{E}=S-E$。因此

$$P(\overline{E})=\frac{|S|-|E|}{|S|}=1-\frac{|E|}{|S|}=1-P(E)$$

当直接的方法不适用时，可以采取其他方法寻找事件的概率。不用直接求这个事件的概率，但可以确定它的补事件的概率。这往往更容易做到，正如下面的例 6.22 所示。

例 6.22　随机生成一个 10 位数的二进制数序列，其中至少 1 位是 0 的概率是多少？

解　设 E 是 10 位中至少一位是 0 的事件，那么对立事件 $\overline{E}$ 是所有的位都是 1 的事件。因为样本空间是所有 10 位二进制位串的集合，从而得到

$$P(E)=1-P(\overline{E})=1-\frac{|\overline{E}|}{|S|}=1-\frac{1}{2^{10}}=\frac{1\ 023}{1\ 024}$$

所以，包含至少一位 0 的二进制位串的概率是 1 023/1 024。不用定理 1 而直接求这个概率是相当困难的。

例 6.23　生日问题。在一个 n 个人的房间里面，至少有两人生日在同月同日的概率是多少？

解　首先，叙述某些假设。假设房间中的人生于某一天是独立的。其次，假设生于某一天是等可能的，并且一年是 365 天（实际上一年的某些日子出生的人比其他日子更多，例如在元旦这样的节日之后 8 个月的日子，此外只有闰年有 366 天）。

为了找到房间中的 n 个人里至少 2 个人生日相同的概率，首先计算它的对立事件，这些人生日彼此都不相同的概率为 P_n，那么至少 2 个人有同样的生日的概率是（$1-P_n$）。为计算 P_n，考虑按照某个给定顺序的，2 个人的生日。想象他们一次一个人地进入房间，将计算每个即将进入房间的人与那些原来已经在房间的人有不同生日的计数。

第一个人与已经在房间中的人的生日有 365 中可能，第二个人的生日与第一个人不同的

可能性为364，这是因为第二个人除了诞生在第一个人的生日那天以外，出生在其余的364天的任何一天都有着不同的生日（这里和下面的步骤都用到某个人出生在一年的366天中的任何一天都是等可能的假设），以此类推，第 n 个人生日有 $365-(n-1)=365-n+1$ 种可能。

而 n 个人生日的所有可能性为 365^n 种。

从而，至少有2个人生日在同一天的概率为

$$P(E)=1-P(\overline{E})=1-\frac{|\overline{E}|}{|S|}=1-\frac{365\times364\times\cdots\times(365-n+1)}{365^n}$$

$$=1-\frac{365}{365}\times\frac{364}{365}\times\cdots\times\frac{365-n+1}{365}$$

利用计算机代入不同的 n 可以得到表6-1所列数据。

表6-1 2个人生日在同一天的概率

n	10	15	20	25	30	35
P	0.116 9	0.252 9	0.411 4	0.568 7	0.706 3	0.814 4
n	40	45	50	55	60	
P	0.891 2	0.941 0	0.970 4	0.986 3	0.994 1	

也可以求出两个事件的并集的概率。

定理6 设 E_1 和 E_2 是样本空间的事件，那么

$$P(E_1\cup E_2)=P(E_1)+P(E_2)-P(E_1\cap E_2)$$

证 利用两个集合并集的元素个数公式

$$|E_1\cup E_2|=|E_1|+|E_2|-|E_1\cap E_2|$$

因此

$$P(E_1\cup E_2)=\frac{|E_1\cup E_2|}{|S|}$$

$$=\frac{|E_1|+|E_2|-|E_1\cap E_2|}{|S|}$$

$$=\frac{|E_1|}{|S|}+\frac{|E_2|}{|S|}-\frac{|E_1\cap E_2|}{|S|}$$

$$=P(E_1)+P(E_2)-P(E_1\cap E_2)$$

例6.24 从不超过100的正整数中随机选出一个正整数，它能被2或5整除的概率是多少？

解 设 E_1 是选出一个能被2整除的数的事件，E_2 是选出一个能被5整除的数的事件，那么 $E_1\cup E_2$ 是能被2或5整除的事件，$E_1\cap E_2$ 是能被2和5同时整除的事件，即能被10整除的事件。由于 $|E_1|=50$，$|E_2|=20$，且 $|E_1\cap E_2|=10$，从而得到

$$P(E_1\cup E_2)=P(E_1)+P(E_2)-P(E_1\cap E_2)$$

$$=\frac{50}{100}+\frac{20}{100}-\frac{10}{100}=\frac{3}{5}$$

练习6.3.1

1. 在0~9这10个数字中任取2个，求这2个数字的和等于3的概率。

2. 设一个盒中有 5 个白球、4 个黄球、3 个红球，从中任取 4 个球，各种颜色的球都有的概率是多少？

3. 某高校有五个餐厅，同宿舍三人恰好分别去不同的餐厅就餐的概率是多少？

4. 从不超过 100 的正整数中随机选出一个正整数，它能被 3 或 5 整除的概率是多少？

5. 设在一个盒子中混有新旧两种球，在新球中有白球 40 只，红球 30 只；在旧球中有白球 20 只，红球 10 只，现任取一球是新的，试问这球是白色的概率是多少？

6. 一手扑克牌有 5 张，其中包含一个顺子，即 5 张牌的类是连续的概率是多少（注意：A-2-3-4-5 和 10-J-Q-K-A 都可以看成是顺子）？

7. 随机选取一个不超过 100 的正整数，能够被 5 或 7 整除的概率是多少？

8. 一个骰子掷 6 次都不出现偶数点的概率是多少？

6.3.2 概率分布

现在学习概率是怎样被指派给各个试验结果的。

概率指派的基本要求如下：

1）指派给每个试验结果的概率必须介于 0 ~ 1 之间。如果以 E_i 表示第 i 个试验结果，以 $P(E_i)$ 表示它的概率，那么该要求可以表示为 $0 \leqslant P(E_i) \leqslant 1$（对于所有的 i 都成立）。

2）所有试验结果的概率之和必定等于 1。对于 n 个试验结果，该要求可表示为

$$P(E_1) + P(E_2) + \cdots + P(E_n) = 1$$

样本空间 S 的所有事件的集合上的函数 P 称为**概率分布**。简单来说，表 6-2 表示的就是一种概率分布（老千骰子的概率分布）。

表 6-2 老千骰子的概率分布

骰子的点数	掷出该点的概率
1	0.40
2	0.10
3	0.10
4	0.10
5	0.10
6	0.20

也可以用图 6-6 的形式来表达表 6-2 的概率分布。这种方式也许更易于理解。

6.3.3 条件概率和独立性

一个事件的概率往往受到相关事件是否发生的影响。假定有一个事件 A，其概率为 $P(A)$。如果得到了新的信息，知道以 B 表示的相关事件已经发生，需要利用这个信息来计算事件 A 的新概率。事件 A 的新概率就称为条件概率（Conditional Probability），记作 $P(A \mid B)$。符号“|”表示这样一个事实：在给定事件 B 已经发生的条件下考虑事件 A 的概率。因此，符号 P

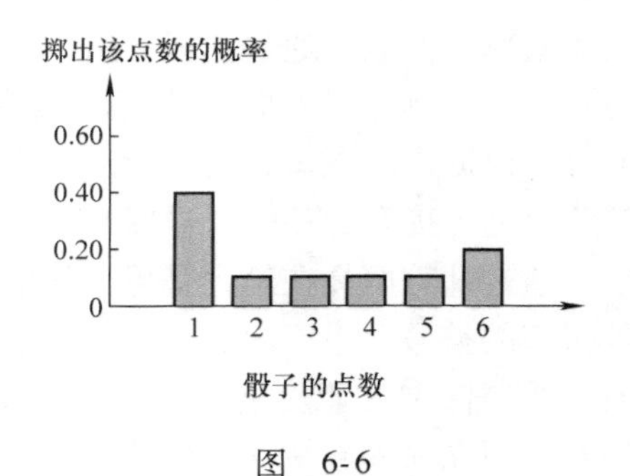

图 6-6

$(A|B)$读做“给定 B 条件下 A 的概率”。

举一个条件概率的应用例子，考虑一个在某个城市某中心城市警察局的男性和女性职员晋升的情况。该警察局有 1 200 人，包括 960 位男职员和 240 位女职员。在过去两年里，有 324 人得到了晋升。其中男性职员和女性职员的具体晋升情况显示在表 6-3 中。

表 6-3　过去两年警察局职员晋升情况

	男职员	女职员	总计
晋升	288	36	324
未晋升	672	204	876
总计	960	240	1200

在检查过有关晋升记录以后，基于有 288 名男职员受到了晋升，而只有 36 名女职员得到晋升这一事实，女职员委员会对该警察局提出了性别歧视指控。警察局的管理层争辩说：女性职员相对较低的晋升数不是由于性别歧视造成的，而是因为警察局里的女性人数本来就较少。现在让我们来说明如何利用条件概率来分析歧视指控。

令 M = 职员是男性事件，W = 职员是女性事件，A = 职员得到晋升事件，A^c = 职员未被晋升事件。

把表 6-3 的数据值除以总职员数 1 200，能够使我们将可用的信息汇总为下列概率值：

$P(M \cap A) = 288/1\ 200 = 0.24$ = 随机选择到的职员是男性并且得到晋升的概率

$P(M \cap A^c) = 672/1\ 200 = 0.56$ = 随机选择到的职员是男性且未得到晋升的概率

$P(W \cap A) = 36/1\ 200 = 0.03$ = 随机选择到的职员是女性并且得到晋升的概率

$P(W \cap A^c) = 204/1\ 200 = 0.17$ = 随机选择到的职员是女性且未得到晋升的概率

因为这些值的每一个都给出了两个事件的交的概率，故称为**联合概率（Joint Probabilities）**。表 6-4 汇总了警察局职员的晋升情况，它就是一个联合概率表。

表 6-4　晋升的联合概率表

显示在表中间的联合概率	男职员	女职员	总计
晋升	0.24	0.03	0.27
未晋升	0.56	0.17	0.73
总计	0.8	0.2	1.0

联合概率表边缘的值提供了每个单独事件的概率，它们是：$P(M) = 0.80$，$P(W) = 0.20$，$P(A) = 0.27$，$P(A^C) = 0.73$。因为这些概率的位置处在联合概率表的边缘，所以称为**边际概率**。注意，通过把联合概率表中对应的每行或每列的联合概率值加总起来，也能得到边际概率。例如，被提升的边际概率是：$P(A) = P(M \cap A) + P(W \cap A) = 0.24 + 0.03 = 0.27$。根据边际概率，可看到：80% 的警察是男性，20% 的警察是女性；所有警察中的 27% 得到了提升，73% 未被提升。

通过计算职员在给定是男性的情况下得到提升的概率，来开始条件概率的分析。使用条件概率的符号，想要确定的是 $P(A|M)$。为了计算 $P(A|M)$，首先意识到该符号意味着：在给定的事件 M（职员是男性）已经存在的条件下考虑事件 A（晋升）的概率。因此$P(A|M)$说明：现在只关心 960 位男性职员的晋升情况。因为 960 位男性职员中有 288 位得到了晋

升，所以职员在给定为男性条件下得到晋升的概率是288/960 = 0.30。换句话说，给定某职员为男性，那么他有30%的机会在过去两年内获得晋升。

因为表6-3的值显示了每个类型的职员数，该方法较易于使用。但我们现在想要说明的是怎样利用相关的事件概率，而不是表6-3的频数数据，来计算像$P(A|M)$这样的条件概率。已知$P(A|M) = 288/960 = 0.30$。现在把分子和分母同除以1 200，即本问题中的职员总数

$$P(A|M) = \frac{288}{960} = \frac{288/1\,200}{960/1\,200} = \frac{0.24}{0.80} = 0.30$$

现在看到能够通过0.24/0.80来计算条件概率$P(A|M)$。参见联合概率表6-4，尤其是注意到0.24是A和M的联合概率，即$P(M \cap A) = 0.24$。还注意到0.80是随机选择到男性职员的边际概率，即$P(M) = 0.80$。因此，条件概率$P(A|M)$能够作为联合概率和边际概率$P(M \cap A)$的比率$P(M)$而得出，即

$$P(A|M) = \frac{P(A \cap M)}{P(M)} = \frac{0.24}{0.80} = 0.30$$

根据条件概率能够用联合概率比上边际概率而计算出来的事实，可以得到下列计算两事件A和B条件概率的通用公式

条件概率
$$P(A|B) = \frac{P(A \cap B)}{P(B)}$$

让我们回到针对女性职员的歧视问题。表6-4第一行的边际概率显示：一个职员得到晋升的概率是$P(A) = 0.27$（不论职员是男性还是女性）。但是，歧视问题上的批评意见涉及两个条件概率：$P(A|M)$和$P(A|W)$。也就是说，职员在给定为男性的条件下，得到晋升的概率是多少。职员在给定为女性的条件下，得到晋升的概率是多少。如果这两个概率是相等的，则说明男性职员和女性职员晋升机会相同，因此性别歧视的指责将失去依据。不过，如果两个条件概率不同，就将支持关于男性和女性职员在晋升问题上受到区别对待的指责。

已经确定了$P(A|M) = 0.30$，现在利用表6-4的概率值和条件概率基本关系，来计算一个职员在给定是女性的条件下得到晋升的概率，即

$$P(A|W) = \frac{P(A \cap W)}{P(W)} = \frac{0.03}{0.20} = 0.15$$

根据这个结果，你得出了什么结论？一个职员在给定为男性的条件下得到晋升的概率是0.30，2倍于在给定为女性条件下的晋升概率0.15。尽管使用条件概率本身不能证明在本例中存在性别歧视，但得出的条件概率值支持女性职员提出的指责。

独立事件

在上例中，$P(A) = 0.27$，$P(A|M) = 0.30$，$P(A|W) = 0.15$。我们看到：晋升（事件A）的概率受到职员是男性还是女性的影响。尤其是，因为$P(A|M) \times P(A)$，我们称事件A和M是相关事件，即事件M（职员为男性）是否发生影响或改变了事件A（晋升）的概率。类似地，因为，我们称事件A和W是相关事件。但是，如果事件A的概率不因发生事件M而改变，即$P(A|M) = P(A)$，我们称事件A和M是**独立事件**（indePendent events）。两个事件互相独立的定义如下：

如果$P(A|B) = P(A)$或$P(B|A) = P(B)$，则称两事件A和B是**独立的**；否则称两事件是**相关的**。

乘法法则：由条件概率的计算，可以得到：$P(A\cap B)=P(B)P(A|B)$或者$P(A\cap B)=P(A)P(B|A)$。

为了说明乘法法则的应用方法，以下面问题为例：某报的发行部已经知道在某社区有84%的住户订阅了该报纸的日报。用D来代表事件“住户订阅了日报”，$P(D)=0.84$。另外，还知道已订阅了日报的住户订阅其周末刊的概率（事件S）为0.75，即$P(S|D)=0.75$，则住户既订阅了日报，又订阅周末刊的概率是多少？利用乘法法则，可以算出所要的$P(S\cap D)$，计算过程为

$$P(S\cap D)=P(D)P(S|D)=0.84\times0.75=0.63$$

现在知道有63%的住户既订阅了日报又订阅了周末刊。

在结束本部分之前，再来考虑一下涉及独立事件这一特殊情况的乘法法则。已知当$P(A|B)=P(A)$或$P(B|A)=P(B)$时，事件A和B是独立的。因此利用乘法法则，针对独立事件的特殊情况，得到下面的乘法法则

独立事件的乘法法则为

$$P(A\cap B)=P(A)P(B)$$

为了计算两独立事件交的概率，只需把相应的概率相乘即可。注意：独立事件的乘法法则提供了确定A和B是否独立的另外一种方法，即：如果$P(A\cap B)=P(A)P(B)$，那么A和B是独立的；如果$P(A\cap B)\neq P(A)P(B)$，那么A和B是相关的。

作为独立事件乘法法则的一个应用实例，考虑这样一种情况：一位加油站经理依据以往的经验知道，有80%的顾客在加油时使用信用卡。问接连两名顾客都使用信用卡加油的概率是多少？

如果令

A=第一个顾客使用信用卡的事件

B=第二个顾客使用信用卡的事件

那么与问题有关的事件就是$A\cap B$。在未给出其他信息的情况下，合理地假定A和B是独立事件。因此

$$P(A\cap B)=P(A)P(B)=0.80\times0.80=0.64$$

对本节进行总结，注意：由于事件往往是相关的，因此要关心条件概率，并且在计算条件概率时必须使用条件概率。如果两个事件不相关，则它们是相互独立的，任何一个事件都不受另一事件是否发生的影响。为了方便应用，很多时候也经常将$P(A\cap B)$写成$P(AB)$或$P(A,B)$的形式。

练习 6.3.3

1. 假定有两个事件A和B，$P(A)=0.50$，$P(B)=0.60$，而$P(A\cap B)=0.40$。进行下面的计算：

1）计算$P(A|B)$。

2）计算$P(B|A)$。

3）A和B相互独立吗？为什么？

2. 在一项对MBA学生的调查中，对于学生申请学校的首要原因，获得了下列数据，回答下列问题：

注册状况	申请的首要原因			总计
	学校质量	学费或方便性	其他	
全日制	421	393	76	890
非全日制	400	593	46	1039
总计	821	986	122	1929

1）构建这些数据的联合概率表。

2）利用学校质量、学费或方便性、其他原因的边际概率，对选择学校的首要原因进行评论。

3）如果某学生选择了全日制方式，学校质量是择校首要原因的概率是多少？

4）如果某学生选择了非全日制方式，学校质量是择校首要原因的概率是多少？

5）以 A 代表学生选择全日制的事件，以 B 代表将学校质量作为申请首要原因的事件，事件 A 和 B 相互独立吗？验证你的答案。

6.3.4　贝叶斯定理

在对条件概率的讨论中，需指出：当得到新的信息时，进行概率分析的一个重要方面就是要根据新的信息修正概率。往往要先对有关的具体事件进行原始的概率估计或者说是**先验概率（Prior Probability）**估计，以此来开始分析工作。然后，从一些诸如样品、特殊报告或产品检测等信息来源中获取有关该事件的其他信息。给定这些信息以后，就可以通过计算把先验概率修正为**后验概率（Posterior Probabilities）**。**贝叶斯定理**（Bayes Theorem）提供了进行修正概率计算的方法，该方法的具体步骤显示在图 6-7 中。

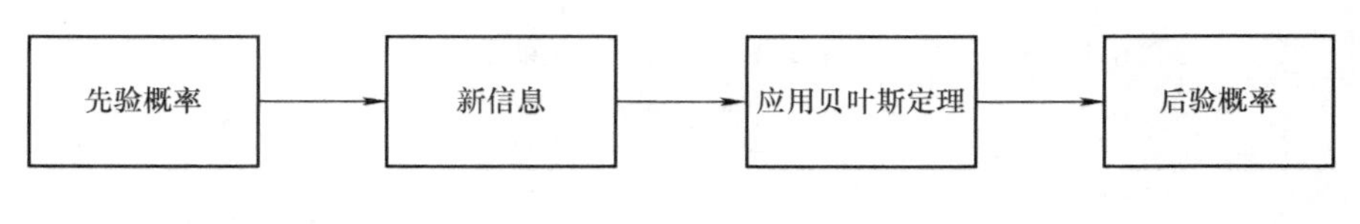

图　6-7

还有贝叶斯定理应用的一个例子：某个制造业公司，从两个不同的供应商那里购买零件。令 A_1 代表零件来自供应商 1 的事件，A_2 代表零件来自供应商 2 的事件。目前该公司购买的零件有 65% 来自供应商 1，剩下的 35% 则来自供应商 2。因此，若随机地选择零件，指派的先验概率为：$P(A_1)=0.65$，$P(A_2)=0.35$。

该公司所采购零件的质量随供应商的不同而变化，两个供应商所提供的零件质量的历史数据见表 6-5。如果以 G 来代表零件质量好的事件，以 B 代表零件质量差的事件，表 6-5 的信息给出了下面的条件概率值

$$P(G|A_1)=0.98 \qquad P(B|A_1)=0.02$$
$$P(G|A_2)=0.98 \qquad P(B|A_2)=0.02$$

表 6-5　晋升的联合概率表

供应商	好零件的百分比（%）	差零件的百分比（%）
供应商 1	98	2
供应商 2	95	5

图 6-8 的树形图描述了这个两步骤试验：公司首先从两供应商之一处购得零件，然后再检验某个零件是好的还是差的。可得到共有四个可能的试验结果，两个试验结果对应于好零件的情况，两个对应于差零件的情况。

因为每个试验结果都是两事件的交，故可利用乘法法则来计算概率。例如

$$P(A_1,G)=P(A_1\cap G)=P(A_1)P(G|A_1)$$

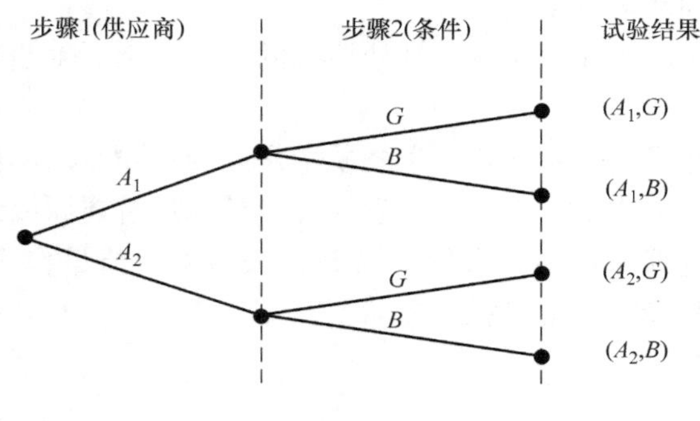

图 6-8

注：步骤 1 表示零件来自两供应商之一；步骤 2 表示零件是好的还是差的。

还能够使用一种被称为概率树（见图 6-8）的方法来描述这些联合概率的计算过程。在步骤 1 中每个分支的概率是先验概率，而在步骤 2 中每个分支的概率是条件概率。为了得到每个试验结果的概率值，只需把通向各试验结果的那条分支上的两个概率值相乘即可。这些联合概率值和每个分支上已知的概率值一起显示在图 6-9 中。

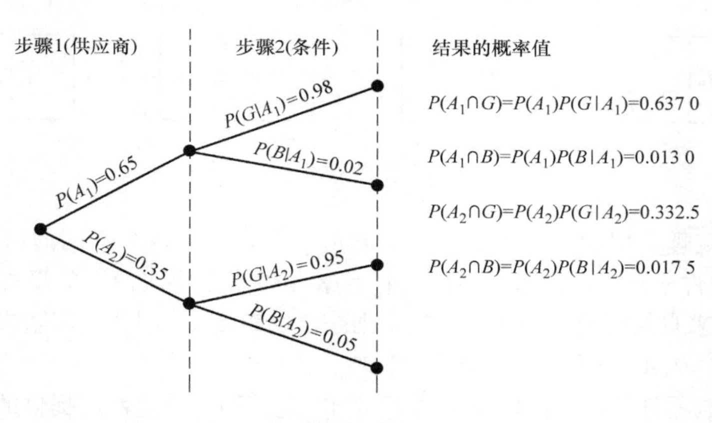

图 6-9 两供应商例子的概率树

现在假定该公司的生产过程使用两供应商的零件，当机器运转差零件时就会出现故障。给定已知零件是差的这样一个信息，那么它来自供应商 1 的概率是多少？来自供应商 2 的概率是多少？根据概率树提供的信息（见图 6-8），可以利用贝叶斯定理来解答这个问题。

令 B 代表差零件事件，要找的是后验概率 $P(A_1,|B)$ 和 $P(A_2|B)$。根据条件概率定理，已知

$$P(A_1|B)=\frac{P(A_1\cap B)}{P(B)}$$

参见概率树，可看到

$$P(A_1 \cap B) = P(A_1)P(B|A_1)$$

为了得到 $P(B)$，注意到事件 B 只能以两种途径发生：$A_1 \cap B$ 和 $A_2 \cap B$. 因此，有

$$P(B) = P(A_1 \cap B) + P(A_2 \cap B) = P(A_1)P(B|A_1) + P(A_2)P(B|A_2)$$

综合以上三个式子可以得到 $P(A_1|B)$，类似可以得到 $P(A_2|B)$。总结得到两事件情况下的**贝叶斯定理**

$$P(A_1|B) = \frac{P(A_1)P(B|A_1)}{P(A_1)P(B|A_1) + P(A_2)P(B|A_2)}$$

$$P(A_2|B) = \frac{P(A_2)P(B|A_2)}{P(A_1)P(B|A_1) + P(A_2)P(B|A_2)}$$

利用贝叶斯定理，有

$$P(A_1|B) = \frac{P(A_1)P(B|A_1)}{P(A_1)P(B|A_1) + P(A_2)P(B|A_2)} = \frac{0.65 \times 0.02}{0.65 \times 0.02 + 0.35 \times 0.05} = 0.4262$$

$$P(A_2|B) = \frac{P(A_2)P(B|A_2)}{P(A_1)P(B|A_1) + P(A_2)P(B|A_2)} = \frac{0.35 \times 0.05}{0.65 \times 0.02 + 0.35 \times 0.05} = 0.5738$$

注意：在这个例子中，开始时随机选择的零件有 0.65 的概率来自供应商 1。但是，给定零件为差的信息以后，零件来自供应商 1 的概率降至 0.4262。事实上，如果是差零件，那么超过 1/2 的可能是它来自供应商 2，因为 $P(A_2|B) = 0.5738$。

当想要计算后验概率的事件是互斥的，并且它们的并就是整个样本空间时，就可以应用贝叶斯定理。贝叶斯定理还能够扩展到包括 A_1，A_2，…，A_n 等 n 个互斥事件的情况，这 n 个事件的并构成了整个样本空间。在这种情况下，计算任一后验概率 $P(A_i|B)$ 的贝叶斯定理有下面的形式

$$P(A_i|B) = \frac{P(A_i)P(B|A_i)}{P(A_1)P(B|A_1) + P(A_2)P(B|A_2) + \cdots + P(A_n)P(B|A_n)}$$

如果已知先验概率 $P(A_1), P(A_2), \cdots, P(A_n)$ 和对应的条件概 $P(B|A_1), P(B|A_2)$，…，$P(B|A_n)$，那么可以使用上面的公式计算出事件 A_1，A_2，…，A_n 的后验概率。

练习 6.3.4

事件 A_1 和 A_2 的先验概率为：$P(A_1) = 0.40$，$P(A_2) = 0.60$，还已知 $P(A_1 \cap A_2) = 0$，假定 $P(B|A_1) = 0.20$ 和 $P(B|A_2) = 0.05$。回答以下问题：

1）A_1 和 A_2 是否为互斥事件？请解释原因。

2）计算 $P(A_1 \cap B)$ 和 $P(A_2 \cap B)$。

3）计算 $P(B)$。

4）应用贝叶斯定理计算 $P(A_1|B)$ 和 $P(A_2|B)$。

6.4　离散概率分布

本节将继续研究概率问题，对随机变量的概念和概率分布进行介绍。本章的重点是离散概率分布，主要包括期望值、方差与二项分布这种基本分布。

简单来讲，对于取值不定的随机值，将其可能的平均取值称为期望值，值的分散情况称

为方差。大数定律表明了“大量随机值的平均值趋于期望值”，是处理随机数据的基本定理。

6.4.1 随机变量

在6.3节，定义了试验和试验结果的概念。随机变量则提供了一种用数值来描述试验结果的方法。**随机变量必须用数值表示**。

实际上，随机变量把数值与每个可能的试验结果联系起来，随机变量的取值依赖于试验结果。根据用来表示随机变量的数值特征，它可分为离散随机变量和连续随机变量两类。

1. 离散随机变量

使用有限个数值或者是像0，1，2…这样存在间隔的无穷数列表示的随机变量称为**离散随机变量**（Discrete Random Variable）。例如：考虑一名会计参加注册会计师（CPA）考试的试验。

该考试有四门内容，可定义随机变量为：x = 通过CPA考试的门数。因为它是用有限个数值：0，1，2，3，4来表示的，所以属于离散随机变量。

再举一个离散随机变量的例子，考虑到达收费站的汽车数。有关的随机变量是x为一天内到达收费站的汽车数，x的可能值是整数0，1，2…的无穷数列。因此，x属于离散随机变量。

尽管许多试验结果可以自然而然地用数值表示，但有一些则不行。例如：某项调查要求调查对象回忆在最近的电视广告中出现的内容。该试验有两个可能的结果：调查对象回忆不起来和调查对象能够回忆起来。可以人为地规定离散变量x如下：如果调查对象不能回忆则令$x=0$，如果调查对象能够回忆则令$x=1$，这样就仍然可以使用数值来描述该试验的结果。该随机变量的数值是任意规定的（也可以使用5和10），但按照随机变量的定义，它们也是可接受的，因为x给出了对试验结果的数值描述，所以它就是随机变量。

表6-6列出了一些离散随机变量的例子。注意在每个例子中，离散随机变量都使用了有限个数值或像0，1，2……这样的无穷数列来表示。

表6-6 离散随机变量的例子

试验	随机变量x	随机变量的可能值
接触5位顾客	下订单的顾客数	0，1，2，3，4，5
检查一批50只收音机	次品收音机数	0，1，2，…，49，50
某饭店一天的经营情况	顾客数	0，1，2，3…
销售一部汽车	顾客的性别	男性为0，女性为1

2. 连续随机变量

可以用一个区间或区间集合内的任何数值表示的随机变量被称为**连续随机变量**（Continuous random variable）。可使用连续随机变量来描述建立在时间、重量、距离和温度等的度量值之上的试验结果。例如：对打进某大型保险公司理赔办公室的电话进行监控这个试验。假定有关的随机变量为：x = 连续两个电话的间隔分钟数，该随机变量可以取区间$0\leqslant x\leqslant 90$内的任何值。实际上，x可能取的值是无穷个，包括像1.26min、2.751min和4.3333min这样的数值。在本例中，x是一个连续随机变量，可以取区间内的任何值。

表6-7列出了一些连续随机变量的例子。注意在每个例子中所描述的随机变量都可以取区间内的任何值。连续随机变量和它们的概率分布是6.5节的主要内容。

表6-7　连续随机变量的例子

试验	随机变量 x	随机变量的可能值
经营银行	两顾客到达时间间隔的分钟数	$x \geqslant 0$
建设新图书馆项目	项目完成的百分比	$0 \leqslant x \leqslant 100$
测试一个新化工工艺	所需要反应的发生温度（最低150℉，最高212℉）	$150 \leqslant x \leqslant 212$

练习6.4.1

1. 考虑抛掷硬币两次的试验。回答以下问题：

1）列出所有试验结果。

2）定义在两次抛掷中表示正面出现次数的随机变量。

3）对每个试验结果，列出随机变量的取值。

4）该随机变量是连续的还是离散的？

2. 考虑某工人加工产品并记录花费时间的试验。回答以下问题：

1）定义表示加工产品所需时间的随机变量。

2）随机变量可以取的值是多少？

3）该随机变量是离散的还是连续的？

6.4.2　离散概率分布的概念

随机变量的概率分布（Probability Distribution）描述了随机变量取不同值的概率。对于离散随机变量x，其概率分布由概率函数（Probability Function）来定义，用$f(x)$表示。概率函数提供了随机变量取每个值时的概率。

作为离散随机变量及其概率分布的例子，有某汽车公司的汽车销售数量。在过去300个营业日中，有54天销量为0，117天销量为1辆，72天为2辆，42天为3辆，12天为4辆，3天为5辆。假定选择该公司一天的营业情况作为试验，定义有关的随机变量x为一天内售出的汽车数。根据历史数据，可知x是离散随机变量，可取的值为：0，1，2，3，4，5。在概率函数的符号中，$f(0)$表示销量为0的概率，$f(1)$表示销量为1的概率，依此类推。因为历史数据显示300天中有54天销量为0，把数值$54/300=0.18$分配给$f(0)$，表示一天内销售0辆汽车的概率是0.18。类似地，因为300天中有117天销量为1，把数值$117/300=0.39$分配给$f(1)$，表示一天内销售1辆汽车的概率是0.39。继续使用这种方法求得随机变量的其他值，可得出$f(2)$、$f(3)$、$f(4)$和$f(5)$的值，表明某汽车公司一天内汽车的销量，列在表6-8中。

定义随机变量及其概率分布的主要好处在于，一旦知道了概率分布，对于各种事件有兴趣的决策者要确定事件的发生概率就相对简单了。例如，利用表6-8的汽车公司的概率分布，可以看到在1天内最可能的汽车销售数是1辆，其概率为$f(1)=0.39$。另外，1天内销售3辆或以上汽车的概率是$f(3)+f(4)+f(5)=0.14+0.04+0.01=0.19$。这些概率加上决策者关心的其他因素，提供了有助于决策者了解该公司汽车销售情况的信息。

表 6-8 某汽车公司每天内汽车销量的概率分布

x	$f(x)$
0	0.18
1	0.39
2	0.24
3	0.14
4	0.04
5	0.01
总计	1.00

在得出任一离散随机变量的概率函数的过程中，必须满足以下两个条件

离散概率函数的要求条件

$$f(x) \geqslant 0 \tag{6-1}$$

$$\sum f(x) = 1$$

表 6-8 显示出随机变量 x 的概率满足式（6-1），即对 x 的所有值，都大于或等于 0。另外，全部概率之和为 1，故满足上面条件。因此，汽车公司的概率函数是有效的离散概率函数。

还可以用图形来表示概率分布。在图 6-10 中，汽车公司随机变量 x 的值在横轴上表示，与 x 值对应的概率值则在纵轴上表示。

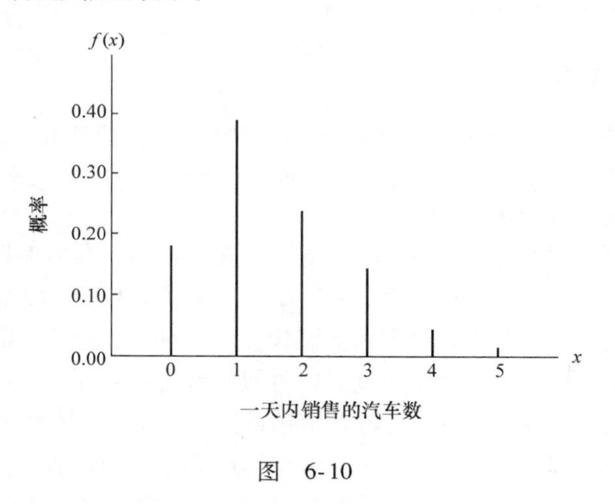

图 6-10

除了表格和图形以外，利用公式也能够对 x 的每个值给出概率函数 $f(x)$，所以往往利用公式来描述概率分布。以公式表示的离散概率函数的最简单例子是**离散均匀概率分布**（Discrete Uniform Probability Distribution）。它的概率函数为

$$f(x) = \frac{1}{n}（n\text{ 表示随机变量所有可能的数目}）$$

举例说明该函数，考虑投掷骰子的试验，定义随机变量 x 为朝上一面的点数。随机变量有 $n=6$ 个可能值，分别为 $x=1, 2, 3, 4, 5, 6$。因此该随机变量的概率函数是

$$f(x) = \frac{1}{6}(x=1,2,3,4,5,6)$$

随机变量的可能取值与对应的概率值列表如下：

x	$f(x)$
1	1/6
2	1/6
3	1/6
4	1/6
5	1/6
6	1/6

注意：本例中随机变量取每个值的可能性相等。

再举一个例子，设某随机变量 x 具有如下的离散概率分布：

x	$f(x)$
1	1/10
2	2/10
3	3/10
4	4/10

该概率分布可由公式表示为　$f(x)=\frac{x}{10}(x=1,2,3,4)$

这样，给出随机变量的值就能够得到对应的概率值 $f(x)$。例如，对于上面的概率函数，可以看到：$f(2)=2/10$ 得出了随机变量取 2 时的概率。

由公式表示的离散概率分布通常应用更为广泛。两种最重要的离散概率分布公式是二项分布和泊松分布，后面将讨论它们。

练习 6.4.2

1. 随机变量 x 的概率分布列表示如下，回答以下问题：

x	$f(x)$
20	0.2
25	0.15
30	0.25
35	0.4
总计	1.00

1）它是适当的概率分布吗？检查它是否满足离散概率函数的要求条件。

2）$x=30$ 的概率是多少？

3）$x\leqslant 25$ 的概率是多少？

4）$x>30$ 的概率是多少？

2. 某心理医生已经确定要获得一名新病人的信任需要 1h、2h 或 3h。以随机变量 x 表示获得病人信任所需的小时数，他提出了概率函数如下。回答以下问题：

$$f(x)=\frac{x}{6}(x=1,2,3)$$

1）这是一个概率函数吗？请解释。

2）取得病人信任恰好花费 2h 的概率是多少？

3）取得病人信任至少花费2h的概率是多少？

6.4.3 数学期望和方差

1. 数学期望

随机变量的**数学期望**（Expected Value），或者说是均值，是对随机变量中心位置的度量。离散随机变量 x 的数学期望的数学表达式如下

$$E(x)=\mu=\sum xf(x)$$

注：数学期望是随机变量可取值的加权平均值，其权重就是概率。

符号 $E(x)$ 和 μ 都用来表示随机变量的数学期望。

上述公式表明：为了计算离散随机变量的数学期望，必须把随机变量的每个值乘以相对应的概率 $f(x)$，并且将所得乘积相加。仍使用6.4.2节的某汽车公司为例，表6-9说明了怎样计算一天内汽车销量的数学期望。这一列之和表示销量的数学期望为平均每天1.50辆汽车。因此了解到：尽管一天的销量可能是0、1辆、2辆、3辆、4辆或5辆，但汽车公司仍可预期平均每天售出1.5辆汽车。设每月营业30天，可用数学期望1.50来预测每月的平均销量为 $30\times1.5=45$ 辆汽车。

表6-9 某汽车公司一天内汽车销量的数学期望计算过程

x	$f(x)$	$xf(x)$
0	0.18	$0\times0.18=0.00$
1	0.39	$1\times0.39=0.39$
2	0.24	$2\times0.24=0.48$
3	0.14	$3\times0.14=0.42$
4	0.04	$4\times0.04=0.16$
5	0.01	$5\times0.01=0.05$
$E(x)=\mu=\sum xf(x)$		1.50

2. 方差

尽管数学期望提供了随机变量的平均值，但还经常需要度量它的变异程度。离散随机变量方差的数学表达式如下

$$\mathrm{Var}(x)=\sigma^2=\sum(x-\mu)^2f(x)$$

正如公式所示，方差公式的基本部分是离差 $x-\mu$，它度量的是随机变量的某个特定值与数学期望或均值 μ 的距离。在计算随机变量的方差时，先将离差平方，再用对应的概率函数值加权，随机变量所有值的加权平方离差之和就称为方差。符号 $\mathrm{Var}(x)$ 和 σ^2 都表示随机变量的方差。

注：方差是随机变量与其均值的离差平方的加权平均值，概率就是权重。

表6-10汇总了计算某汽车公司一天内汽车销量的概率分布方差的计算过程，可以看到方差的计算结果是1.25。还定义**标准差**（Standard Deviation）σ 是方差的正平方根。因此，一天汽车销量的标准差为

$$\sigma=\sqrt{1.25}=1.118$$

标准差的单位与随机变量的单位相同（$\sigma=1.118$ 辆汽车），因此更经常地用作对随机

变量变异程度的描述。而方差 σ^2 的单位也是平方项，因此较难以解释。

表 6-10 某汽车公司一天内汽车销量的概率分布方差计算过程

x	$x-\mu$	$(x-\mu)^2$	$f(x)$	$(x-\mu)^2 f(x)$
0	-1.50	2.25	0.18	2.25 ×0.18 =0.4050
1	-0.50	0.25	0.39	0.25 ×0.39 =0.0975
2	0.50	0.25	0.24	0.25 ×0.24 =0.0600
3	1.50	2.25	0.14	2.25 ×0.14 =0.3150
4	1.50	6.25	0.04	6.25 ×0.04 =0.2500
5	2.50	12.25	0.01	12.25 ×0.01 =0.1225
$\sigma^2=\sum(x-\mu)^2 f(x)$				1.2500

练习 6.4.3

下表是随机变量 x 的概率分布，回答以下问题：

x	$f(x)$
3	0.25
6	0.50
9	0.25
总计	1.00

1）计算 x 的数学期望 $E(x)$。

2）计算 x 的方差 σ^2。

3）计算 x 的标准差 σ。

6.4.4 二项概率分布

一个**二项试验**（Binomial Experiment）具有以下四个性质：

性质 1：二项试验是把相同的单次试验进行了 n 次所形成的一个序列。

性质 2：每一次单次试验都有两种可能的结果。把其中一个称为**成功**，另一个称为**失败**。

性质 3：单次试验的成功概率用 P 表示，它在各次试验中都相同。因此，单次试验的失败概率用 $1-P$ 表示，它在各次试验中也都相同。

性质 4：每一次的单次试验都独立进行。

如果出现性质 2、性质 3 和性质 4，就说明试验是由伯努利过程产生的。另外，如果性质 1 也出现，就称其为二项试验。图 6-11 描述了一个包括 8 次试验的二项试验及一个可能的结果序列。在这个例子中，有 5 次成功和 3 次失败。

性质1：试验由n=8次相同的试验构成。

性质2：每次试验的结果的成功(S)或失败(F)。

试验 ——→	1	2	3	4	5	6	7	8
结果 ——→	S	F	F	S	S	F	S	S

图 6-11

在一个二项试验中，重要的是在 n 次试验中出现成功的次数。如果以 x 表示 n 次试验中成功的次数，可看到 x 可取的值为 0，1，2，3，…，n。因为值的个数是有限的，故 x 是离散随机变量。与该随机变量有关的概率分布称为**二项概率分布**（Binomial Probability Distribution）。例如：抛掷 5 次硬币的试验，每次都观察在硬币着地时是正面朝上还是反面朝上。假定需要是 5 次抛掷中正面朝上的次数，该试验具备二项试验的性质吗？有关的随机变量是什么？可以注意到：

1）该试验由 5 次相同的试验构成，每次试验就是抛一枚硬币。

2）每次试验都有两个可能的结果：正面或反面。可以指定正面为成功，反面为失败。

3）每次试验正面出现的概率都是相同的，为 $P=0.5$；每次试验反面出现的概率也是相同的，为 $1-P=0.5$。

4）因为任意一次试验的结果都不影响其他试验，所以各次试验或抛掷都是独立的。

因此，该试验满足二项试验所有的性质。有关的随机变量是：x = 在 5 次试验中出现正面的次数，本例中，x 可取的值为 0，1，2，3，4 或 5。

再举一个例子：一个保险推销员随机地选择 10 户家庭进行访问。定义每次访问的结果为：如果该家庭购买了保险单则为成功，如果该家庭未购买则为失败。推销员根据以往的经验，知道随机选择的家庭购买保险单的概率为 0.10。与二项试验的性质相对照，可观察到：

1）该试验包括 10 次相同的试验，每次试验为访问一户家庭。

2）每次试验都有两个可能的结果是，即家庭购买保单（成功）和家庭未购买保单（失败）。

3）每次推销中购买和未购买的概率都相同，分别为 $P=0.1$ 和 $1-P=0.9$。

4）因为每户家庭都是随机选择的，故各次试验相互独立。

由于满足了四个假设，所以该例子也是一个二项试验，有关的随机变量是 10 户家庭中购买保单的户数。本例中 x 可取的值为：0，1，2，3，4，5，6，7，8，9，10。

二项试验的性质 3 称为稳定性假设，有时会与性质 4（试验的独立性）相混淆。为了分辨它们，再次用上面的保险推销员例子。如果随着时间的推移，推销员感觉到疲劳并失去了热情，如到第 10 次访问时，成功（售出保单）的概率降到了 0.05。在这种情况下，就不能满足性质 3（稳定性），也就构不成二项试验。即使性质 4（每户家庭购买保单的决定是独立的）满足时也是如此。

在涉及二项试验的应用中，有一个特殊的数学公式——**二项概率函数**（Binomial Probability Function），可用来计算在 n 次试验中有 x 次成功的概率。下面将演示如何在一个实际问题中建立这个公式。

服装商店问题

考虑 3 名接连进入服装商店的顾客的购买决定。根据过去的经验，商店经理估计任意一个顾客购买商品的概率为 0.3。那么 3 名顾客中有 2 名会购买的概率是多少？

利用树形图（见图 6-12）可以看到：对 3 名顾客进行观察的试验有 8 个可能的结果。令 S 代表成功（购买），F 代表失败（未购买），要知道的是在 3 次试验（决定是否购买）中包含 2 次成功的试验结果。下一步，证实这个包括 3 次购买决策的试验是一个二项试验。与二项试验的四条要求相对照，可以注意到：

1）该试验可被描述为一个包括三次相同试验的序列，三个进店顾客中的每一个即为一次试验。

2）两个结果——顾客购买（成功）和顾客未购买（失败）——对每次试验都是可能的。

3）顾客购买商品的概率（0.30）和顾客未购买商品的概率（0.70）被设定为对所有顾客都是相同的。

4）每个顾客的购买决定都独立于其他顾客的购买决定。

因此，该试验满足二项试验的性质。

在 n 次试验中恰有 x 次成功的试验结果个数能够通过下面的公式计算

$$\binom{n}{x}=\frac{n!}{x!\ (n-x)!},(0!\ =1)$$

现在回到涉及 3 位顾客的购买决定的服装商店试验。可以使用上面公式确定包含 2 次购买决定的试验结果个数，即在 $n=3$ 次试验中获得 $x=2$ 次成功的方法数，有

$$\binom{n}{x}=\binom{3}{2}=\frac{3!}{2!\ (3-2)!}=\frac{3\times2\times1}{2\times1\times1}=\frac{6}{2}=3$$

从图 6-12 中看到这 3 个结果被表示为（S，S，F）、（S，F，S）和（F，S，S）。

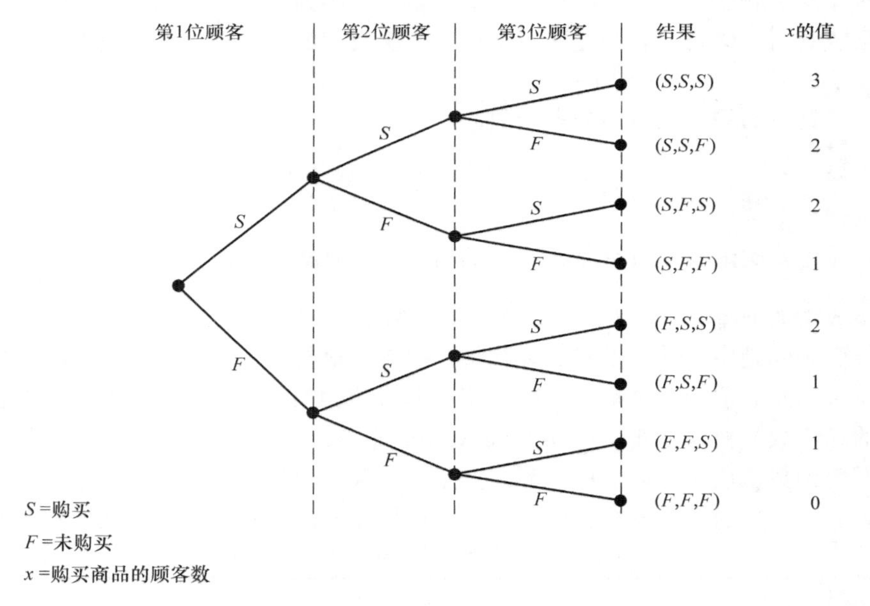

图　6-12

再次利用公式来确定在 3 次试验中包含 3 次成功（购买）的试验结果个数，得

$$\binom{n}{x}=\binom{3}{3}=\frac{3!}{3!\ (3-3)!}=\frac{3!}{3!\ 0!}=\frac{6}{6}=1$$

从图 6-12 中看到有 1 个试验结果包含 3 次成功，它被表示为（S，S，S）。

已知道能够确定包含 x 次成功的试验结果个数，但是，如果想要确定在 n 次试验中包含 x 次成功的概率，还必须知道每个试验结果的概率。因为二项试验中的每次试验都是独立的，只需把每个单次试验结果的概率相乘，就能够找到包括一系列成功和失败的二项试验结

果的概率。

前两位顾客购买而第三位顾客未购买的概率为 $PP(1-P)$。

因为在任何一次试验中购买的概率都是0.3，所以上面问题的计算结果是0.063。

还有两个结果包含2次成功和1次失败。所有这三个包括2次成功的试验结果概率都列于表6-11中。

表6-11 2次成功的试验结果概率

单次试验结果			试验结果表示符号	试验结果的概率
第一位顾客	第二位顾客	第三位顾客		
购买	购买	未购买	(S, S, F)	$PP(1-P)=0.063$
购买	未购买	购买	(S,F,S)	$P(1-P)P=0.063$
未购买	购买	购买	(F,S,S)	$(1-P)PP=0.063$

观察这三个包含2次成功的试验结果，它们都具有完全相同的发生概率，并且这一观察结果具有一般性。对于任何二项试验，所有在 n 次试验中取得 x 次成功的试验结果都具有相同的发生概率，其概率值如下：

一个在 n 次试验中包含 x 次成功的特定试验结果序列出现的概率 $=P^x(1-P)^{(n-x)}$。

对于服装商店，该公式表明任何一个包含2次成功的试验结果具有概率为

$$P^2(1-P)^{(3-2)}=0.3^2\times0.7^1=0.063$$

因此，得到下面的二项概率分布函数

$$f(x)=\binom{n}{x}P^x(1-P)^{(n-x)}$$

式中，$f(x)$ 为在 n 次试验中取得 x 次成功的概率；n 为试验的次数，且 $\binom{n}{x}$ 为 $\frac{n!}{x!(n-x)!}$；P 为单次试验成功的概率；$(1-P)$ 为单次试验失败的概率。

在服装商店问题中，计算没有顾客购买的概率、恰有1位顾客购买的概率、恰有2位顾客购买的概率以及3位顾客全都购买的概率。其计算过程汇总在表6-12内，该表还显示了购买商品的顾客数的概率分布。图6-13是概率分布图。

二项概率函数适用于任何二项试验。如果认为某试验具有二项试验的全部性质，并且知道 n、P 和 $(1-P)$ 的值，就能够使用公式来计算在 n 次试验中取得 x 次成功的概率。

表6-12 购买商品的顾客数的概率分布

x	$f(x)$
0	$\frac{3!}{0!\,3!}\times0.30^0\times0.70^3=0.343$
1	$\frac{3!}{1!\,2!}\times0.30^1\times0.70^2=0.441$
2	$\frac{3!}{2!\,1!}\times0.30^2\times0.70^1=0.189$
3	$\frac{3!}{3!\,0!}\times0.30^3\times0.70^0=0.027$
总计	1.00

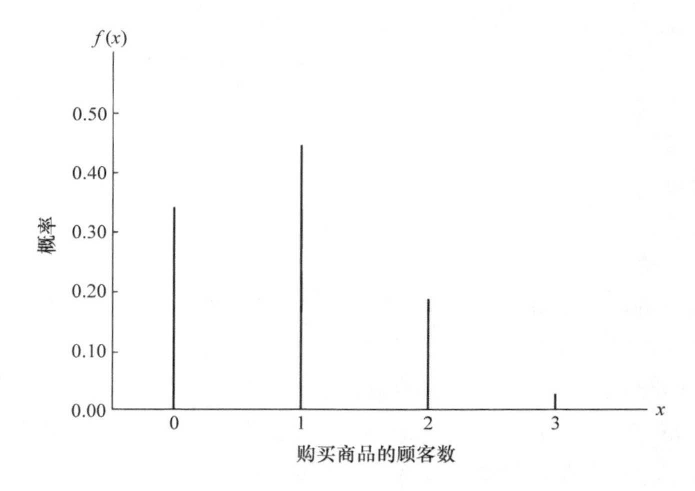

图 6-13　服装商店问题的概率分布图形

二项概率分布的数学期望和方差

6.3 节给出了计算离散随机变量的数学期望和方差的公式。在特定的情况下，随机变量可能具有二项概率分布，并且其试验次数已知为 n，成功概率已知为 P 时，计算数学期望和方差的通用公式就可以简化为

$$E(x) = \mu = nP$$

$$\mathrm{Var}(x) = \sigma^2 = nP(1-P)$$

对于有 3 位顾客的服装商店问题，能够应用公式计算购买商品顾客数的数学期望为

$$E(x) = nP = 3 \times 0.30 = 0.9$$

假设下个月服装商店预计有 1000 个顾客会进入商店，那么购买商品顾客的期望数目是多少？答案是 $\mu = 1\,000 \times 0.3 = 300$。于是，为了增加销售的期望值，服装商店必须吸引更多的顾客进入商店，或设法增加进店顾客购买商品的概率。对于有 3 位顾客的服装商店问题，购物顾客数的方差和标准差分别为

$$\sigma^2 = nP(1-P) = 3 \times 0.3 \times 0.7 = 0.63$$

$$\sigma = \sqrt{0.63} = 0.79$$

在下个月，有 1000 位顾客进入商店，则购物顾客数的方差和标准差分别为

$$\sigma^2 = nP(1-P) = 1\,000 \times 0.3 \times 0.7 = 210$$

$$\sigma = \sqrt{210} = 14.49$$

练习 6.4.4

1. 考虑一个由两次试验构成的二项试验，$P = 0.40$。回答下列问题：

1）画出树形图以显示出它是一个包括 2 次试验的二项试验（见图 6-12）。

2）计算 1 次成功的概率 $f(1)$。

3）计算 $f(0)$。

4）计算 $f(2)$。

5）计算至少 1 次成功的概率。

6）计算它的数学期望、方差和标准差。

2. 某二项试验的 $n=10$，$P=0.10$。回答下列问题：

1）计算 $f(0)$。

2）计算 $f(2)$。

3）计算 $P(x\leqslant 2)$。

4）计算 $P(x\geqslant 1)$。

5）计算 $E(x)$。

6）计算 $\mathrm{Var}(x)$ 和 σ。

3. 当一台新机器正常运转时，其生产的产品中只有3%是次品。假定随机抽取机器的两件产品，需要的是发现的次品数目。回答下列问题：

1）描述该情况符合二项试验需满足的条件。

2）画出类似图6-12的树形图，以显示出该问题是一个包括2次试验的二项试验

3）计算有多少个试验结果为恰好发现1件次品？

4）计算没有发现次品、恰好发现1件次品和恰好发现2件次品的概率

4. 军事雷达和导弹探测系统的设计目的是在敌人攻击时向国家发出警报。它们的可靠性问题是指探测系统是否能够识别攻击并发出警报。假设某个探测系统能探测到导弹攻击的概率为0.9。利用二项概率分布回答下列问题：

1）计算一个单独的探测系统能够探测到攻击的概率。

2）如果在同一区域安装了2套探测系统，每一套都独立运转。至少有1套系统探测到攻击的概率。

3）如果安装3套系统，至少有1套系统探测到攻击的概率。

4）你建议使用多套系统吗？请解释。

6.4.5 泊松概率分布

这一部分将学习一种在估计特定时间或空间段内事件的发生次数方面十分有用的离散随机变量。例如，有关的随机变量可以是1h内到达汽车清洗站的汽车数，在10km长的公路上需要修理的汽车数，或者在100km长的管道上的泄漏点个数。如果满足以下两个性质，则事件发生的次数就是一个可用**泊松概率分布**（Poisson Probability Distribution）来描述的随机变量。

注：泊松分布经常用来建立在排队情况下到达率的模型。

泊松试验的性质

性质1：事件在任意两个等长度的区间内发生一次的概率相等。

性质2：事件在任意区间内是否发生和在其他区间的发生情况相互独立。

泊松概率函数（Poisson Probability Function）为

$$f(x)=\frac{\mu^{x}\mathrm{e}^{-\mu}}{x!}$$

式中，$f(x)$ 为事件在一个区间内发生 x 次的概率；μ 为在一个区间内事件发生次数的平均值或数学期望；e 为无理数。

在用一个具体例子演示怎样应用泊松分布以前，注意发生次数 x 是没有上限的，它是离散随机变量，其值可取无穷数列（$x=0$，1，2…）。

涉及时间间隔的例子

假设想知道的是在周日早上 15min 内到达某银行出纳窗口的汽车数。如果能够假定在任意两个等长的时间段内汽车到达的概率相同，且在任意时段汽车到达与否和其他时段汽车到达与否相互独立，就可以应用泊松概率函数。假设这些条件都满足，对历史数据的分析表明，在 15min 内平均的到达车辆数为 10。该情况下，适用如下的概率函数

$$f(x) = \frac{10^x \mathrm{e}^{-10}}{x!}$$

这里的随机变量 x = 在任意 15min 内到达的汽车数。

如果管理者想要知道在 15min 内恰有 5 辆到达的概率，令 $x=5$，得

$$15\text{min 内恰有 5 辆到达的概率} = f(5) = \frac{10^5 \mathrm{e}^{-10}}{5!} = 0.0378$$

尽管通过计算 $\mu=10$ 和 $x=5$ 的概率函数可以确定这一概率，但查泊松概率分布表会更容易些。

涉及长度或距离间隔的例子

这是一个与时间间隔无关的泊松概率分布应用。假定需要知道的是公路在重新整修一个月以后存在的严重缺陷个数。假设在公路上任意两段等长度的距离内存在缺陷的概率相同，而在任意一段距离内是否存在缺陷与另一段内是否存在缺陷无关。于是，就能够对其应用泊松概率分布。

假设知道公路在重新整修一个月以后平均每千米存在两个严重缺陷，求出在 3km 长的路段内没有严重缺陷的概率。由于关心的是 3km 长的路段，所以 $\mu = 2$ 个缺陷/km × 3km = 6，表示在 3km 长公路上的期望缺陷数。利用软件或查泊松概率分布表，可以看到没有缺陷的概率为 0.0025。所以 3km 长的路段内没有严重缺陷的概率几乎为 0，事实上，由于 1 − 0.0025 = 0.9975，这段路面至少存在 1 个严重缺陷的概率为 0.9975。

练习 6.4.5

某航空公司的机票预订处平均 1h 内打进 48 个电话。回答以下问题：

1）计算在 5min 的时段内接到 3 个电话的概率。

2）计算在 15min 内恰好接到 10 个电话的概率。

3）假设目前有一个电话在线。如果话务员接听一个电话需要 5min，在这段时间内你期望有多少个电话处于等待中？无人等待的概率是多少？

4）如果目前没有电话需处理，话务员能够休息 3min 而不被电话打扰的概率是多少？

6.4.6 超几何概率分布

超几何概率分布与二项概率分布紧密相关。两种概率分布的主要不同之处在于：超几何分布的各次试验不是互相独立的，并且每次试验成功的概率各不相同。

在超几何概率分布的应用中，通常采用的标记是：令 r 代表在容量为 N 的总体中用成功表示的元素个数；令 $N-r$ 代表在总体中用失败表示的元素个数。**超几何概率函数**（Hypergeometric Probability Function）可用来计算在一个包括 n 个元素的随机样本内进行无放回的选择，得到 x 次成功和 $n-x$ 次失败的概率。要取得这个结果，必须从总体的 r 次成功中抽到 x 次成功，从 $N-r$ 次失败中抽到 $n-x$ 次失败。下面的超几何概率函数给出了 $f(x)$ 即在容

量为 n 的样本中获得 x 次成功的概率的计算方法

超几何概率函数
$$f(x)=\frac{\binom{r}{x}\binom{N-r}{n-x}}{\binom{N}{n}}(0\leqslant x\leqslant r)$$

式中：$f(x)$为在 n 次试验中获得 x 次成功的概率；n 为试验次数；N 为总体中元素个数；r 为总体内用成功表示的元素个数。

注意：$\binom{N}{n}$表示从容量为 N 的总体中选择 n 容量样本的方法数；$\binom{r}{x}$表示从总体的总计 r 次成功中选择 x 次成功的方法数；$\binom{N-r}{n-x}$表示从总体内总计 $N-r$ 次失败中选择 $n-r$ 次失败的方法数。

为了说明计算超几何概率的过程，考虑这样一个问题：从一个 5 人委员会中选择 2 人参加某个例会。假设 5 人委员会由 3 女 2 男组成。为确定随机选择到 2 名妇女的概率，我们能够对 $n=2$，$N=5$，$r=3$，$x=2$ 的情况进行计算

$$f(2)=\frac{\binom{3}{2}\binom{2}{0}}{\binom{5}{2}}=\frac{\left(\frac{3!}{2!\ 1!}\right)\left(\frac{2!}{2!\ 0!}\right)}{\left(\frac{5!}{2!\ 3!}\right)}=\frac{3}{10}=0.30$$

假设后来知道将有 3 名委员参加这次旅行，则取 $n=3$，$N=5$，$r=3$，$x=2$，从而在 3 名委员中恰有 2 名女性的概率为

$$f(2)=\frac{\binom{3}{2}\binom{2}{1}}{\binom{5}{3}}=\frac{\left(\frac{3!}{2!\ 1!}\right)\left(\frac{2!}{1!\ 1!}\right)}{\left(\frac{5!}{3!\ 2!}\right)}=\frac{6}{10}=0.60$$

再举一个例子，假设某总体由 10 个项目组成，其中 4 项有缺陷，6 项没有缺陷。问在容量为 3 的随机样本中包括 2 项缺陷项目的概率是多少？对该问题，可以把抽到缺陷项目作为“成功”。这时 $n=3$，$N=10$，$r=4$，$x=2$，则

$$f(2)=\frac{\binom{4}{2}\binom{6}{1}}{\binom{10}{3}}=\frac{\left(\frac{4!}{2!\ 2!}\right)\left(\frac{6!}{1!\ 5!}\right)}{\left(\frac{10!}{3!\ 7!}\right)}=\frac{36}{120}=0.30$$

练习 6.4.6

1. 假设 $N=10$ 且 $r=3$，计算具有下列 n 和 x 值的超几何概率。

1）$n=4$，$x=1$。2）$n=2$，$x=2$。3）$n=2$，$x=0$。4）$n=4$，$x=2$。

2. 黑杰克，通常又称为“21 点”，是一种在拉斯维加斯赌场中流行的赌博游戏。在游戏中，每个玩家有两张牌，花牌(J、Q 和 K)和 10 的分值为 10，A 的分值为 1 或 11。在一副 52 张扑克中，共有 16 张牌分值为 10 以及 4 张 A。回答以下问题：

1）两张牌都是 A 或 10 点牌的概率。

2）两张牌都是 A 的概率。

3）两张牌的分值都为 10 的概率。

4）一张 10 点牌再加一张 A 的分值为 21 点，称为黑杰克。利用在 a、b、c 中的答案确定一名玩家得到黑杰克的概率（提示：此问不是超几何分布问题，需要找到如何把前三个问题结合起来回答这个问题的逻辑关系的方法）。

3. 在一批 10 件的货物中有 2 件次品，8 件正品。在检查货物时，将选择一个样本并对其进行测试。如果在样本中发现次品，该批 10 件货物将被全部拒收。回答以下问题：

1）如果选择 3 件货物作为样本，计算这批货物被拒收的概率。

2）如果选择 4 件货物作为样本，计算这批货物被拒收的概率。

3）如果选择 5 件货物作为样本，计算这批货物被拒收的概率。

4）如果管理者需要以 0.90 的概率拒收这批包括 2 件次品、8 件正品的货物，建议应选择多大的样本？

6.5　连续概率分布

6.4 节讨论了离散随机变量和它们的概率分布，本节转向研究连续随机变量。重点讨论三种连续概率分布：均匀概率分布、正态概率分布和指数概率分布。

离散随机变量和连续随机变量间的基本区别在于如何计算它们的概率。对于离散随机变量，概率函数 $f(x)$ 给出了随机变量取某个特定值的概率；而对于连续随机变量，概率函数的对应者是**概率密度函数**（Probability Density Function），也记作 $f(x)$。它和概率函数的区别是概率密度函数不直接给出概率，而是通过在给定区间内 $f(x)$ 曲线下的面积，给出了连续随机变量 x 在该区间上取值的概率。所以当计算连续随机变量的概率时，就是计算随机变量在某个区间上取任意值的概率。

对连续随机变量定义的推论之一是随机变量取任意一个特定值的概率为 0，这是因为 $f(x)$ 曲线在任何特定的点处，其下的面积为 0。

本节的大部分内容都用于描述和说明正态概率分布的应用。正态概率分布非常重要，它在统计推断中有着广泛的应用。本节的最后部分还将对指数概率分布进行讨论。

6.5.1　均匀概率分布

考虑一个表示从广州到北京的航班飞行时间的随机变量 x。假设飞行时间可以是 120 ~ 140min 内的任意值，由于随机变量 x 能够在该区间上取任何值，因此 x 是连续的而不是离散的随机变量。假定可以利用足够的实际飞行数据得出推断：在 120 ~140min 内，单位为 min 的飞行时间数出现在任意 1min 时段内的概率与出现在其他任意 1min 时段内的概率相同。如果随机变量 x 在每个 1min 区间内具有相等的出现可能性，就称它具有**均匀概率分布**（Uniform Probability Distribution）。对于飞行时间随机变量，定义均匀概率分布的概率密度函数为

$$f(x)=\begin{cases}1/20 & (120\leqslant x\leqslant 140)\\ 0 & (\text{其他})\end{cases}$$

注：只要概率与区间长度成比例，随机变量就是均匀分布。

图 6-14 是这个概率密度函数的图形。一般来说，通过下面的公式能够建立随机变量 x 的均匀概率密度函数

$$f(x)=\begin{cases}\dfrac{1}{b-a} & (a\leqslant x\leqslant b)\\ 0 & (其他)\end{cases}$$

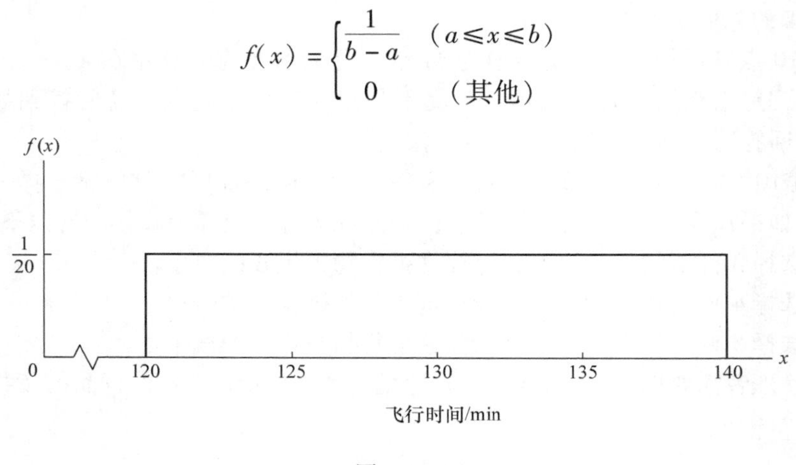

图 6-14

正如在引言中所注意到的，对于连续随机变量，只是根据随机变量在某个特定区间内取值的可能性来考虑概率。在飞行时间例子中，一个合理的概率问题是：飞行时间介于 120 ~ 130min 之间的概率是多少？即 $P(120\leqslant x\leqslant 130)$是多少？由于飞行时间必定处于 120 ~ 140min 之间，还由于概率在这个区间内是均匀分布的，可以放心地说 $P(120\leqslant x\leqslant 130)=0.5$。在下面的内容中，将通过计算在 120 ~ 130min 区间内$f(x)$曲线下的面积，从而得到这个概率。

作为概率度量的面积

对图 6-15 的曲线进行观察，考虑在 120 ~ 130min 区间内 $f(x)$ 曲线下的面积。该面积区域是一个矩形，只需把长乘宽即可得出它的面积。由于区间的长度等于 $130-120=10$，而宽等于概率密度函数的值$f(x)=1/20$，因此得到面积 = 长 × 宽 $=10\times 1/20=0.50$。

对于$f(x)$曲线下的面积和概率观察到了什么？实际上它们是同一个东西。的确，所有的连续随机变量都是如此。一旦得出了概率密度函数$f(x)$，通过计算在 $x_1\sim x_2$ 区间内$f(x)$曲线下的面积，就能够得到 x 取值介于较小的 x_1 和较大的 x_2 之间时的概率。

给定了飞行时间为均匀概率分布并且把面积作为概率，就可以回答任何有关的概率问题。例如，飞行时间在 128 ~ 136min 之间的概率是多少？由于该区间的长是 $136-128=8$，宽等于概率密度函数值 1/20，因此看到 $P(128\leqslant x\leqslant 136)=8\times 1/20=0.40$。

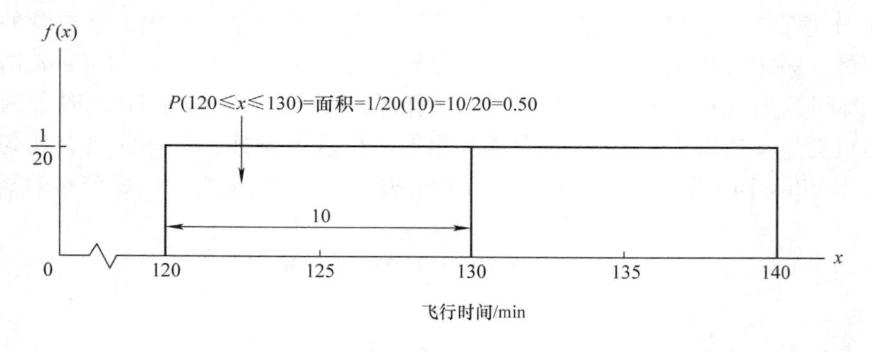

图 6-15

注意：$P(120 \leqslant x \leqslant 140) = 20 \times 1/20 = 1$，即$f(x)$曲线下的总面积等于1。这个性质适用于所有的连续概率分布，并且与离散概率函数的概率之和必定等于1的要求相对应。对于连续概率密度函数，还必须要求：对 x 的所有值，有 $f(x) \geqslant 0$。该项要求与离散概率函数 $f(x) \geqslant 0$的要求相对应。

对连续随机变量和对应的离散随机变量的处理有两个主要区别：

1）对于连续随机变量，不再讨论随机变量取某一特定值的概率，而是讨论随机变量在某一特定区间取值的概率。

2）随机变量在从 x_1 到 x_2 的给定区间上取值的概率定义为概率密度函数在 x_1 和 x_2 之间的图形面积。它暗示着连续随机变量取某一特定值的概率恰好为0，因为$f(x)$曲线在单点下的面积为0。

注：为了看出任意单点的概率等于0，参考图6-14，并计算某单点的概率。例如：当 $x = 125$时，$P(x = 125) = P(125 \leqslant x \leqslant 125) = 0 \times 1/20 = 0$。

连续随机变量的方差和数学期望的计算过程与离散随机变量类似。不过，由于计算过程涉及积分计算，复杂的公式推导就不介绍了。

对于本节介绍的均匀连续概率分布，其数学期望和方差公式分别为

$$E(x) = \frac{a + b}{2}$$

$$\mathrm{Var}(x) = \frac{(b - a)^2}{12}$$

式中，a 为随机变量的最小可能值；b 为随机变量的最大可能值。

把它们应用到广州到北京飞行时间的均匀概率分布中，可得

$$E(x) = \frac{120 + 140}{2} = 130$$

$$\mathrm{Var}(x) = \frac{(140 - 120)^2}{12} = 33.33$$

飞行时间的标准差取方差的正平方根即可，因此 $\sigma = 5.77\mathrm{min}$。

练习 6.5.1

1. 已知随机变量 x 在 10 ~ 20 之间服从均匀分布，回答以下问题：

a. 作出它的概率密度函数曲线。

b. 计算 $p(x < 15)$。

c. 计算 $p(12 \leqslant x \leqslant 18)$。

d. 计算 $E(x)$。

e. 计算 $\mathrm{Var}(x)$。

2. 大部分计算机语言都有能够生成随机数的函数。Excel 应用程序使用 RAND 函数来生成0到1之间的随机数。如果以 x 表示生成的随机数，那么 x 就是一个具有如下概率密度函数的连续随机变量。回答以下问题：

$$f(x) = \begin{cases} 1 & (0 \leqslant x \leqslant 1) \\ 0 & (\text{其他}) \end{cases}$$

a. 画出它的概率密度函数曲线。

b. 生成的随机数介于 0.25 ~ 0.75 之间的概率是多少？

c. 生成的随机数小于或等于 0.3 的概率是多少?

d. 生成的随机数大于 0.6 的概率是多少?

3. 假设有兴趣对一块土地投标，并且知道还有一位投标人。卖方已经宣布超过10 000 美元且最高的标价会被接受。假定竞争者的投标价格 x 是在 10 000 ~ 15 000 美元之间的均匀分布。回答以下问题：

a. 假如出价 12 000 美元，中标的概率是多少?

b. 假如出价 14 000 美元，中标的概率是多少?

c. 为了得到土地的概率最大，应出价多少?

d. 假设知道某人愿意为这块土地支付 16 000 美元，会考虑以小于 c 中的价格投标吗? 为什么

6.5.2 正态概率分布

最重要的描述连续随机变量的概率分布是**正态概率分布**（Normal Probability Distribution)。也称“常态分布”，又名**高斯分布**（Gaussian Distribution)，最早由法国数学家 Abraham de Moivre 在求二项分布的渐近公式中得到。正态概率分布有着广泛的实际应用，其中的随机变量可以是人的身高和体重、考试成绩、科学度量值和降雨量等。它还普遍应用于统计推断方面，而这将是本章下节剩余部分的主要内容。在这些应用中，正态概率分布描述了从样本中得到的可能结果。

1. 正态曲线

正态概率分布的形状可以用图 6-16 所示的钟形曲线来表示。概率密度函数定义正态概率分布的钟形曲线如下

2. 正态概率密度函数 $$f(x)=\frac{1}{\sigma\sqrt{2\pi}}\exp\left[-\frac{(x-\mu)^2}{2\sigma^2}\right]$$

式中，μ 为均值；σ 为标准差；π 为 3.141 592 6；e 为 2.718 28。

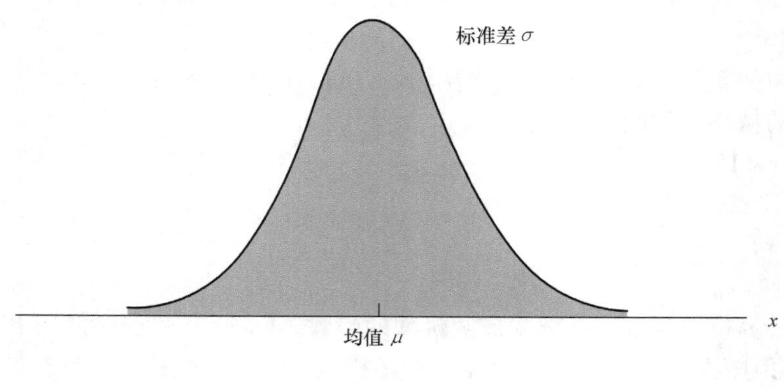

图 6-16

注：正态曲线有两个参数 μ 和 σ，它们确定了正态概率分布的位置和形状。

对正态概率分布的特征所做观察的结果如下：

1) 依靠均值 μ 和标准差 σ，可以区分不同的正态分布。

2）正态曲线的最高点在均值位置，它同时也是正态分布的中位数和众数。

3）正态分布的均值可以是任何数值：负数、零或者正数。三个标准差相同但均值分别为 -10、0 和 20 的正态分布曲线如图 6-17 所示。

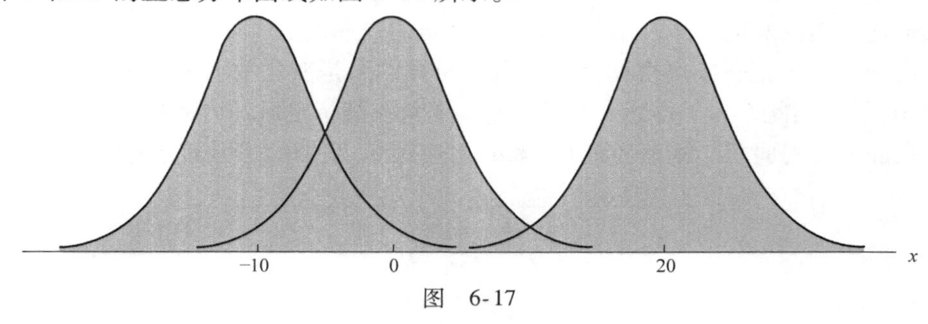

图 6-17

4）正态概率分布是对称的，正态曲线在均值左边的形状与在均值右边的形状互为镜像。曲线的尾部向两个方向无限延伸，在理论上永远不会与横轴相交。

5）标准差决定了正态曲线的宽度。更大的标准差导致了更宽、更扁的曲线形状，它表示数据有更大的变异性。两个均值相同但标准差不同的正态分布形状如图 6-18 所示。

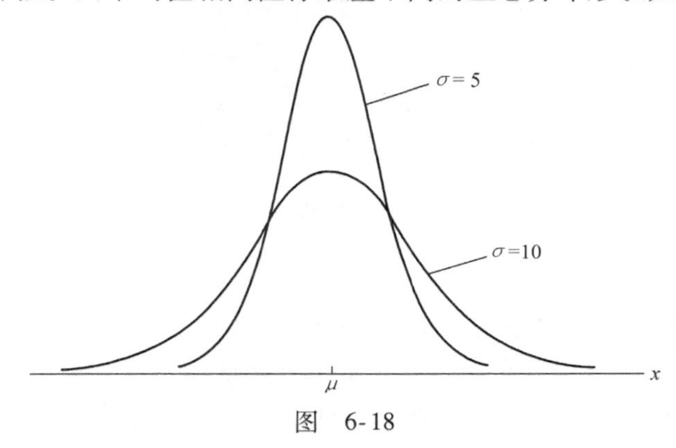

图 6-18

6）正态随机变量的概率由正态曲线下的面积给出。正态概率分布曲线下的总面积为 1（对所有的连续概率分布都是如此）。因为分布是对称的，均值左边的曲线下总面积是 0.50，均值右边的曲线下总面积也是 0.50。

7）随机变量在一些经常使用的区间内取值的百分比概率如下：

① 正态随机变量有 68.26% 的值位于其均值加减 1 个标准差的范围内。

② 正态随机变量有 95.44% 的值位于其均值加减 2 个标准差的范围内。

③ 正态随机变量有 99.72% 的值位于其均值加减 3 个标准差的范围内。

图 6-19 直观地显示了上面三个性质。

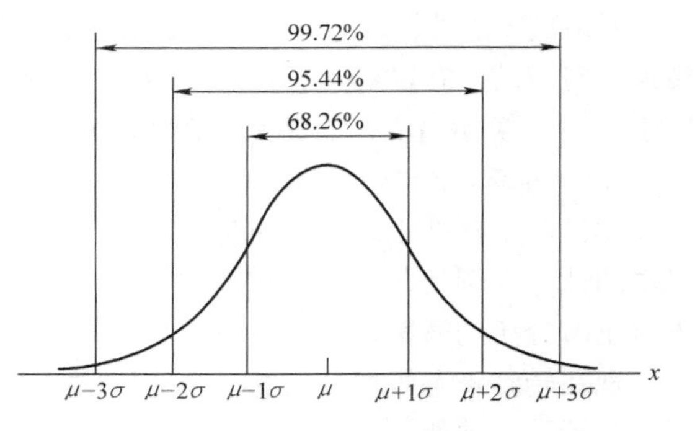

图 6-19

3. 标准正态概率分布

如果随机变量服从均值为0且标准差为1的正态分布，则称它为具有**标准正态概率分布**（Standard Normal Probability Distribution）。通常用字母 z 表示这个特殊的正态随机变量。

与其他连续随机变量一样，任意正态概率分布的概率也是通过计算概率密度函数曲线下的面积得出的（对于正态概率密度函数，由于曲线的高是变化的，需要进行积分以计算代表概率的面积）。因此，为了得到一个正态随机变量在某特定区间内的概率，必须计算在该区间内正态曲线下的面积。概率分布 $P(z \leqslant a)$ 对应图6-20中的阴影部分的面积。

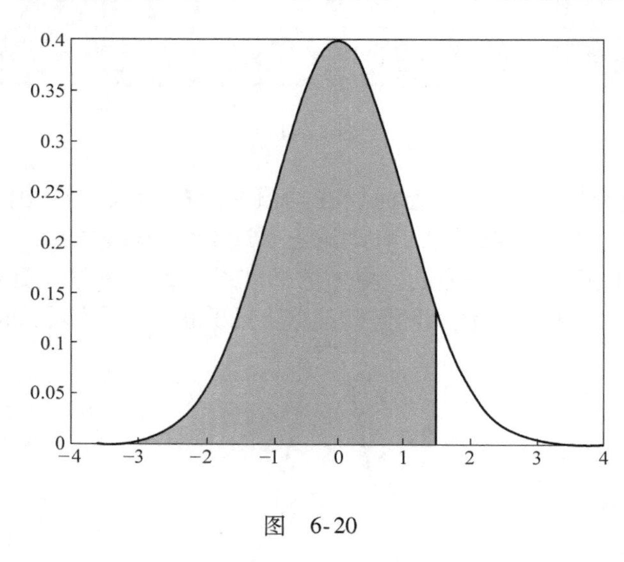

图 6-20

4. 任意正态概率分布的概率

所有的正态分布概率都需要通过标准正态分布来计算。也就是说，当面对一个具有任意均值 μ 和任意标准差 σ 的正态分布时，首先要把它转换为标准正态分布，以回答分布的有关概率问题。然后再利用标准正态分布概率表和适当的 z 值，能够找到所求的概率。能够把具有均值 μ 和任意标准差 σ 的任意正态随机变量 x 转换为标准正态随机变量 z 的公式如下

5. 标准正态分布的 z 分数转换公式 $$z=\frac{x-\mu}{\sigma}$$

当 x 的值等于它的均值 μ 时会导致 $z=(\mu-\mu)/\sigma=0$，因此，看到当 x 的值等于均值 μ 时，对应的 z 值处在均值0处。现在假定 x 大于均值1个标准差，即 $x=\mu\pm\sigma$。应用 z 分数转换，对应的 z 值为 $z=[(\mu\pm\sigma)-\mu]/\sigma=\sigma/\sigma=\pm1$。因此，大于均值1个标准差的 x 值对应于 $z=1$。换句话说，能够把 z 值解释为正态随机变量 x 距离均值 μ 的标准差个数。

6. 计算正态分布的概率

无论对于标准正态分布还是一般正态分布，都可以利用计算机能很轻松地得到正态分布概率的计算。例如，在 Excel 中可以利用 NORM. DIST（NORM. S. DIST 标准正态分布）函数进行正态分布的概率计算。

现在转到正态概率分布的一个应用例子上来。假定某轮胎公司刚刚开发了一种新的钢丝子午线轮胎，并通过一家全国连锁的折扣商店出售。因为该轮胎是一种新产品，公司的经理们认为是否保证一定的行驶里程数将是该产品能否被顾客接受的重要因素。在制定这种轮胎

的里程质保政策之前，经理们需要知道轮胎行驶里程数的概率信息。

根据对这种轮胎的实际路面测试，公司的工程师小组估计它们的平均行驶里程为 $\mu=36\ 500$km，里程数的标准差为 $\sigma=5\ 000$。另外，收集到的数据显示，行驶里程数符合正态分布应该是一个合理的假设。问题是有多大百分比的轮胎能够行驶超过 40 000km？换句话说，轮胎行驶里程大于 40 000km 的概率是多少？图 6-21 给出了这个问题的图形表示。

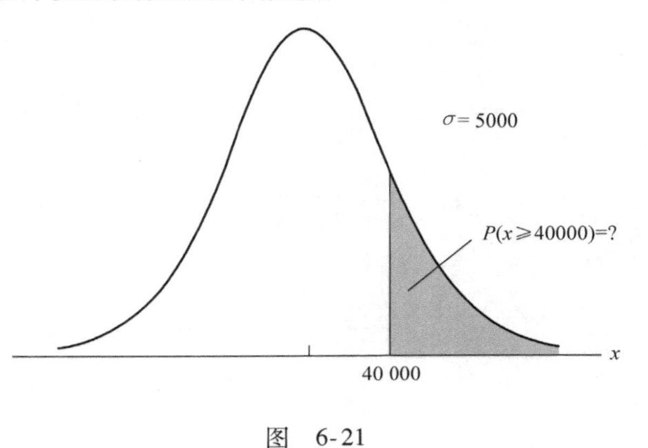

图 6-21

在图 6-21 中，可以看到 $P(x\geqslant 40\ 000)=1-P(x\leqslant 40\ 000)$，在 Excel 中调用 NORM. DIST 函数。在 Excel 的任一单元格中输入：=1 - NORM. DIST(40 000,36 500,5 000,1)，可得 0. 241963652。函数对话框如图 6-22 所示，X 表示计算 $P(x\leqslant 40\ 000)$ 的概率分布的分位数，所以这里填 40 000，Mean 表示均值，这里写 36 500，Standard_dev 表示标准差，这里写 5000，Cumulative：1(ture)表示计算累计概率分布值，0(flase)表示计算概率密度值。这里填写 1。

于是能够得出结论：大约有24. 2% 的轮胎行驶里程会超过 40 000km。

现在假设公司正在考虑一项质量保证政策，如果初始购买的轮胎没有能够使用到保证的里程数，公司将以折扣价格为客户更换轮胎。如果公司希望符合折扣条件的轮胎不超过 10%，则保证的里程应为多少？这个问题在图 6-23 进行了说明。

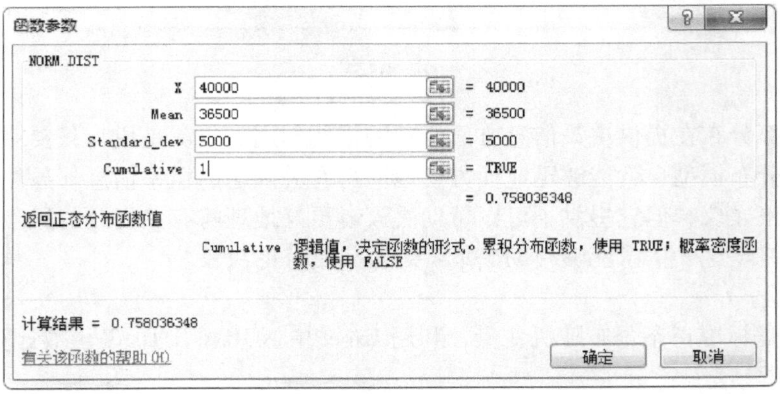

函数参数
NORM. DIST
X 40000 = 40000
Mean 36500 = 36500
Standard_dev 5000 = 5000
Cumulative 1 = TRUE
= 0. 758036348
返回正态分布函数值
Cumulative 逻辑值，决定函数的形式。累积分布函数，使用 TRUE；概率密度函数，使用 FALSE
计算结果 = 0. 758036348
有关该函数的帮助(H) 确定 取消

图 6-22

根据图 6-23 所示，问题就转化为求 $P(x\leqslant a)=0.1$ 中的参数 a 的问题，参数 a 通常称为正态分布的**分位数**。利用 Excel 中的 NORM. INV 可以很轻松地求解，在 Excel 的任一单元格中输入：= NORM. INV(0. 1, 36 500, 5 000)，可得 30 092. 242 17。NORM. INV 函数的对话框如图 6-24 所示。

因此，30 092km 的质量保证将满足只有大约 10% 的轮胎需要折价更换的要求。也许，根据这一信息，公司将把它的轮胎里程保证设在 30 000km。

σ = 5000
10%的轮胎符合
折扣保证条件
x
保证里程数＝?
μ = 36500

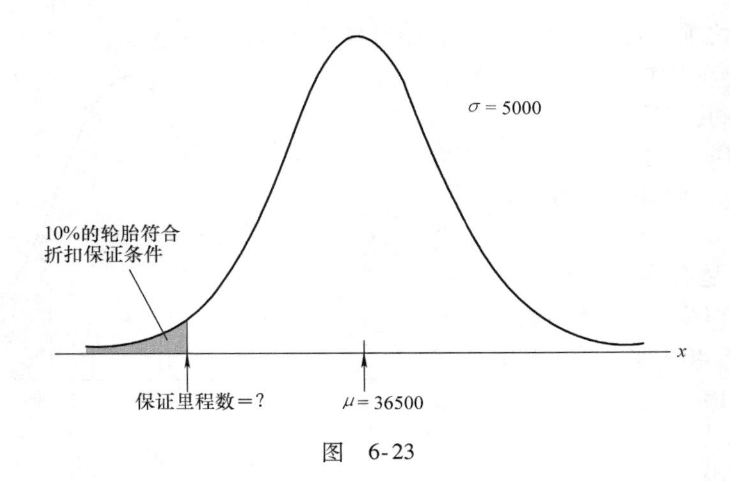

图 6-23

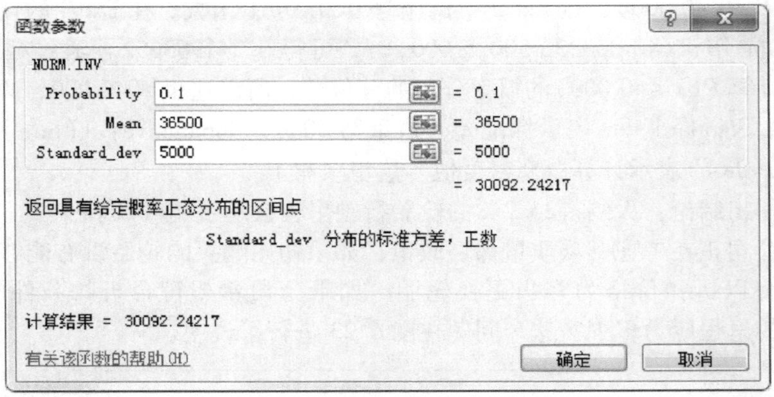

函数参数
NORM.INV
Probability 0.1 = 0.1
Mean 36500 = 36500
Standard_dev 5000 = 5000
= 30092.24217
返回具有给定概率正态分布的区间点
Standard_dev 分布的标准方差，正数
计算结果 = 30092.24217
有关该函数的帮助(H)
确定
取消

图 6-24

知道了概率分布在提供决策信息方面所起的重要作用。也就是说，只要对某一应用问题建立起了概率分布模型，就能够迅速而方便地取得有关问题的概率信息。虽然依据概率并不能直接提出决策建议，但它提供了可以帮助决策者更好地理解有关问题的风险和不确定性的有用信息。最终，这一信息能够帮助决策者制定出更好的决策。

练习 6.5.2

1. 给定 z 是标准正态分布随机变量，利用 Excel 中 NORM. S. DIST 函数计算下列概率：

a. $P(z<1.2)$。

b. $P(z\geqslant -0.23)$。

c. $P(-1\leqslant z\leqslant 1.5)$。

提示：根据图 6-18 很容易得到：$P(z\geqslant a)=1-P(z\leqslant a)$，$P(a\leqslant z\leqslant b)=P(z\leqslant b)-P(z\leqslant a)$。

2. 给定 z 是标准正态随机变量，利用 Excel 中 NORM. INV 函数计算下面各种情况下的 z 值：

a. z 左侧的面积为 0.2119。

b. $-z$ 和 z 之间的面积为 0.9030。

c. $-z$ 和 z 之间的面积为 0.2052。

d. z 左侧的面积为 0.9948。

e. z 右侧的面积为 0.6915。

3. 学院某门课程的期末考试所需时间服从正态分布，其均值为 80min，标准差为 10min。回答下列问题：

a. 考生在 1h 或更短时间内完成期末考试的概率是多少？

b. 一名考生的完成时间超过 60min 但少于 75min 的概率是多少？

c. 假设一个班级有 60 名学生，考试时间为 90min。预期不能在规定时间内完成考试的学生有多少名？

4. 一个人必须在 IQ 测试中得分达到最高的 2% 范围内，才有资格加入 Mensa，即国际高智商协会（US Airways Attache，September ，2000）。如果人们的 IQ 得分服从正态分布，均值为 100，标准差为 15，要取得加入协会的资格必须得到多少分？

6.5.3 指数概率分布

一种在描述完成任务所花费的时间方面十分有用的连续概率分布是**指数概率分布**（Exponential Probability Distribution）。指数随机变量能够用来描述诸如汽车清洗站的车辆到达间隔时间、装运一辆卡车所需时间、公路上严重缺陷之间的距离等问题。指数概率密度函数如下。

1. 指数概率密度函数　　$f(x) = \frac{1}{\mu}\exp(-x/\mu)$

指数概率分布的例子：假设 x = 在装运码头装运一辆卡车所花费的时间，它服从指数分布。如果平均装车时间为 15min（$\mu = 15$），则恰当的概率密度函数为

$$f(x) = \frac{1}{15}e^{-x/15}$$

图 6-25 是这个概率密度函数的图形表示方式。

2. 计算指数分布的概率

和任何连续概率分布一样，与某一区间相对应的曲线下面积给出了随机变量在该区间取值的概率。在装运码头例子中，装运一辆卡车花费 6min 或更短时间（$x \leqslant 6$）的概率被规定为图 6-22 中从 $x = 0$ 到 $x = 6$ 区间内曲线下的面积。类似地，装运一辆卡车花费 18min 或更短时间（$x \leqslant 18$）的概率是从 $x = 0$ 到 $x = 18$ 区间内曲线下的面积。而装运一辆卡车费时在 6 ~ 18min（$6 \leqslant x \leqslant 18$）的概率就是从 $x = 6$ 到 $x = 18$ 区间内曲线下的面积。

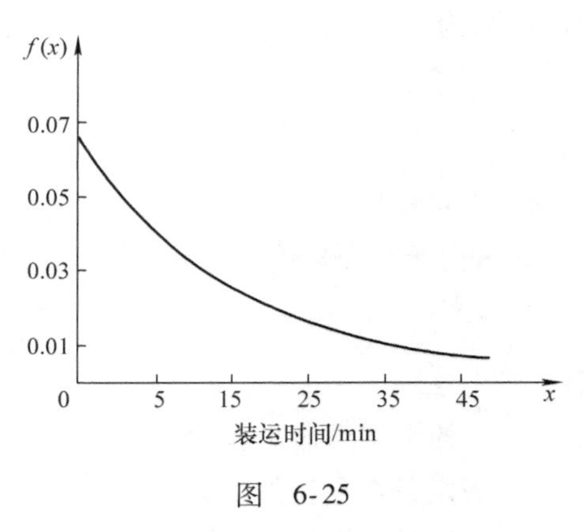

图 6-25

为了计算这些问题中的指数概率，使用下面的公式，它给出了指数随机变量取值小于或等于 x 的某个特定值（记作 x_0）的累积概率

$$P(x \leqslant x_0) = 1 - e^{-x_0/\mu}$$

于是，装运一辆卡车花费 6min 以内时间的概率 $P(x \leqslant 6)$ 为

$$P(x \leqslant 6) = 1 - e^{-\frac{6}{15}} = 0.3297$$

而装车时间为18min以内的概率 $P(x \leqslant 18)$ 为

$$P(x \leqslant 18) = 1 - e^{-\frac{18}{15}} = 0.6988$$

因此，装车时间介于6～18min的概率等于0.6988－0.3297＝0.3691。

3. 泊松分布与指数分布的关系

在6.4节介绍过泊松分布是一种离散概率分布，它往往用于确定在一个特定的时间或空间段内事件的发生次数。已知泊松概率函数为

$$f(x) = \frac{\mu^x e^{-\mu}}{x!}$$

式中：μ 为在一个区间内事件发生次数的期望值。

连续的指数概率分布与离散的泊松分布存在关系。如果说泊松分布给出了每个区间事件发生次数的恰当描述，那么指数分布则描述了事件的间隔区间长度。

为了说明这种关系，假设在1h内到达清洗站的汽车数可以用泊松概率分布表示，其均值为每小时10辆汽车。于是泊松概率函数给出了每小时到达 x 辆汽车的概率为

$$f(x) = \frac{10^x e^{-10}}{x!}$$

因为平均到达数是每小时10辆汽车，则到达车辆的平均间隔时间为

$$\frac{1\text{h}}{10\text{辆}} = 0.1\text{h/辆}$$

于是，描述到达车辆间隔平均时间的指数分布有均值 $\mu = 0.1$h/辆，故恰当的指数概率密度函数为

$$f(x) = \frac{1}{0.1} e^{-x/0.1} = 10 e^{-10x}$$

练习6.5.3

某种电子设备的寿命（h）是一个服从下列指数概率密度函数的随机变量：

$$f(x) = \frac{1}{50} e^{-x/50}$$

a. 它的平均寿命是多少？

b. 该设备在运转的前25h内损坏的概率是多少？

c. 该设备在损坏前能够运转100h以上的概率是多少？

6.6 谈谈概率的应用——估计

首先，概率统计可以分为描述统计学与推断统计学两大分支。描述统计是一种对数据的概括。可以联想全国人口普查的例子。

6.6.1　如何理解推断统计中的一些概念

收视率调查

设全国有1000万台电视机，其中200万台正在直播足球赛事，即该节目的收视率为200万/1000万=0.2（20%）。如果仅随机抽查50台电视机并以此来推断收视率，结果将会如何?

调查步骤如下：

- 在1000万台电视机中以相同概率随机抽取1台，如果它正在直播足球赛事，就记 $X_1=O$，否则记 $X_1=\times$。
- 在1000万台电视机中以相同概率随机重新抽取1台，如果它正在直播足球赛事，就记 $X_2=O$，否则记 $X_2=\times$。
- 通过类似的方法得到 X_3，X_4，…，X_{50}。
- 统计 X_1，X_2，…，X_{50} 中 O 的个数 Y，并以 $Z=Y/50$ 作为收视率的推测值。

为简化问题，假定每次抽取之间相互独立（如果一台电视机被抽选了两次，就分别记录两次结果）。

显然，该调查不一定能得到20%的结果。抽取到哪一台电视机具有随机性，Y 与 Z 也都是取值不确定的随机变量。在极端情况下，可能会出现所有抽取的电视机都在直播足球赛事，收视率的推测值为100%的情况。

那么，各种偏差的发生概率如何？也就是说，Y 与 Z 的概率分布如何？事实上，我们已经知道了答案。由于每个 X_i 相互独立，且取值为 O 的概率为0.2，取值为×的概率为0.8（$i=1,2,\cdots,50$），因此 Y 遵从二项分布 $B_n(50,0.2)$，如图6-26a所示。只要观察该图的横轴，就能了解 Z 的分布（见图6-26b）。通过该图，可以得知20%这一正确答案附近的 Z 如何分布。

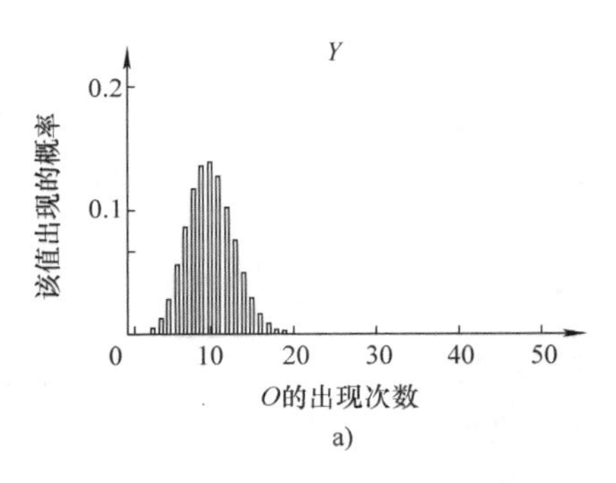

a)

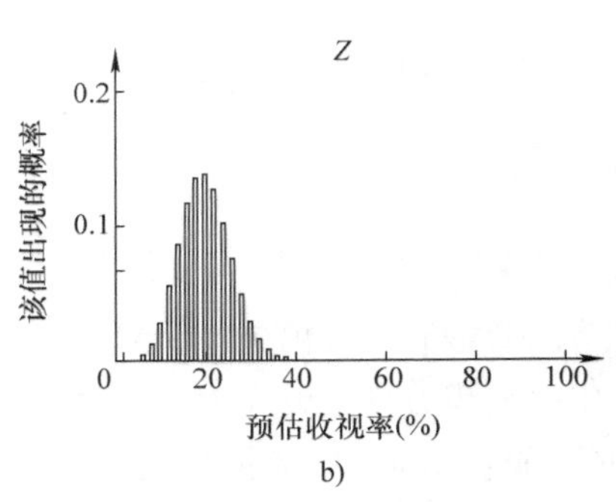

b)

图　6-26

不过，这种方式无法表示（随机变化的）预估收视率与真正的收视率（20%）之间的区别。我们要分清两者的差异。

抛掷硬币

接着来讨论抛硬币的问题。假设一枚普通的硬币在抛掷10次后得到“反正反正正反反反反反”的结果。正面向上的比例为3/10。这里所说的3/10仅仅是比例，并不表示正面向上的概率。

我们希望求出这种解释中出现的 P 的值。然而，该值无法直接通过观测得到。于是，需要根据“反正反正正反反反反反”这组测量数据来推测 P 的值。这种做法不够准确，但已是能够达到的极限。幸好只要确保足够的实验次数，就能推测出较为准确的 P 的值。

现在总结一下以上内容，并定义一些概念。上述解释中所说的“正面向上的概率为 P，反面向上的概率为 $(1-P)$”是这种抛硬币的真实分布。与之相对地，在现实世界观测得到的“反正反正正反反反反反”称为 X_1，X_2，…，X_{10}的测定值。由测定值得到了“正面向上的比例为3/10，反面向上的比例为7/10”的结论，这称为**经验分布**，它与真实分布是不同的概念。在分析统计学问题时，必须明确区分两者。

从数学的角度来看，之前的收视率调查问题和现在的硬币抛掷实验其实很相似。对于收视率调查，它的真实分布为 $P(X_i=O)=0.2, P(X_i=\times)=0.8$（其中 $i=1, 2, \cdots, 50$）。

在这个例子中，假定实际观测值与真实分布相关，且试图根据观测值来推测真实分布。

期望值的估计

接着来看一个连续值的例子。概率密度函数为（见图6-27）

$$f(x)=\frac{1}{2}\mathrm{e}^{-|x-5|}$$

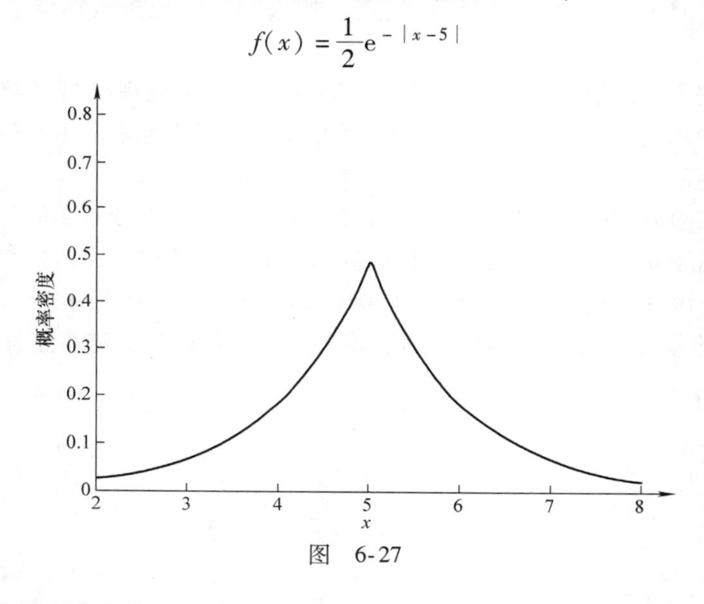

图 6-27

此时，随机变量的期望值 $E(x)=5$。

假设现在还不知道真实分布 $f(x)$，希望通过实际观测值 X_1，X_2，…，X_n 是的值来推测 $E(x)$。也许会首先想到简单地将观测值之和除以个数来求平均值$\overline{X}=(X_1+X_2+\cdots+X_n)/n$，或是求 X_1，X_2，…，X_n 的中位数$\widetilde{X}$，把它作为估值依据。那么，$\overline{X}$与$\widetilde{X}$这两种估计值的性质有什么区别呢?

与之前类似，$\overline{X}$与$\widetilde{X}$也是取值不确定的随机变量。不难理解，数据 X_1，X_2，…，X_n 自身就都是随机值（不同样本会不一样），由它们计算得到的$\overline{X}$与$\widetilde{X}$显然也都是随机值。为了观测它们具体的随机情况，需要计算两者的分布（多次抽样平均数和中位数的分布）。图6-28是结果的示意图。可以看到，两种情况下，取值都集中在正确答案5附近，且在这个例子中，$\widetilde{X}$的取值接近正确答案的概率更高。

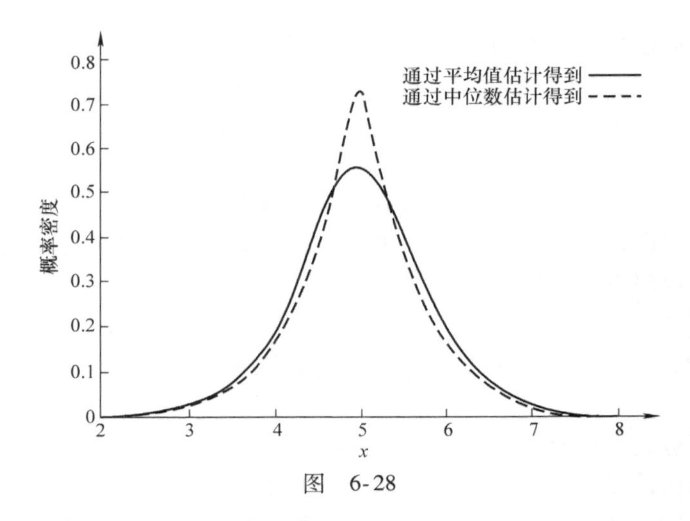

图 6-28

通过这个例子可以知道，除了单纯求平均值外，还可以通过其他一些方法来估计概率，并且不同估计方式得到的结果会有所不同。

6.6.2 点估计

在之前的介绍中，已经通过几个具体的例子介绍了以下几点：

1）假定实际观测值与真实分布相关，且试图根据观测值来推测真实分布。

2）由于观测值取值随机，因此由它们计算得到的估计值也是随机值。

3）估计方式多种多样，且不同估计方式得到的估计值也有所不同。

接下来将在此基础上进一步讨论一些更为通用的问题，讲解估计理论中的问题设定。

设采集得到的数据 X_1，X_2，…，X_n 都是独立同分布随机变量。在统计学中，这类数据常称为样本，不过这种术语过分正式，今后如非必要，仍将使用数据一词来指代样本。数据的条数 n 称为样本容量。数据的真实分布不明，称没有给出其分布的具体函数形式的问题为**非参数统计**（Nonparametric）问题。另外，期望值与方差不确定但遵从正态分布的问题称为**参数统计**（Parametric）问题。

非参数估计与参数估计各有所长。参数估计的限制较多，因此实用性稍差。不过正因如此，只要假设条件准确，估计的精度就较高。由于这一原因，常常会基于过去的经验、数据生成的方式或中心极限定理来猜测分布的形式。本节之后将重点简单介绍参数估计。

中心极限定理

在从总体中选取容量为 n 的简单随机样本时，如果样本容量较大，能够用正态概率分布来近似样本均值$\overline{X}$的抽样分布。

例如，假设数据 X_1，X_2，…，X_n 都遵从某一正态分布 N（μ，σ），基于 X_1，X_2，…，X_n 来推测 μ 就属于一种参数估计。在通常情况下，条件给出的数据分布可以由有限维数的向量值参数 $\theta=(\theta_1,\theta_2,\cdots,\theta_k)$确定，需要做的是根据这此数据估计 θ 的值。估计理论中的估计值分两种类型，**点估计**需要给出具体的点，**区间估计**则要给出一个估计范围。

由于数据 X 随机，据此得到的估计结果也是一个随机值（随机变量）。如果要强调这一点，可以将 θ 的**估计量**（Estimator）记为称为$\hat{\theta}$，或记为$\hat{\theta}$（X）以明确表示该值由 X 决定。

在上面的例子中，可以写出如下两种估计量（为了区分两者，第二个估计虽采用了不同的记号表示）

$$\hat{\mu}(X)=\frac{X_1+X_2+\cdots+X_n}{n}$$

$$\widetilde{\mu}(X)=X_1,X_2,\cdots,X_n\text{ 的中位数}$$

不难发现，可以设计出各种类型的估计量。事实上，只要取值与数据 X 相关，就都符合估计量的条件。设想以下场景：

（1）任何人都可以预测明天的天气（是否准确则另当别论）。

（2）任何以数据 X 为输入并输出 θ 的估计值的程序都属于估计程序（是否准确则另当别论）。

如此一来，将得到大量的备选项。

用于选择最佳估计量的评价基准多种多样。其中平方误差是一种常用且较为简便的方式。可以通过以下方式理解平方误差：如果正确答案为 a 而估计值为 b，则处以 $\|b-a\|^2$ 元的罚款（$\|\cdot\|$表示向量的长度）。估计值 b 与正确答案 a 相差越大，罚款金额就越大。两者恰好一致时罚款金额为 0。显然，该数值越小越好。

由于数据 X 取值随机（随机抽样），因此估计量$\hat{\theta}(X)$与罚款金额$\|\hat{\theta}(X)-\theta\|^2$ 也是随机数。所以可以通过期望值来解决这个问题。也就是说，希望求得的估计量$R_{\hat{\theta}}$的期望值尽可能小，即

$$R_{\hat{\theta}}=E(\|\hat{\theta}(X)-\theta\|^2)$$

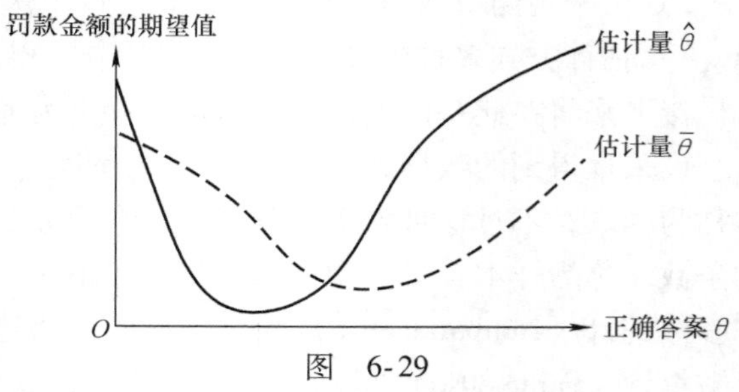

图 6-29

对于不同正确答案 θ（由于不知道正确答案，这也是要对此做出估计的原因），$R_{\hat{\theta}}$的期望值也不同。也就是说无法仅凭一个数值来评价估计量$\hat{\theta}$，而是需要一条曲线，如图 6-29 所示。

不同估计量的曲线不同，估计量$\widetilde{\theta}$将得到一条不同的曲线$R_{\widetilde{\theta}}(\theta)$。那么，如何判断$\hat{\theta}$和$\widetilde{\theta}$孰优孰劣呢？如果在任意情况下罚款金额期望$R_{\hat{\theta}}<R_{\widetilde{\theta}}$始终成立，$\hat{\theta}$自然优于$\widetilde{\theta}$。但如果对于某些 θ，$R_{\hat{\theta}}$的值更小，对于另一些 θ，$R_{\widetilde{\theta}}(\theta)$的值更小，该如何评判呢？此时$\hat{\theta}$和$\widetilde{\theta}$哪个更优不能一概而论。这时，必须添加一些评判规则来寻找最优，对于增加不同规则，使用的方法策略也有所不同。例如，现在常用的有最大似然估计。

点估计是下面的区间估计的基础。

6.6.3 区间估计

通过把点估计值减去和加上一个称为**边际误差**（Margin of Error）的值，可以构建出总体参数的一个区间估计。在本节建立的所有区间估计都将采用以下的这种形式

$$\text{点估计值}\pm\text{边际误差}$$

特别地，将说明如何建立总体均值 μ 和总体比例 p 的区间估计。总体均值的区间估计采用如下形式

$$\bar{x} \pm \text{边际误差}$$

总体比例的区间估计形式如下

$$\bar{p} \pm \text{边际误差}$$

边际误差提供了估计精度的信息。

根据上面的描述，我们看到边际误差 = $|\bar{x}-\mu|$，在实践中，由于总体均值 μ 未知而无法准确地确定边际误差的值。但是，利用样本的平均值 $\bar{x}$ 的抽样分布，能够对抽样误差进行概率描述。

对于样本容量 n，总体标准差 σ 的抽样分布，由中心极限定理使得我们能够得出结论：可以通过具有均值 μ 和标准差 $\sigma_{\bar{x}}=\sigma/\sqrt{n}$ 的正态概率分布来近似 $\bar{x}$ 的抽样分布。由于抽样分布说明了 $\bar{x}$ 的值是如何围绕 μ 分布的，因此它提供了 $\bar{x}$ 和 μ 之间可能的差值信息。而这个信息又是对边际误差进行概率描述的基础。

注：中心极限定理可应用于任何总体，因此，即使总体分布未知，只要样本容量足够大，仍然可以使用本节介绍的方法。

当样本为大容量且假定总体标准差已知时，下面的公式说明了建立总体均值区间估计的通用方法。

总体均值的区间估计：假定 σ 已知的大样本情况

$$\bar{x} \pm z_{1-\frac{\alpha}{2}} \frac{\sigma}{\sqrt{n}}$$

式中，$1-\alpha$ 为置信度；$z_{1-\frac{\alpha}{2}}$ 为当标准正态分布的上侧面积为 $1-\frac{\alpha}{2}$ 时的分位数。

使用上式来构建 95% 置信区间。对于一个 95% 的置信区间而言，置信度是 $1-\alpha=0.95$，于是 $\alpha = 0.05$。从而 $1-\frac{\alpha}{2}=0.975$，使用 Excel 的 NORM. INV 函数：= NORM. INV (0. 975，0，1)，得到结果：1. 959963985，通常近似取为 1. 96。

使用公式计算总体均值区间估计的困难之处在于，在许多实际应用中缺乏假定总体标准差为已知的基础。这时，只有使用样本标准差 s 来估计总体标准差 σ。在大样本情况下，当样本容量增大时，样本标准差 s 对 σ 做出了良好的估计这一事实以及中心极限定理（大样本理论显示，当样本容量增加时，样本方差 s^2 随机地收敛于总体方差 σ^2。这种收敛性使得我们能够使用 s 来估计 σ），都使得我们能够利用 s 代替 σ 方法来建立总体均值的区间估计。

为了说明这种区间估计方法，考虑一个抽样研究，它的设计目的是估计家庭的信用卡负债情况。一个包含 85 户家庭的样本提供了信用卡余额。计算出样本均值 $\bar{x}=5900$ 元，样本标准差 $s=3058$ 元。在 95% 的置信水平上，对于样本容量 $n=85$，可得

$$5\,900 \pm 1.96 \times \frac{3058}{\sqrt{85}}$$

即

$$5\,900 \pm 650$$

于是，边际误差是 650 元，总体均值的 95% 置信区间估计为 5900 － 650 = 5250 元到 5900 ＋650 =6 550 元。

总体比例的区间估计

样本比例 $\bar{p}$ 是总体比例 P 的无偏估计量，并且在大样本的情况下，P 的分布可以用正态

概率分布来近似（一般在 np 和 n（$1-\bar{p}$）都大于等于 5 的大样本条件下，正态分布才能作为 P 抽样分布的近似）。当使用样本比$\bar{p}$估计总体比例 P 时，可以利用 P 的抽样分布对抽样误差进行概率描述。这时，抽样误差就定义为$\bar{p}$和 P 之差的绝对值，记作$|\bar{p}-P|$。

由于总体比例 P 近似正态分布的标准差为 $\sqrt{P(1-P)}$，于是得到这样的区间估计：

$$\bar{p} \pm z_{1-\frac{\alpha}{2}}\sqrt{\frac{P(1-P)}{n}}$$

为了使用上面公式建立总体比例 P 的区间估计，需要知道 P 的值。但由于 P 的值还需要估计，故只能用样本比例$\bar{p}$代替 P。总体比例置信区间估计的一般表达式如下：

$$\bar{p} \pm z_{1-\frac{\alpha}{2}}\sqrt{\frac{p(1-p)}{n}}$$

式中：$1-\alpha$ 为置信系数；$z_{1-\frac{\alpha}{2}}$为与标准正态概率分布的左侧侧面积 $1-\frac{\alpha}{2}$相对应的 z 值。

使用下面的例子来说明边际误差和总体比例区间估计的计算过程。某公司对 902 名国内高尔夫球女选手进行了一项调查，以了解女选手怎样看待自己在国内比赛的赛程安排。调查结果显示，有 397 名女选手对有下午茶时间感到满意。于是对取得下午茶时间感到满意的高尔夫女选手总体比例的点估计为 397 /902 =0. 44。使用上面公式和 95% 的置信水平，有

$$0.44 \pm 1.96\sqrt{\frac{0.44(1-0.44)}{902}}$$

即

$$0.44 \pm 0.0324$$

因此，边际误差为0. 032 4，总体比例的95% 置信区间估计是（0. 407 6，0. 472 4 ）。使用百分比表示，调查结果能够以 95% 的置信度认为所有女选手中有 40. 76% ~47. 24% 的人对取得下午茶时间感到满意。

练习 6. 6. 3

1. 由某协会进行的一项调查显示，度假时一个四口之家平均日花费为 215. 60 美元。假定选取去尼亚加拉大瀑布度假的 64 个四口之家为样本，其样本均值为 252. 45 美元，样本标准差为 74. 50 美元。

a. 求去尼亚加拉大瀑布度假的四口之家总体平均日花费的 95% 置信区间。

b. 使用 a 中求出的置信区间，去尼亚加拉大瀑布度假的四口之家日花费的均值与美国汽车协会所报告的均值是否存在差别？请解释。

2. 一个由 400 个元素组成的简单随机样本包含 100 个“是”的回答。

a. 总体中回答“是”的比例的点估计是多少？

b. 比例的标准误差是多少？

c. 计算总体比例的 95% 置信区间。

3. 人力资源管理协会的一项调查询问了 346 名求职者，为什么员工如此频繁地变换工作。

受调查者选择最多（152 次）的答案是“别处更高的补偿”。

a. 求职者把“别处更高的补偿”作为更换工作原因的总体比例的点估计是多少？

b. 总体比例的 95% 置信区间估计是什么？

拓展阅读一

“信息论之父”——香农

图 6-30

克劳德·艾尔伍德·香农（见图 6-30）（Claude Elwood Shannon，1916—2001）1916 年 4 月 30 日诞生于美国密西根州的 Petoskey。与冯·诺依曼、阿兰·图灵齐名，是对计算机科学技术的发展做出杰出贡献的天才科学家。2001 年 2 月 24 日，香农在马萨诸塞州 Medford 辞世，享年 85 岁。贝尔实验室和麻省理工学院（MIT）发表的讣告都尊崇香农为信息论及数字通信时代的奠基人。香农对于现代通信的主要两大贡献：一是信息理论、信息熵的概念；二是符号逻辑和开关理论。因此，他被誉为“信息论之父”。1948 年香农长达数十页的论文“通信的数学理论”成为信息论正式诞生的里程碑。在他的通信数学模型中，清楚地提出信息的度量问题，他把哈特利的公式扩大到概率p_i 不同的情况，得到了著名的计算信息熵 H 的公式

$$\sum_{i=1}^{n} P_i \log_2 \frac{1}{P_i}。$$

如果计算中的对数 log 是以 2 为底的，那么计算出来的信息熵就以比特（bit）为单位。今天在计算机和通信中广泛使用的字节（Byte）、KB、MB、GB 等词都是从比特演化而来。“比特”的出现标志着人类掌握了如何计量信息量。

香农在 Gaylord 小镇长大，当时镇里只有 3000 居民。父亲是该镇的法官，他们父子的姓名完全相同，都是 Claude Elwood Shannon。母亲是镇里的中学校长，姓名是 Mabel Wolf Shannon。他生长在一个有良好教育的环境中，不过父母给他的科学影响好像还不如祖父的影响大。香农的祖父是一位农场主兼发明家，发明过洗衣机和许多农业机械，这对香农的影响比较直接。此外，香农的家庭与大发明家爱迪生（Thomas Alva Edison，1847—1931）还有远亲关系。

香农 1936 年毕业于密歇根大学并获得数学和电子工程学士学位。1940 年获得麻省理工学院数学博士学位和电子工程硕士学位。1941 年他加入贝尔实验室数学部，工作到 1972 年。1956 年他成为麻省理工学院客座教授，并于 1958 年成为终身教授，1978 年成为名誉教授。香农的大部分时间是在贝尔实验室和麻省理工学院度过的。在“功成名就”后，香农与玛丽（Mary Elizabeth Moore）1949 年 3 月 27 日结婚，他们是在贝尔实验室相识的，玛丽当时是数据分析员。他们共有四个孩子：三个儿子罗伯特（Robert）、詹姆斯（James）、安德鲁莫瑞（Andrew Moore）和一个女儿 Margarita Catherine。后来身边还有两个可爱的孙女，一个幸福美满的大家庭。

香农于 1940 年在普林斯顿高级研究所（The Institute for Advanced Study at Princeton）期间开始思考信息论与有效通信系统的问题。经过 8 年的努力，香农在 1948 年 6 月和 10 月在《贝尔系统技术杂志》（*Bell System Technical Journal*）上连载发表了具有深远影响的论文《通信的数学原理》。1949 年，香农又在该杂志上发表了另一著名论文《噪声下的通信》。

在这两篇论文中，香农阐明了通信的基本问题，给出了通信系统的模型，提出了信息量的数学表达式，并解决了信道容量、信源统计特性、信源编码、信道编码等一系列基本技术问题。两篇论文成为信息论的奠基性著作。

1938年，香农在麻省理工学院获得电气工程硕士学位，硕士论文题目是《A Symbolic Analysis of Relay and Switching Circuits》(继电器与开关电路的符号分析)。当时他已经注意到电话交换电路与布尔代数之间的类似性，即把布尔代数的“真”与“假”和电路系统的“开”与“关”对应起来，并用1和0表示。于是他用布尔代数分析并优化开关电路，这就奠定了数字电路的理论基础。哈佛大学的Howard Gardner教授说，“这可能是本世纪最重要、最著名的一篇硕士论文。”1940年香农在麻省理工学院获得数学博士学位，而他的博士论文却是关于人类遗传学的，题目是《An Algebra for Theoretical Genetics》(理论遗传学的代数学)。这说明香农的科学兴趣十分广泛，后来他在不同的学科方面发表过许多有影响的文章。

在读学位的同时，他还用部分时间跟温尼法·布什（Vannevar Bush）教授进行微分分析器的研究。这种分析器是早期的机械模拟计算机，用于获得常微分方程的数值解。1941年香农发表了《Mathematical theory of the differential analyzer》(《微分分析器的数学理论》)，他写道：“大多数结果通过证明的定理形式给出。最重要的是处理了一些条件，有些条件可以生成一个或多个变量的函数，有些条件可使常微分方程得到解。还给出了一些注意事项，给出求函数的近似值（不能产生精确值)、求调整率的近似值以及自动控制速率的方法。”

香农一生著述颇丰，获得数不胜数的荣誉，其中包括1996年获得的美国国家科学奖(the National Medal of Science)、有日本“诺贝尔”奖之称的京都奖（the Kyoto Prize）和IEEE荣誉奖章（IEEE Medal of Honor)。几十个世界著名大学和研究机构给他颁发荣誉博士。除了学术研究，香农爱好杂耍、骑独轮脚踏车和下棋。香农发明了很多用于科学展览的设备，如火箭动力飞行光盘、一个电动弹簧高跷和一个喷射小号（见图6-31)。

图 6-31

拓展阅读二

概率与信息度量

我们常说这个人讲话内容信息量大、有用，那个人废话多、没什么信息。信息有用，它的作用是如何客观、定量地体现出来的呢？1948年，克劳德·艾尔伍德·香农在他著名论文“通信的数学原理”提出了“信息熵”的概念，解决了信息度量问题，并且量化出信息的作用。

一条信息的信息量和它的不确定性有直接关系。如果要明确一件非常不确定的事，或是一无所知的事情，就需要收集大量的信息。相反，如果对某件事已经有较多了解，那么不需要太多的信息就能把它搞清楚。所以，从这个角度看，信息量就等于不确定性的多少。

若随机事件 X 发生的概率为 $P(X)$，明确随机事件X需要的信息量 $H(X)$ 可如下度量

$$H(X)=\log_2\frac{1}{P(X)}=-\log_2 P(X)$$

以掷骰子为例，已知得到点数为3的概率是1/6，得到点数为偶数的概率是1/2，得到1≤点数≤6概率是1（必然事件），得到点数为7的概率是0（不可能事件）。因此，明确这些事件所需的信息量（不确定性）分别为

$$H(X=3)=\log_2 6\approx 2.6$$

$$H(X=2,4,6)=\log_2 2=1$$

$$H\ (1\leqslant X\leqslant 6)\ =\log_2 1=0\ \text{（这是必然结果）}$$

$$H(X=7)=\log_2\infty=\infty$$

均匀的骰子各点数出现的概率相等，因此明确出现每个点数所需的信息量均为 $\log_2 6$。如果骰子存在问题，如很容易出现点数1，很少出现点数5，情况就会发生变化。那么，出现每个点数所需的信息量如何计算呢？香农指出，它的准确信息量应该是

$$P_1\log_2\frac{1}{P_1}+P_2\log_2\frac{1}{P_2}+\cdots+P_6\log_2\frac{1}{P_6}=\sum_{i=1}^{6}P_i\log_2\frac{1}{P_i} \qquad (6\text{-}2)$$

式中：P_1、P_2、P_3、P_4、P_5、P_6 为点数1、2、3、4、5、6出现的概率。

香农把它称为“信息熵”（Entropy），一般用符号 H 表示，单位是bit。一个bit是一位二进制数，计算机中的一个字节是8bit。

可以证明：各种事件的概率不均匀时熵的值小于各事件概率均匀时的熵值。所以式（6-2）对应的熵值 $<\log_2 6$。

信息熵与数据压缩

读者应该都用过WinRAR、好压（haozip）、zip、7－zip或gzip等各类文件压缩工具吧。

如果问一本50万字的中文书《史记》有多少信息量，把它压缩成数字文件有多少字节，有了“信息熵”这个概念，就可以回答了。常用的汉字（一级二级国标）大约有7000字。假如每个字等概率，那么大约需要13bit（即13位二进制数，$H=-\log_2 7000=12.7731$）表示一个汉字。但汉字的使用是不平衡的。实际上，前10%的汉字占常用文本的95%以上。因此，即使不考虑上下文的相关性，只考虑每个汉字的独立概率，那么每个汉字的信息熵大约也只有8～9bit［约为 $0.95\times\log_2(7000\times 0.1)=8.9787$］。如果再考虑上下文的相关性，每个汉字的信息熵就只有5bit左右。所以，一本50万字的中文书《史记》，信息量大约是250万bit。如果用一个好的算法压缩一下，整本书可以存成一个32KB的文件（2500000bit/8＝312500B，约32KB）。如果直接用2bit的国标码存储这本书，大约需要1MB大小，是压缩文件的3倍。这两个数量的差距，在信息论中称作“冗余度”。需要指出的是这里讲的250万bit是个平均数，同样长度的书，所含的信息量可以相差很多。如果一本书

重复的内容很多，它的信息量就小，冗余度就大。不同语言的冗余度差别也很大，而汉语在所有语言中冗余度是相对小的。一本英文书，翻译成汉语，如果字体相同，那么中译本一般都会薄很多。这和人们普遍的认识“汉语是最简洁的语言”是一致的。

条件熵

消除随机事件的不确定性的唯一办法是引入信息。知道的信息越多，随机事件的不确定性就越小。这些信息可以是直接针对要了解的随机事件，也可以是与随机事件相关的其他事件的信息。为此需要引入一个新概念——条件熵（Conditional Entropy）。

假定 X 和 Y 是两个随机变量，X 是需要了解的。假定现在知道了 X 的随机分布 $P(X)$，那么也就知道了 X 的熵

$$H(X) = -\sum_{x \in X} P(x)\log[P(x)]$$

那么它的不确定性就是这么大。现在假定还知道 Y 的一些情况，包括它和 X 一起出现的概率，在数学上称为联合概率分布（jiont probability），以及在 Y 取不同值的前提下 X 的概率分布，在数学上称为条件概率分布（conditional probability）。

定义联合分布 $P(X,Y)$ 的熵为

$$H(X,Y) = -\sum_{x \in X, y \in Y} P(x,y)\log_2[P(x,y)]$$

定义在 Y 的条件下 X 的条件熵为

$$H(X \mid Y) = -\sum_{x \in X, y \in Y} P(x,y)\log_2[P(x|y)]$$

可以证明 $H(X) \geqslant H(X|Y)$，即多了 Y 的信息，关于 X 的不确定性下降了。

同样的道理，可以定义有两个条件的条件熵：

$$H(X|Y,Z) = -\sum_{x \in X, y \in Y, z \in Z} P(x,y,z)\log_2[P(x|y,z)]$$

还可以证明 $H(X|Y) \geqslant H(X|Y,Z)$，即三元模型应该比二元好。

信息熵是整个信息论的基础，也是数据挖掘和机器学习的基础。

数据挖掘中的决策树 ID3 算法和 C4.5 算法利用信息论中的信息熵和信息增益（information gain）来确定具有最大分类标识能力的属性。下面的量

$$Gain(A) = H(S) - H(S|A) \tag{6-3}$$

度量了按照属性 A 区分集合 S 所需的信息熵，称为信息增益。

式（6-3）表明，在获得信息 A 的条件下，对集合 S 进行分类的不确定性减少了 Gain(A) 这么多。所以，信息增益越大，属性 A 区分数据的能力就越强。构造决策树时，首先计算所有决策属性的信息增益，然后选择信息增益最大的属性作为当前决策节点。根据该属性的不同取值建立树的分枝，在分枝中又重复建立子树的下一个节点和分枝。决策树的叶节点表示一个类，决策节点表示一个分枝和子树，如图 6-32 所示。

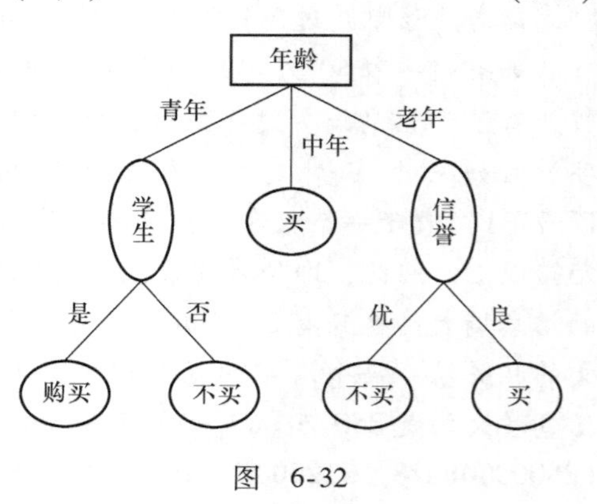

图 6-32

参考文献

[1] PETER D L. 线性代数及其应用［M］. 傅莺莺，沈复兴，译. 2 版. 北京：人民邮电出版社，2009.

[2] KENNETH H R. 离散数学及其应用［M］. 袁崇义，译. 6 版. 北京：机械工业出版社，2011.

[3] FLETCHER D，IAN P. 3D 数学基础：图形与游戏开发［M］. 史银雪，陈洪，王荣静，译. 北京：清华大学出版社，2014.

[4] 郝志峰，谢国瑞，等. 线性代数（修订版）［M］. 北京：高等教育出版社，2008.

[5] 吴赣昌. 线性代数［M］. 2 版. 北京：中国人民大学出版社，2009.

[6] 王信峰. 计算机数学基础［M］. 北京：高等教育出版社，2011.

[7] XIANG Z G，PLASTOCK R A. 计算机图形学学习指导与习题解答［M］. 龚亚萍，译. 2 版. 北京：清华大学出版社，2011.

[8] 王小妮. 数据挖掘技术［M］. 北京：北京航空航天大学出版社，2014.

[9] DAVID C L. 线性代数及其应用［M］. 刘深泉，等译. 北京：机械工业出版社，2010.

[10] 同济大学数学系. 工程数学：线性代数［M］. 6 版. 北京：高等教育出版社，2014.

[11] 结城浩. 程序员的数学［M］. 管杰，译. 北京：人民邮电出版社，2012.

[12] ADITYA B. 算法图解［M］. 袁国忠，译. 北京：人民邮电出版社，2017.

[13] 万福勇. 数学实验教程（Matlab 版）［M］. 北京：科学出版社，2011.

[14] 平冈和幸，堀玄. 程序员的数学 2：概率统计［M］. 陈筱烟，译. 北京：人民邮电出版社，2015.